Springer-Verlag Berlin Heidelberg GmbH

E. Rüter

Bauen mit Stahl

Kreative Lösungen praktisch umgesetzt

Mit 216 Abbildungen

Springer

Ewald Rüter
E. Rüter GmbH
Nortkirchenstraße 53
44263 Dortmund

Redaktionelle Bearbeitung:
L. Schubert, Meerbusch

Die Fotografien zu diesem Band stammen von
Klaus Möller, Herdecke (42 Bilder),
Mannesmann-Röhren-Werke AG,
Mülheim/Ruhr (7 Bilder),
Reinhard Tweer GmbH (3 Bilder),
Krupp Stahlbau Hannover GmbH (1 Bild),
Peter Knopf (1 Bild).

ISBN 978-3-642-63903-6
ISBN 978-3-642-59218-8 (eBook)
DOI 10.1007/978-3-642-59218-8

Die Deutsche Bibliothek – CIP-Einheitsaufnahme
Rüter, Ewald: Bauen mit Stahl : kreative Lösungen
praktisch umgesetzt / Ewald Rüter. – Berlin ;
Heidelberg ; New York ; Barcelona ; Budapest ;
Hongkong ; London ; Mailand ; Paris ;
Santa Clara ; Singapur ; Tokio : Springer, 1997
ISBN 3-540-61543-1

Die Wiedergabe von Gebrauchsnamen,
Handelsnamen, Warenbezeichnungen usw. in
diesem Werk berechtigt auch ohne besondere
Kennzeichnung nicht zu der Annahme, daß
solche Namen im Sinne der Warenzeichen- und
Markenschutz-Gesetzgebung als frei zu
betrachten wären und daher von jedermann
benutzt werden dürften.

Sollte in diesem Werk direkt oder indirekt auf
Gesetze, Vorschriften oder Richtlinien (z. B.
DIN, VDI, VDE) Bezug genommen oder aus
ihnen zitiert worden sein, so kann der Verlag
keine Gewähr für Richtigkeit, Vollständigkeit
oder Aktualität übernehmen. Es empfiehlt sich,
gegebenenfalls für die eigenen Arbeiten die vollständigen Vorschriften oder Richtlinien in der
jeweils gültigen Fassung hinzuzuziehen.

Satz: Fotosatz-Service Köhler OHG, Würzburg
Einbandgestaltung: Struve & Partner, Heidelberg

SPIN: 10543474   68/3020-5 4 3 2 1 0 –
Gedruckt auf säurefreiem Papier

Zum Geleit

1988 erhielt Ewald Rüter die „Auszeichnung des Deutschen Stahlbaues", mit der Verdienste um das industrielle Bauen mit Stahlkonstruktionen durch Weiterentwicklung der Technik und Verbesserung der Wirtschaftlichkeit gewürdigt werden. Die Jury stellte in ihrer Begründung Rüters Ideenreichtum bei der Entwicklung typisierter Bauelemente mit einfachen Verbindungen zu vielseitig verwendbaren Bausystemen und deren konsequente Umsetzung in einem mittelständischen Unternehmen heraus.

Nun legt dieser begabte Stahlbauingenieur und -unternehmer der Fachwelt ein Buch vor, dessen Titel „Bauen mit Stahl – Kreative Lösungen praktisch umgesetzt" wie eine Kurzfassung der Jury-Begründung für die ihm vor Jahren zuerkannte Ehrung klingt.

Ich hatte das Glück, mit Ewald Rüter über lange Zeit bei seinen Entwicklungen zusammenzuarbeiten: er war der mit außergewöhnlichem Ingenium, also mit schöpferischer Geistesanlage und Erfindungskraft begabte Ingenieur; als Partner an einer Universität spielten wir die Rolle von Ingenieuren anderer Ausprägung, nämlich die wissenschaftlich gebildeter Fachleute der Technik, die auf der Grundlage überlieferten Wissens mit methodisch betriebener Forschung zu neuen Erkenntnissen kommen wollten.

So stand auf der einen Seite der innovative Ingenieur mit der Fähigkeit, sich grundsätzliche Neuerungen einfallen zu lassen, sich aus hergebrachten Denkschemen zu lösen. Dabei ist Sprunghaftigkeit – wie bei einer Mutation – ein wesentliches Kennzeichen seines Tuns, und er wird umso besser, je sprunghafter er ist. Das Vorgehen der anderen Beteiligten war stark gestimmt durch Methodik, durch Rationalität, denn Wissenschaftler können nur in der Überzeugung arbeiten, daß der Gegenstand ihrer Beschäftigung von logischer, gesetzmäßig berechenbarer Beschaffenheit ist.

Bei dieser Zusammenarbeit habe ich bewundert, wie Ewald Rüter Neues konzipiert und wie umfassend er denkt, wenn er Entwicklungen vorantreibt: die Konstruktion steht zwar im Vordergrund, aber Werkstoffwahl und Fertigungsmöglichkeit, Kosten, Anwendungsvielfalt und Montage werden immer mitbedacht. Ein Festhalten an gefundenen Lösungen gibt es nicht, wenn er auf neue Prinzipien stößt oder Verbesserungsmöglichkeiten findet.

Dieses außergewöhnliche Wirken spiegelt Rüters Buch wider. Am Anfang steht die Wirtschaftlichkeit des Stahlbaues; dazu wird u. a. die von ihm entwickelte Einrichtung und Organisation seiner Werkstatt beschrieben. Es folgen Betrachtungen zu Konstruktionsprinzipien, die später durch die Darstellung von Konstruktionsdetails ergänzt werden. Hierbei entdeckt man kaum etwas, was man schon woanders so gesehen oder gelesen hat.

Die aus den Grundlagen entwickelten Elementar-Bausysteme sprechen für sich: bauaufsichtlich zugelassen sind mit ihnen viele verschiedenartige Bauaufgaben realisiert worden, im Buch wird von einigen berichtet.

Daß Ewald Rüter für mehrere Abschnitte Kollegen als Autoren gewinnen konnte, bestätigt seine Offenheit bei der Zusammenarbeit mit Fachleuten für spezielle Fragen. Und daß er mit dieser Offenheit die Fachwelt in seine Werkstatt – dies im weitesten Sinn – schauen läßt, spricht für seine Sicherheit, durch Konkurrenz eher das Geschäft zu beleben als sich dadurch zu schaden.

Ich kann nur wünschen, daß alle Stahlbauer das Buch gut studieren und daß es in der Lehre verwendet wird, damit junge Ingenieure Stahlbau fortschrittlich betreiben.

J. Scheer, Hannover/Braunschweig

Vorwort

Was gab den Impuls zu diesem Buch? Es entstand aus der Idee, die Arbeitsergebnisse vieler Jahrzehnte aktiver Tätigkeit im Stahlbau zu sammeln, zu sortieren und als Fachbuch einem breiteren Publikum zu präsentieren. Um bewährte Bautechnik vor dem Vergessen zu bewahren, aber auch um neue Elementar-Bausysteme – dazu wurden mir verschiedene Patente erteilt – noch breiter bekannt zu machen.

Das Buchvorhaben war, wie sich bei den Vorarbeiten bald zeigte, kein ganz einfaches, mit allein etwa 200 Konstruktionszeichnungen und Fotos, die die „Früchte dieser Arbeit" präsentieren. Sie dokumentieren nicht nur eine sehr große Spannweite an Stahlbauarbeiten, sie wurden fast ohne Ausnahme auch praktisch ausgeführt. Mit all dem entsprechenden Erfahrungsgewinn in der Konstruktion, bei der Fertigung im eigenen Betrieb und der Montage, und sei es auch aus anfänglichen Fehlern. Dabei fiel im Laufe von fast 50 Jahren so gut wie alles an Aufgaben an, was von einem mittelständischen Stahlbauunternehmen verlangt werden kann: vom Hallen- bis zum Brückenbau, von der Kranbahn bis zum komplexen Baukastensystem für Raumfachwerke.

Für ein noch besser abgerundetes Fachbuch möchte ich mich besonders auch bei den Gast-Autoren bedanken. Für ihre Rahmenbeiträge über Architekturfragen, Brandschutz, Stahlbau-Hohlprofile und CAD-Anwendung.

Mit dem Werkstoff Stahl, unter Ausnutzung all seiner Eigenschaften, wurde das 19. Jahrhundert zum „Industrie-Zeitalter" umgeschmiedet. Dabei sind unzählige, möglicherweise innovationsträchtige Legierungskombinationen, vor allem auch für neue, leichtere Stahlsorten bis heute nicht erprobt. Wenn man dem Stahl deshalb jüngst einen „dritten Frühling" prophezeite, dann gilt das sicher ebenso für seine Anwendung im Stahlbau. Bis heute ist keine Konkurrenz in Sicht, die es in der Summe ihrer Vorteile mit dem Basiswerkstoff Stahl aufnehmen könnte. Entscheidend aber – und das gilt auch im Computer-Zeitalter – ist und bleibt die kreative Anwendung seiner unerschöpften Möglichkeiten durch findige Ingenieure und Architekten.

Und genau dazu soll dieses Buch praktische Beispiele und Anregungen geben!

Ewald Rüter

Inhalt

TEIL I
Stahlbau – wirtschaftlich

1   Der wirtschaftlich organisierte Stahlbau-Betrieb   1
1.1   Verkehrgünstige Lage oder flexible Transportmittel   1
1.2   Angemessene Hallen- und Transportkapazität   2
1.3   Der Hallen-Vorplatz: Ent- und Beladen, Zwischenlagern
      und Zurichten   4
1.4   Der optimal ausgelastete Maschinenpark   5

2   Klare Personalstruktur: Jedem seine Aufgabe   6
2.1   Eigenständige „Montage-Tochter"   8

3   Rationelle Fertigungs- und Montageprozesse   8
3.1   Die rationelle Montage   9

4   Stahlbauarchitektur – Ästhetik – Wirtschaftlichkeit   10
      H. Hetschold, Witten
4.1   Veränderung findet immer im Kopf statt   12
4.2   Architekt und Ingenieur wieder als „Baumeister"   14
4.3   „Chaos" als Fundus für Kreativität   15
4.4   Der Werkbund-Streit: Kapital versus Kunst   16
4.5   Corporate Identity: das Gebäude als „Werbefläche"   17
4.6   Vision und Beständigkeit   18

TEIL II
Konstruktionsprinzipien

1   Elementiertes Bauen   21
1.1   Stadtbahn-Haltestelle „Oberhausen – Neue Mitte"   23

2   Konstruktionsablauf: Teamwork zwischen Architekt,
      Konstrukteur und Statiker   23
2.1   Fazit   24

3   Aktueller Stand: CAD im Stahlbau   25
      M. Huhn, Karlsruhe
3.1   Anwendungsbereiche   26
3.2   Das Potential einer CAD-Lösung   27
3.3   Überlegte CAD-Einführung   28
3.4   Tendenzen und Perspektiven   28

4   Gußteile im Stahlbau 30

5   Korrosionsschutz: „So gut wie möglich…" 34
5.1   Innen- oder Außeneinsatz? 35
5.2   Sonderfälle von Korrosionsschutz im Innenbereich 36
       Literatur 38

6   Hohlprofile im Stahlbau 38
       J. Krampen, Mülheim a. d. Ruhr
6.1   Geschichtliche Entwicklung 38
6.2   Herstellung 41
6.3   Normung, Forschung und Entwicklung 45
6.4   Konstruktion und Fertigung 51
6.5   Korrosionsschutz 53
6.6   Brandschutz 54
       Literatur 55

TEIL III
Brandschutzkonzepte für Industrie- und Geschoßbau
K. H. Halfkann

1   Was sagt der Gesetzgeber 57

2   Nachweis der Feuerwiderstandsdauer 59
2.1   Normen und Versuche 59
2.2   Einfache Nachweisverfahren 59
2.3   Wärmebilanzierungs-Nachweis 61

3   Brandschutz-Beispiele 62
3.1   City-Center, Essen 62
3.2   Kunstmuseum Aalen/Westfalen 68
3.3   Entwicklungs- und Versuchszentrum Mercedes-Benz,
       Sindelfingen 70

4   Zusammenfassung 72
       Literatur 73

TEIL IV
Konstruktionsdetails

1   Stützenfüße 75
1.1   Eingespannte Stützen 75
1.2   Gelenkig gelagerte Stützenfüße 82

2   Horizontale und vertikale Aussteifungen 96
2.1   Hallenaussteifung in Längsrichtung 97
2.2   Hallenaussteifung in Querrichtung 100
2.3   Zugbeanspruchte Verbände 100
2.4   Druckbeanspruchte Verbände 104

3   Pfosten-Riegel-Konstruktionen für Fassaden 104
3.1   Hohlprofil-Steckanschlüsse 105
3.2   Verbindung von Fassaden- und Tragkonstruktionen 105

4   Befestigung von Wandverkleidungen 110
4.1   Wandkonstruktionen für Sandwichelemente 112
4.2   Wandkonstruktionen für Betonplatten 112

5   Auslegung von Kranbahnträgern 113
5.1   Neue Steckverbindung für Brückenkranträger 115
5.2   Träger für Hängekrane 120
5.3   Katzbahnträger: Stöße und Auflager 126
5.4   Kranschienen-Hilfspuffer 126

6   Trägerbau 128
6.1   Gelenkige Anschlüsse 129
6.2   Biegesteife I-Träger-Steck-Verbindung 134
6.3   Biegesteife I-Träger-Eckverbindung 135

7   Beispiele für Hohlprofil-Verbindungen 138
7.1   Biegesteifer Rundrohranschluß 139
7.2   Biegesteife Hohlprofil-/Rohrstöße 143

8   Anschlüsse an Betonbauteile 159
8.1   Stahl-Einbauteile 159
8.2   Stahl-Anbauteile 165

9   Verstärkung und Sanierung von Betonbauteilen 169
9.1   Stützen-Verstärkung 169
9.2   Betonbau-Sanierung 170

10   Sonderlösungen 173
10.1   Brückenübergänge 174
10.2   Brückenauflagerungen 176
10.3   Vorrichtung für hydraulisches Vorspannen 181
10.4   Fahrbahnstöße für Kabinen-Hängebahn 183
10.5   Stütztragwerk für Wanddurchbruch 185
10.6   Korrosionssichere Geländerkonstruktion 188
10.7   Befestigung des Treppengeländers am Mauerwerk 189
10.8   Staubdichte Durchbruchabdeckungen 191
10.9   Thermische Trennung zwischen Innen- und Außenträger . 191
10.10   Vorrichtung für Verbundanker-Zugversuche 193

**TEIL V
Elementar-Bausysteme**

1   Rohrstabwerk (System RRV) 195
1.1   Keil-Klemm-Systemtechnik 198

**2   Wandfachwerk und Mehrzweckgerüste mit Keil-
Steck-Verbindung (System KSV)** 199
2.1   Keil-Steck-Systemtechnik 199

3   **Raumfachwerk-System „Alpha" (DBP)** 203
3.1   Knotentechnik Raumfachwerk „Alpha" 206
3.2   Für den Raumfachwerks-Planer 208
3.3   Auslegung „Alpha"-Bauelemente 211
3.4   Konstruktionsbeispiele für Auflagerungen 213
3.5   Ausgeführte Beispiele Raumfachwerk „Alpha" 215
3.6   Allgemeine bauaufsichtliche Zulassung 224
3.7   Weitere Anwendungen der Anschlußtechnik „Alpha" 224

4   **Trägerrost-Fachwerksystem „Delta" (DBP)** 225
4.1   Knotenverbindung und Modulbaukasten 227
4.2   Computerintegration von Entwurf, Konstruktion
        und Fertigung 229
4.3   Auflagerungskonstruktionen, Verbandsanschlüsse
        und Montagehilfen 233
4.4   Allgemeine bauaufsichtliche Zulassung 248
4.5   Anwendungsbeispiele und Fazit Trägerrost-System „Delta"   250

Sachverzeichnis 257

Teil I
Stahlbau – wirtschaftlich

1
Der wirtschaftlich organisierte Stahlbaubetrieb

Stellen Sie sich vor, Sie hätten sich entschlossen, einen mittelständischen Stahlbaubetrieb aufzubauen. Was wären dann, ganz praktisch betrachtet, zunächst einmal die wichtigsten Voraussetzungen für eine wirtschaftliche Fertigung?

1. eine verkehrsgünstige Betriebsansiedlung;
2. eine den Stahlbauprodukten angepaßte Halle mit darauf abgestimmten Transportmitteln;
3. ein der Fertigungshalle vorgelagerter Ent-/Beladeplatz;
4. sowie natürlich ein optimal eingerichteter
   und ausgelasteter Maschinenpark.

Die Erfahrungen in den Grundfragen, die hier einleitend wiedergegeben werden, beruhen auf nachhaltigen Beobachtungen vor allem der deutschen Stahlbaubranche, sowohl von großen wie von mittleren und kleinen Stahlbaufirmen, und zwar in einem Zeitabschnitt von fast fünf Jahrzehnten, der Nachkriegs-Epoche, die von strukturellen Umbrüchen, also von stark wechselnden Entwicklungstendenzen geprägt war.

1.1
Verkehrgünstige Lage oder flexible Transportmittel

Früher war fast jede (damals) größere „Stahlbauanstalt" an das Schienennetz oder sogar an einen beschiffbaren Kanal oder Fluß angeschlossen. Das hat sich deutlich geändert! Denn mit zwischengeschalteten öffentlichen Verkehrsunternehmen wie der Bahn waren Terminabhängigkeiten verbunden, die manchmal unangenehme Folgen zeitigten. So konnte es passieren, daß Stahlbauprofile oder anderes Vormaterial nicht rechtzeitig für Zuschnitt und Weiterverarbeitung zur Verfügung standen. Ein weiteres Problem war die pünktliche Anlieferung der fertigen Konstruktionen; denn dabei war oft ein Endtransport über die Straße, nach zusätzlichem Umladen, nicht zu vermeiden. Es ist leicht vorstellbar, mit welchen Zusatz - oder gar Verzugsstrafkosten - unvorhersehbare Verzögerungen verbunden sind. Ein verzögerter oder gar unterbrochener Montageablauf verursacht Nachteile, wie sie in der heutigen harten Wettbewerbssituation nicht mehr so einfach aufzufangen sind.

Wenn die Transportkosten von Schiene oder Wasserweg auch je Gewichtseinheit preisgünstiger erscheinen, so sind andererseits Flexibilität und Zuverlässigkeit der vorkalkulierten Kosten meist doch ausschlaggebend. Diese Flexibilität und Zuverlässigkeit erhält sich der kleine oder mittelständische Stahlbaubetrieb deshalb oft per Lkw. Er läßt sich das Vormaterial vom Händler möglichst „just in time" – also zeitgerecht anliefern, und die fertigen Stahlbaukonstruktionen von zuverlässigen Vertrags-Fuhrunternehmen ebenfalls mit dem Lkw auf die Stunde genau „frei Baustelle" ausliefern.

Bei gut eingespielter Zusammenarbeit zwischen Stahlhändler, Stahlbaubetrieb und Spedition können z. B. Lieferungen von Vormaterial von heute auf morgen umdisponiert oder beschleunigt werden, etwa wenn eine Baustellenanlieferung wegen witterungsbedingter Verzögerungen verschoben werden muß.

Angesichts des Trends zur Werkstattvorfertigung immer größerer Baugruppen, ob für den Industrie-, Wirtschafts- oder Wohnungsbau, spielen auch Transporte mit Überbreiten, wie sie, von den zuständigen Ämtern ausnahmsweise genehmigt, auf der Straße ohne große Probleme abzuwickeln sind, eine immer wichtigere Rolle.

All die genannten Vorteile des Lkw-Straßentransports haben ihre heutige Bedeutung natürlich erst durch den Ausbau des Straßennetzes und die Entwicklung schneller und wendiger Fahrzeuge gewonnen.

1.2
Angemessene Hallen- und Transportkapazität

Der erwähnte Trend zu immer größeren Baugruppen, die in der Werkstatt zusammengebaut, vorher aber auch rationell bewegt werden müssen, gibt bereits einen wichtigen Hinweis, auf was bei der Auslegung der Hallen- und Transportkapazität für einen zukunftsorientierten Stahlbaubetrieb zu achten ist (Bild I.1).

In der Mittelachse der realistisch auf gewisse Wachstumsreserven ausgelegten Stahlbaufertigungshalle wird eine großzügige Hauptstraße für den Flurtransport angelegt. Auf dieser Straße, die giebelseitig zum draußen gelegenen Be- und Entladeplatz führt, verkehrt auf Schienen ein mit Elektromotoren angetriebener Flurtransporter. Er ist größenmäßig sowohl auf den Transport von Stahlbauteilen wie auf eine begrenzte Zwischenlagerkapazität ausgelegt. Diese Straße ist so breit, daß Gabelstapler sie gleichzeitig mit dem Flurtransporter befahren können und dieser von ihnen beidseitig zu bedienen ist. Rechts und links zweigen schmalere Nebenstraßen bis zu den Hallenaußenwänden ab. Auf diesen können auch die einzelnen Arbeitsbereiche über Gabelstapler angefahren werden.

Die einzelnen Arbeitsplätze/-bereiche sind längs der Hallenhhauptstraße entsprechend dem rationellen Arbeitsablauf angeordnet: angefangen von der Materialanlieferung über die Vorzeichnerei, den Zuschnitt, den Zusammenbau und das Heftschweißen bis hin zum endgültigen Abschweißen der Bauteile oder -elemente.

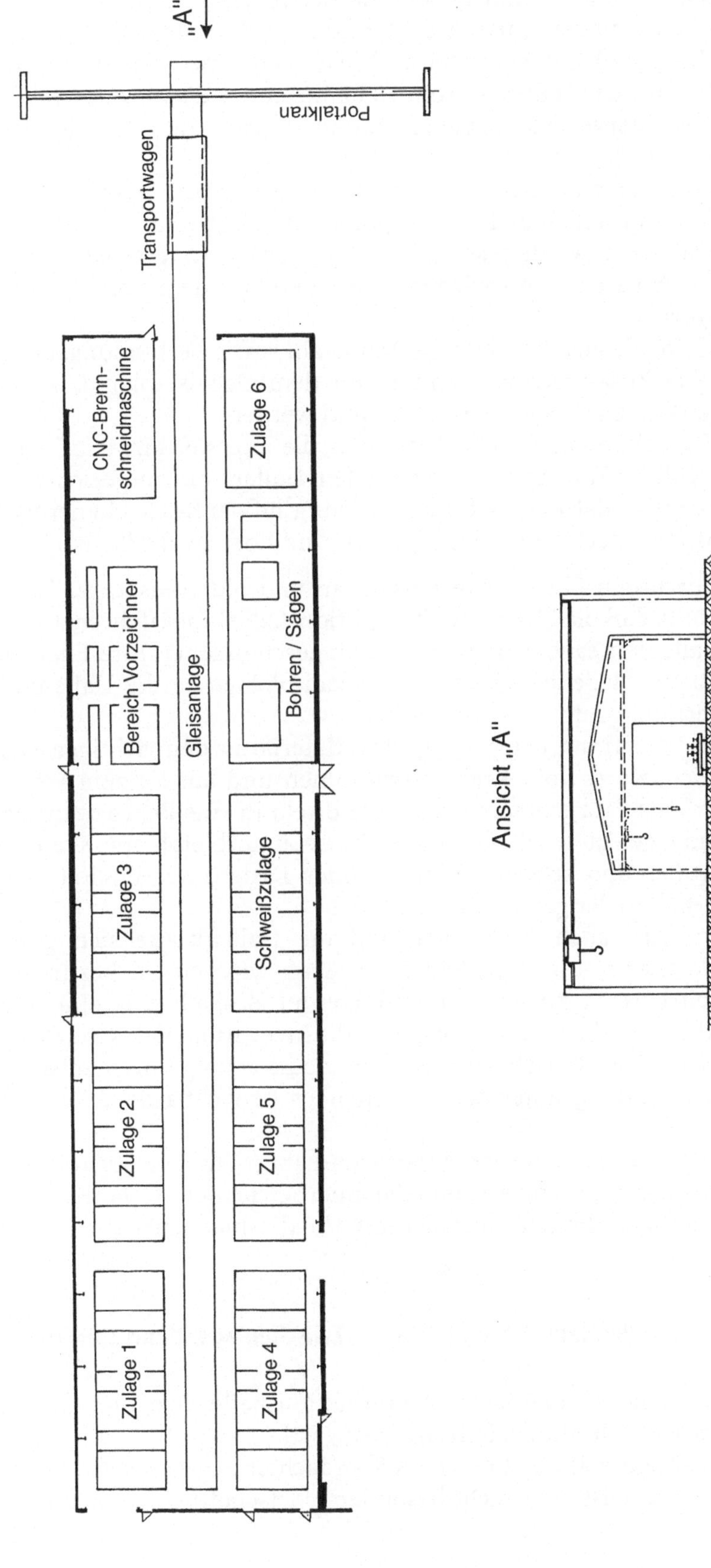

Bild 1.1. Materialfluß-Layout für den rationell ausgelegten Stahlbaubetrieb; Grundriß („Zulage" 1 – 6 = Arbeitsplätze) und Ansicht: Vorplatz mit Portalkran

Was den Materialfluß angeht, hat sich folgende Organisation bewährt: draußen wird der Flurtransporter unter einen feststehenden Portalkran gefahren und mit Vormaterial direkt vom Lkw beladen. Dann in der Halle wird das Halbzeug vom Hallenkran auf die einzelnen Arbeitsbereiche weiterverteilt oder aber – für kurze Zeit – auf dem Schienenwagen zwischengelagert.

Sind versandfertige Bauelemente abzuholen, werden diese vom Hallenkran auf dem Flurtransporter abgelegt und nach draußen gebracht. Dort werden sie über den Portalkran entweder direkt auf den Lkw verladen oder bis zur Abholung auf dem Vorplatz zwischengelagert.

Kleinteile aus Blechen und Profilstahl sowie Verbindungsmaterialien für den Zusammenbau werden mit dem Gabelstapler direkt zu dem Arbeitsplatz gebracht, wo sie benötigt werden.

Verglichen mit Stahlbaubetrieben, die in erster Linie auf eine innerbetriebliche Transportlogistik mit dem Hallenkran ausgerichtet sind, hat sich gezeigt, daß die geschilderte Lösung auf der Basis „ebenerdiger Flurtransport" doch etliche Flexibilitäts- und Kostenvorteile hat.

- Durch den Einsatz von Portalkran und Flurtransporter ist es nicht nötig, daß die Lkw in die Produktionshalle hineinfahren. Das hält die Hallenluft sauber und spart dank geschlossener Tore Energiekosten für die Hallenbeheizung; außerdem bleiben so die Hallenkrane für Fertigungaufgaben reserviert.
- Der Flurtransporter bringt das Material in den richtigen Hallenbereich, wo es vom Kran übernommen und auf kurzem Weg an den Arbeitsplatz gebracht oder sogar direkt in eine Bearbeitungsvorrichtung gelegt wird. Auf diese Weise unterbleibt ein Krantransport großer und schwerer, schwebender Lasten, der im Extremfall die Arbeit in der gesamten Halle stört.
- So wird auch vermieden, daß die Hallenkrane sich gegenseitig blockieren. Im Gegenteil! Jeder Kran wird einem bestimmten Arbeitsbereich zugeordnet und kommt deshalb mit einem kleinen Aktionsradius aus. Das begrenzt die Investitionen in Krananlagen. Bei Mehr-Kran-Einsatz wird eine hohe Auslastung durch entsprechende Abstimmung unter den Mitarbeitern benachbarter Arbeitsbereiche erzielt.
- Durch die geschilderte einfache und übersichtliche Organisation wird der Transport entzerrt und die innerbetriebliche Gefahrenquelle Nr. 1 minimiert. Erfreuliche Folge: die Unfallzahlen sinken.

1.3
Der Hallen-Vorplatz: Ent- und Beladen, Zwischenlagern und Zurichten

Zielvorgabe: In der (teuren) Produktionshalle liegt nur Material, das produktiv, d. h. aktuell in Bearbeitung ist!

Ein Lagerplatz, erst recht ein überdachter Lagerplatz für Vormaterial kostet Geld, ist aber nicht besonders wirtschaftlich. Deshalb nutzt der wirtschaftlich denkende Stahlbauunternehmer schon heute Stahlhändler und andere Zulieferanten als seine „Lagerhaltung".

In diesem Logistikkonzept gewinnt der bereits erwähnte Hallenvorplatz eine zentrale Rolle. Hier kann der auf seinen nach draußen führenden Schienen verkehrende Hallenflurtransporter über den dort installierten Portalkran be- und entladen werden. Dieser nicht überdachte Vorplatz hat eine genügend große asphaltierte Fläche für die Vorfahrt von schweren Lkw. Er dient aber auch der Zwischenlagerung sämtlicher Bauteile oder Konstruktionen, die fertiggestellt sind oder an denen vorübergehend nicht gearbeitet wird. Außerdem dient er der Lagerung von Restmaterialien, die über die EDV des technischen Büros so erfaßt werden, daß sie jederzeit bei weiteren Aufträgen wieder genutzt werden können. Hier werden möglicherweise auch Montage- oder andere Hilfskonstruktionen bereitgestellt. Kurz – dieser Vorplatz wirkt sich positiv auf die Wirtschaftlichkeit des Stahlbauunternehmens aus, denn bei geringen Anlage- und Instandhaltungskosten übernimmt er zentrale Dienstleistungen.

1.4
Der optimal ausgelastete Maschinenpark

Unter der Prämisse, daß sich der wirtschaftlich erfolgreiche Stahlbaubetrieb heute immer mehr auf seine Kernaufgaben konzentrieren muß, lautet die Grundfrage hierzu: was wird selbst erledigt – welche Aufgaben überträgt man besser spezialisierten Zulieferern?

Zur wirtschaftlichen Auslastung des mit hohen Investitionsvorleistungen belasteten Maschinenpark ist es fast unerläßlich, sich das immer breitere Leistungsangebot von Spezialfirmen etwa für die Anarbeitung oder die Oberflächenbehandlung von Stahlbauteilen zunutze zu machen. Der Trend zur Spezialisierung wird noch weiter gehen, so daß mittelfristig damit zu rechnen ist, daß solche Spezialfirmen die Anarbeitung von Bauteilen anbieten, die die Herstellungskosten des eigenen Stahlbaubetriebs deutlich unterbieten.

Diese Bauteile werden dann nach Anlieferung frei Stahlbaubetrieb dort zunehmend nur noch zu montagegerechten Bauelementen zusammengebaut und abgeschweißt. Damit wird es für den Stahlbauer immer unwirtschaftlicher, platzraubende und teuere Bearbeitungsspezialanlagen wie Bohr-Säge-Straßen mit integrierter Strahlentrostung und Grundbeschichtung auf eigenes Risiko selbst zu betreiben. Auch große Abkantbänke und Tafelscheren gehören nicht mehr unbedingt zum Inventar des mit spitzem Bleistift rechnenden Stahlbaubetriebs, denn auch solche Anarbeitungen gehören längst zur Palette der Dienstleister.

Wenn in diesem Zusammenhang die Erhaltung der Flexibilität der Eigenfertigung diskutiert wird – etwa um kompliziertere Anforderungen des Architektur-Stahlbaus abdecken zu können –, benötigt man im eigenen Maschinenpark neben Schweißmaschinen und den stahlbauüblichen Werkzeugen und Handgeräten allenfalls noch leistungsfähige Brennschneidanlagen und Ständerbohrmaschinen.

So gesehen liegt die Zukunftssicherung des heutigen Stahlbaubetriebs darin, immer wieder kritisch zu berechnen, welche Eigenleistungen sich zur Erstellung kompletter Stahlbaukonstruktionen wirklich noch rechnen.

Ein Thema, das bisher außen vor gelassen wurde, ist die Ausstattung mit Humankapazität, also mit Fachpersonal als weiterer wichtiger Faktor für den wirtschaftlichen Stahlbaubetrieb. Konkrete Voraussetzung für die weitgehende Nutzung externer Bauteilzulieferungen ist nämlich das Konstruktionsbüro im eigenen Haus. Dieses Thema wird in Teil II „Konstruktionsprinzipien" eingehender behandelt.

2
Klare Personalstruktur: Jedem seine Aufgabe!

Der zuvor umrissene, auf die Kerngebiete des Stahlbaubetriebs konzentrierte Umfang des Leistungs- und Maschinenparks eröffnet natürlich auch die Chance zu einer entsprechend gestrafften Personalstruktur nach folgender Devise:

Jeder Mitarbeiter, vom Arbeiter bis zum obersten Vorgesetzten, kennt genau seinen Aufgaben- und Verantwortungsbereich.

Im Hinblick auf eine günstige Entwicklung des Stahlbaus, aber auch des Baugewerbes insgesamt, ist eine aufgabengerechte, personelle Ausstattung von existentieller Bedeutung. Geeignet sind nur noch Mitarbeiter, die willens und aufgrund ihrer qualifizierten Ausbildung auch in der Lage sind, optimale Arbeitsleistungen zu erbringen. Auch um die ständige Pflege der Ausbildung durch Durchführung oder Förderung von Weiterbildungs-Maßnahmen hat sich der Stahlbaubetrieb zu kümmern.

Das Organigramm (Bild I.2) zeigt einen Personalaufbau, wie er sich im mittelständischen Stahlbaubetrieb bewährt hat:

A An der Spitze steht ein Betriebsleiter, der der Geschäftsleitung direkt unterstellt und gleichzeitig für die Schweißaufsicht verantwortlich ist. Ausbildung: Dipl.-Ing. mit Zusatzausbildung als Schweißfachingenieur.

B Ein Meister, der für ausgewogene Arbeitsverteilung, reibungslose Arbeitsabläufe (Arbeitsvorbereitung) sowie für die Einhaltung der Auftragstermine verantwortlich zeichnet.

C Ein Schweißfachmann und Lehrschweißer, verantwortlich für die Einteilung der Schweißerkolonnen und die Qualität der Schweißarbeiten; durch amtliche Zulassung befähigt, den Schweißfachingenieur zu vertreten.

D Ein Lehrmeister für die theoretische und praktische Unterrichtung der Auszubildenden im 1., 2. und 3. Lehrjahr.

Dem Meister (B) unterstehen die Vorarbeiter der Zusammenbaukolonnen, die ihm gegenüber die Arbeitsqualität verantworten. Die Kolonnen bestehen in der Regel aus nur zwei Personen: neben dem Vorarbeiter nur noch ein Facharbeiter.

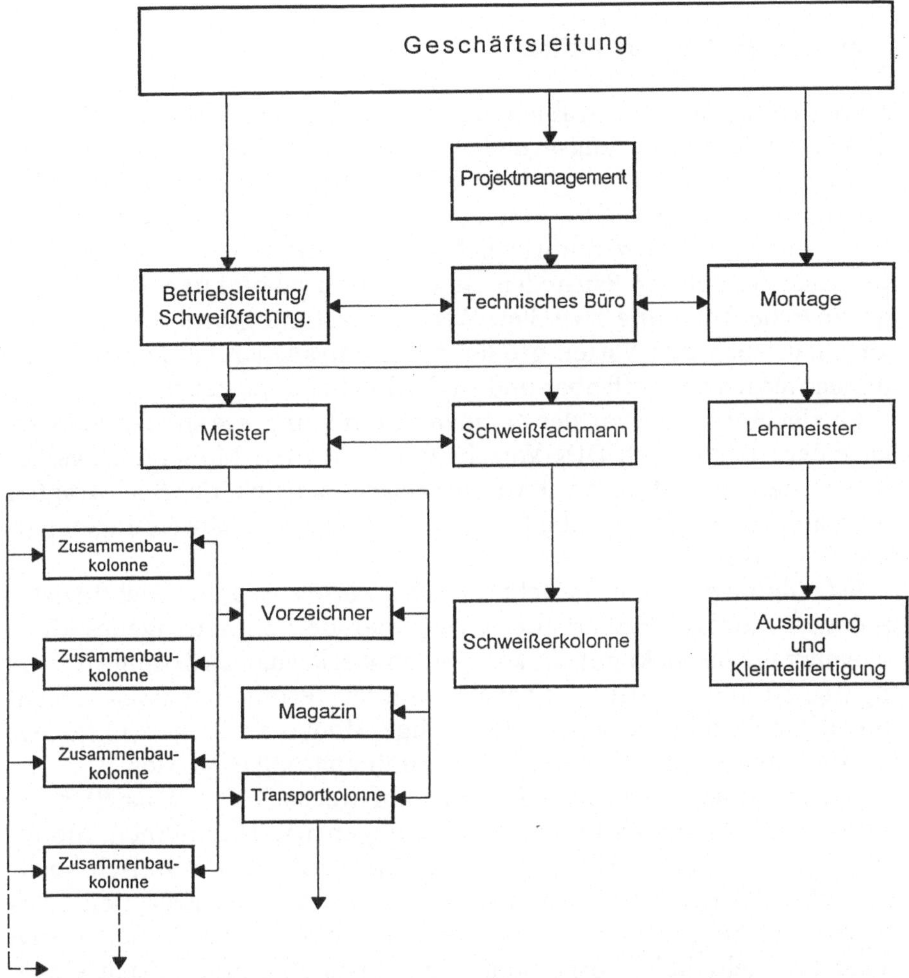

Bild I.2. Vereinfachtes Organigramm einer bewährten Personalstruktur für den mittelständischen Stahlbaubetrieb

Dem genannten Fertigungsmeister unterstehen auch die Vorzeichner, hochqualifizierte Facharbeiter für das Anzeichnen und Ankörnen von Zuschnitten, Bohrlöchern und Schweißrissen nach den Werkstattzeichnungen. Weiterhin unterstehen diesem Meister die Transportkolonne und die Maschinen-Facharbeiter, die so geschult sind, daß jeder jeden flexibel vertreten kann. Schließlich untersteht ihm noch das Magazin, das mit einem Starkstrom-Elektriker besetzt ist, der gleichzeitig kleinere Reparaturen an Maschinen und Anlagen übernehmen kann.

Diese einfache und klare Aufgabenverteilung läßt dem Betriebsleiter in der Regel genügend Freiraum, daß der gesamte Einkauf des Vormaterials nach den Auftragsstücklisten ihm persönlich übertragen werden kann. Den Einkauf in die Hände des Betriebsleiters und Schweißfachingenieurs zu legen bedeutet weit mehr als nur einen deutlichen wirtschaftlichen Vorteil. Nicht nur die Preise, sondern auch Termine und Qualitätssicherungsmaßnahmen werden so von kompetenter Hand direkt beeinflußt.

2.1
Eigenständige „Montage-Tochter"

Bei der früheren Montageabteilung des Stahlbaubetriebs hat sich – aus Kosten- und Versicherungsgründen – eine eigenständige Organisation als Tochtergesellschaft mit getrennter Bilanz bewährt. Ein der Geschäftsleitung direkt unterstellter Montageleiter ist für den wirtschaftlichen Erfolg dieses Zweigs verantwortlich, einschließlich der Einteilung und Kontrolle der auf den Baustellen tätigen Montagekolonnen. Diese organisatorische Trennung zwischen Werkstattfertigung und Montage hat vor allem auch den Vorteil größerer Kostentransparenz; Fehlentwicklungen werden eher offenbar und sind schneller abzustellen.

Einzige Ausnahme von der Kompetenzaufteilung: die auf den Baustellen eingesetzten, nach DIN-Vorschriften geprüften Montageschweißer unterstehen bewußt nach wie vor der Schweißaufsicht des Beauftragten des Stahlbaubetriebs, der die Qualität der Baustellenschweißungen laufend überprüft.

Jede Montagekolonne besteht typischerweise aus einem Richtmeister und zwei Montage-Facharbeitern. Der Kolonne steht ein eigenes Montagefahrzeug bestückt mit der kompletten Werkzeugausrüstung zur Verfügung. So können bei Großbaustellen oder Terminengpässen schnell und flexibel mehrere, sonst selbständige Montagekolonnen unter der Gesamtleitung eines Richtmeisters zusammengezogen werden.

Die für einen „fliegenden Einsatz" auf wechselnden Baustellen erforderlichen Arbeitsmittel und Ausrüstungen wie Hubbühnen, Mobilkrane, Kompressoren, Stromaggregate usw. werden als technisch hochentwickelte Geräte inzwischen auch von Spezialanbietern vermietet. Das gleiche gilt beispielsweise für ganze Mannschaftsunterkünfte, so daß sonst evtl. sehr hohe Vorhaltungs- und Instandhaltungskosten eingespart werden können.

3
Rationelle Fertigungs- und Montageprozesse

Richtig verstandene Wirtschaftlichkeit in Fertigung und Montage beginnt bereits im Konstruktionsbüro. Dort werden die Weichen gestellt, wie einfach und kostengünstig oder wie schwierig und teuer eine Konstruktion später zu fertigen und zu montieren ist. Umso wichtiger ist es, daß sich die Fachexperten aus Betrieb und Montage rechtzeitig mit den Konstrukteuren zusammensetzen, um ihr Wissen bereits in die Konzeption eines Stahlbauprojekts einfließen zu lassen. Bei schwierigeren Konstruktionen ist dies häufig der Beginn eines beharrlichen Diskutierens und Feilens, bis hin zur Fertigstellung der Baupläne für die wirklich optimale Konstruktion.

Aus dem gesammelten Kenntnis- und Erfahrungsschatz der beteiligten Experten ergeben sich rationelle Fertigungs- und Montage-„Rezepte", die in übersichtlicher schriftlicher Form festgehalten und als Ausführungsgrundlage genutzt werden. Hierzu einige typische Beispiele:

- Anstelle der üblichen Einzelfertigung werden die Einzelteile eines komplizierteren, häufig vorkommenden Bauteils in einer speziellen Schweißvorrichtung „halbautomatisch" gefertigt. Bei größeren Stückzahlen lohnt sich oft die einmalige Herstellung einer Vorrichtung für die Serienfertigung. Das Vorzeichnen, Zusammenbauen und Heften kann entfallen oder vereinfacht werden, Fehlerquellen werden fast 100 %ig ausgeschaltet, der Qualitätsstandard steigt bei deutlich reduzierten Lohnstückkosten.
- Wenn möglichst großteilige Bauelemente einbaufertig auf die Baustelle geliefert werden, kann die Anzahl der für eine Konstruktion benötigten – und zu bearbeitenden – Einzelteile auf ein Minimum reduziert werden, bei entsprechender Verringerung der Bearbeitungskosten.
- Voraussetzung für eine Serienfertigung, um beispielsweise einen modernen Schweißroboter kostengünstig einzusetzen, ist eine entsprechend klug unterteilte Konstruktion – idealerweise zusammengesetzt aus weitgehend einheitlichen Bauelementen optimaler Größenordnung.

3.1
Die rationelle Montage

Was speziell in ein Baukastensystem an Know-how in der Konstruktion hineingesteckt worden ist, zahlt sich bei der Montage auf der Baustelle in besonderer Weise aus. Darüber hinaus im folgenden noch ein paar weitere Tips, wie die Montagekosten gesenkt werden können:

- Wenn die Bauelemente auf der Baustelle exakt in der Montagereihenfolge sortiert ankommen und von den Transportern entladen werden, erspart man sich aufwendiges Umpacken.
- Die möglichst groß ausgelegten Bauelemente werden auf der Baustelle in der Regel direkt nach dem Entladen eingebaut (oder für kurze Zeit zwischengelagert); Voraussetzung ist eine gut durchdachte (Steck-)Verbindungstechnik zur Verkürzung der Einbauzeiten.
- Wo Montagestöße zu schweißen sind, sorgen Hilfsanschlüsse, gesteckt oder geschraubt, für eine rationelle Überbrückung des zeitaufwendigen Heft- und Schweißvorgangs. Weitere, parallel laufende Montagearbeiten werden gar nicht oder weniger lange gestört oder unterbrochen.
- Mit speziell entwickelten Arbeitsbühnen, die an die Haken ohnehin benötigter Autokrane gehängt werden, können die Monteure einfach, schnell und ortsflexibel an die Einbaustelle hochgezogen werden – ggf. zusammen mit ihren Werkzeugen und den einzubauenden Konstruktionsteilen. So kommen die Monteure auch in schwer zugänglichen Einbausituationen in die günstigste Position und vor allem kann das aufwendige Auf- und Abbauen von Arbeitsbühnen entfallen.

All dies macht noch einmal deutlich: wirtschaftlicher Stahlbau bedeutet in Zukunft noch mehr Einsatz möglichst großteiliger, unter optimalen

Fertigungsbedingungen in der Werkstatt vorgefertigte Bauelemente, die aufgrund intelligenter Verbindungstechniken auf der Baustelle mit minimalem Zeit- und Hilfsmittelaufwand zu kompletten Bauwerken zu montieren sind.

4
Stahlbauarchitektur – Ästhetik – Wirtschaftlichkeit

Erstaunlich, die damals neuartigen Eisenkonstruktionen des 19. Jahrhunderts fielen „mangels Masse" durch: zu wenig Fleisch für das Stil- und Dekorationsbedürfnis jener Zeit. Dazumal mußten die Eisenkonstruktionen als stumme Diener hinter steinernem Plüsch verschwinden, wenn ihre konstruktive Überlegenheit schon nicht mehr abzuleugnen war. Allenfalls bei Zweckbauten – also Ingenieurarbeit – wurde Eisen als Konstruktionswerkstoff geduldet.

John Ruskin (1849) in „The seven lamps of Architecture" zur Stilfrage: „Wahrscheinlich naht die Zeit, in der man ein neues System architektonischer Grundsätze entwickeln wird, das dem Eisenbau vollkommen angepaßt ist!" Dennoch beharrt er auf dem alten Standpunkt: „Architektur erlaubt kein Eisen als Baumaterial, und solche Werke wie Gußeisendächer mit Stützen in unseren Bahnhöfen ..., sind überhaupt nicht Architektur zu nennen."

Ästhetik und Kreativität als Domäne der Architektur/Kunstakademie? Wirtschaftlichkeit/Pragmatismus und Ästhetik/Bedeutung für immer getrennt?

Aus heutiger Sicht können wir leicht die Antwort geben, die Ruskin im ersten Teil des Zitats noch weise offen gelassen hatte. Wogegen er schon im zweiten Teil, mit der Ausgrenzung von Eisen, dem Zeitgeschmack aufsaß. Dabei waren die Gegenbeweise zu dieser Ausgrenzung bereits im Bau! Unser erstes Beispiel (Bild I.3) zeigt den legendären „Kristallpalast", den der Ingenieur Joseph Paxton 1851 für die „Great Exhibition of the Works of Industry of all Nations" im Londoner Hyde Park geschaffen hat, und der viel später als „Wendepunkt der Baugeschichte" bezeichnet werden wird.

Die ästhetischen und konstruktiven Wurzeln aktueller Stahlbauarchitektur sind also schon damals gewachsen; sie blieben lange vergraben und werden erst heute richtig eingeschätzt. Reine Eisenkonstruktionen gab es schon seit ca. 1779, der ersten Brücke bei Coalbrookdale, seit der berühmten Eisenbahnbrücke über den Firth of Forth (1886) und dem Eiffelturm 1889.

Es gab andererseits auch die gußeiserne Säule im „korinthischen" Stil – als anbiederisches Zugeständnis an den Zeitgeschmack, obwohl als Bauelement des vorbeugenden Brandschutzes entwickelt. Aber so etwas aufregend Neues wie den „Kristallpalast", der die Brücke zwischen Ingenieurkunst und Ästhetik, zwischen den isolierten Inseln der Architektur und der Konstruktion schlägt, hatte es zuvor nicht gegeben! Nämlich eine filigrane Stahl-Glas-Konstruktion, die schon

Bild I.3. Der legendäre „Kristallpalast" des Joseph Paxton in London. Er gab bereits damals – mit modularen(!), allerdings Gußeisen-Bauteilen – Maßstäbe für modernen Stahlbau vor

alles hatte, was heute in vielen Fällen noch immer erst erreicht werden will.

Ein industriell vorgefertigtes, modulares Konstruktionssystem, einfache Steckverbindungen und Montagen, maschinelle Serienproduktion von optimierten Profilquerschnitten, ja, sogar Flachglasscheiben als mitwirkende statische Elemente. Der „Kristallpalast" – ein unter Gesichtspunkten der Wirtschaftlichkeit preisgekrönter Entwurf, ein gewagtes Experiment von atemberaubender Schönheit, eine Konstruktion, wie die Welt sie noch nie gesehen hatte und dennoch „zu dünn" für das Repräsentationsbedürfnis jener Zeit. Und als Experiment unzulässig für allgemeine Bauaufgaben, noch nicht geeignet für die Aufnahme in eine „Akademie für Architektur", hinter deren Türen noch über stilistische Details der Steinwerk-Verblendungen diskutiert wurde.

Maschinen- und Ingenieurbau waren da anders: selbstbewußt dem Fortschritt auf der Spur, pragmatisch, materialgerecht, keine überflüssigen Pfunde und Gedanke an Plüsch. Die Weiterentwicklung der Eisen- zu Stahlbaustoffen war ein Durchbruch.

Aber warum dieser Blick zurück? Weil es um die Frage der Kreativität/Ästhetik versus Wirtschaftlichkeit in der Stahlbauarchitektur geht; weil damals zwar die Wirtschaftlichkeit des Stahls erkannt, aber seine

Ästhetik verneint wurde; weil heute Ästhetik über den Begriff „Corporate Identity" zum Erfolgsfaktor geworden ist, und weil das so ist, muß nach den Wurzeln gesucht werden. Dabei stoßen wir z. B. auf den Ingenieur John Paxton, den Erfinder jenes „Kristallpalasts".

4.1
Veränderung findet immer im Kopf statt

Das Neue hat kein Vorbild, Veränderung findet zuerst im Kopf statt. Paxton beispielsweise hatte die Veränderung der Welt durch die beginnende Industrialisierung erkannt. Das Alte und das Neue im Widerstreit, neue Materialien und Produktionsmethoden würden neue Konstruktionen hervorbringen. Diese Aufbruchstimmung stimulierte ihn zu seiner Vision. Das Ungefestigte, Widersprüchliche, die neuen Aufgaben und Ziele beanspruchten sein Denken und Handeln.

Dieser begreifende Blick in die Zukunft, der dem momentanen Chaos, den sich auflösenden Traditionen mit einem Schlag eine „konkrete Utopie" vorzusetzen vermag, das ist Kreativität. Jetzt wird der Ingenieur zum Künstler, der der neuen, erst aufscheinenden Zeit bereits ein Gesicht geben kann, der eine nirgends sonst beschriebene Ästhetik erfindet.

Gewiß gab es schon vor dem „Kristallpalast" Gewächs- und Glashäuser, aber nicht in diesen Dimensionen und schon gar nicht in der industriell gefertigten, modularen Systemkonzeption und sogar noch in translozierbarer Ausführung, wie deren Abbau im Hyde Park und sein Wiederaufbau in Sydenham 1854 beweisen.

Genial mag eine Idee, ein Ziel sein. Zur Aussage, zur „konkreten Utopie" wird sie immer erst dann, wenn sie über ihre Konstruktion Wirkung erlangt. Um nur einige wenige repräsentative Beispiele zu nennen, die heute zu den „Ikonen" der neuen Architektur und Stahlbaukunst zählen. Die „Steiff"-Teddybär-Fabrikationshallen von 1903 mit ihrer doppelschaligen Klima-Glasfassade und dazwischenstehender Rahmenkonstruktion (Bild I.5); die Glashalle des Bauhauses in Weimar von Walter Gropius; die Stahl-Glas-Konstruktionen von Mies van der Rohe; das Centre Pompidou in Paris von Piano/Rogers; die Pyramide im Louvre von I. N. Pei; die Bauten von Sir Norman Forster, Günter Benisch; die Konstruktionen von Stefan Polony usw.

Die Botschaft, die Paxton in seine Konstruktion „einmontiert" hatte, hat sich als wertvoll und zukunftswirksam erwiesen. Sie ist verstanden und weitergeführt worden, mit immer besseren, vielfältigeren Mitteln der Bautechnik.

Seit den Zeiten von Niet und Schraube ist eine ganze Palette weiterer Form- und Fügetechniken für Stahl hinzugekommen, z. B. Schweißen, Kleben, Reibungsschweißen, Klemmen, Stecken, Walzen, Strangpressen, Schmieden, Sintern, Spritzen, sogar Sprühen! Man könnte sagen „anything goes". Der Stahlbau ist in der „Hall of Frame" angekommen, er ist umweltverträglich, recyclebar und auf ökonomische Weise immer wieder rekonstruierbar.

a

b

Bild I.4 a, b. Das Beispiel Autohaus Hammer, Mönchengladbach, zeigt eine „andere" Anschlußlösung des großen I-Hauptträgers an die Glasfassaden-Rundrohrstützen. Sie entspricht zwar nicht der Norm des Üblichen, ist aber optisch, statisch und montagetechnisch neu durchdacht …

Bild I.5. Teddybär-Fabrik „Steiff", Giengen/Brenz 1903; die äußere Schale der doppelschaligen Glaswand wurde vor die Tragkonstruktion gehängt, die innere reicht vom Fußboden bis zur Decke, das Rahmenwerk mit der Vorhang-Glasfassade ruht auf Betonsockeln

Stahl-Glas-Konstruktionen als Träger ästhetischer Dimensionen: „Corporate Identity", „High Tech" als Ausdruck des Zeitgefühls. Technik, Ästhetik und Symbolwert werden nicht mehr verschiedenen Fassadenschichten oder Materialien zugeschrieben, die Konstruktion als solche steht dafür.

Die Avantgarde der Architekten und Hersteller experimentiert heute mit Stahl und Glas als statisch beanspruchtem Bauelement. Zwar ist der dauernde Aufenthalt von „Menschen im Glashaus" weniger unproblematisch als für Pflanzen oder Ausstellungsbesucher, aber wir lernen gerade, die eingefangenen Mengen an Licht- und Wärmeenergie nutzbringender anzuwenden als sie nur wegzukühlen.

4.2
Architekt und Ingenieur wieder als „Baumeister"

Vision und Realisation: diese Begriffe stehen für Künstler/Architekt und Praktiker/Ingenieur. Der Ingenieur Paxton war ein Visionär! Was er damals in Person und Werk zusammenführen konnte, das Künstlerische und das Konstruieren wurde durch spätere Spezialisierung, durch getrennte Schulen für Architekten und Ingenieure wieder aufgesplittet. Unzählige schlechte Ergebnisse dieses getrennten Vorgehens machen mit Nachdruck darauf aufmerksam, daß sich Architekt und Ingenieur gemeinsame Sichtweisen erarbeiten, ihr Vokabular und ihre Kreativität auf gemeinsame Schulung aufbauen und sich wieder besser austauschen müssen. Sie sollten sich wieder als „Baumeister" verstehen. Beide sollten sich Utopien leisten dürfen und können. Beruhigend ist, daß es auch dafür zunehmend Projektpartnerschaften sowie gebaute Beispiele gibt.

Sicherlich, bei immer komplexeren Bauaufgaben nimmt die Spezialisierung zwangsläufig zu. Detailwissen haben die Fachleute, und Fachleute haben Fachschulen. Fachschulen entwickeln Traditionen, Rituale, Fachausschüsse, sie erzeugen Richtlinien, Muster und pflegen die „normative Kraft des Faktischen", verwalten letztlich Detailwissen.

So wie der Gesetzgeber die Rechtsnormen der gesellschaftlichen Entwicklung anpassen muß, so wird der Stand der Technik und der Normen mit dem Fortschritt der Erkenntnisse ständig erweitert und verbessert. Die Notwendigkeit zur Übereinstimmung, zur Normung erzeugt Fachsprachen; eine Sprache, die sich bei zunehmender Komplexität immer mehr auf Chiffren verkürzt und sich dabei – paradox genug – vom eigentlichen Ziel der intersubjektiven Verständigung entfernt. So wird mancher Fachmann zum Fachanwalt, der sein Detailwissen verteidigt! Die Traditionalisierung des Wissens gerät in Widerspruch zur fortschreitenden Erkenntnisflut und zu den Forschungsergebnissen. Nötig wäre aber übergreifendes Denken, Neusortierung und Überprüfung von Ansprüchen.

Die Notwendigkeit der Zusammenarbeit zwischen Visionär und Ingenieur ist heute erkannt. Ihr wird bereits in neuen, projektorientierten

Ausbildungsgängen entsprochen, wenn z.B. nach dem „Dortmunder Modell" an der dortigen Universität Ingenieure und Architekten ein zum Teil gemeinsames Grundstudium absolvieren und im Haupstudium Projekte im Team bearbeiten.

Mit der Zunahme der Ästhetisierung der Konstruktion wächst die Chance, den traditionellen Konflikt zwischen den Fachleuten für Architektur und denen für Konstruktion aufzuhebeln. Architekten konstruieren und Ingenieure gestalten. Abseits der tradierten Ausbildungswege etabliert sich eine Gruppe von Grenzgängern und experimentierfreudigen Visionären.

4.3
„Chaos" als Fundus für Kreativität

Dieses scheinbare Durcheinander – zumindest aus Sicht obiger „Fachanwälte" –, diese Übergriffe und Fahrspurwechsel, werden schlimmstenfalls als Anmaßung mißverstanden. Andererseits bietet das „kreative Chaos" der Avantgarde auch Chancen für einen Neuansatz, für ganzheitliche Denk-, Betrachtungs- und Lösungsweisen, eine neue Bauästhetik der Zukunft.

Die Regale der Industrieprodukte werden für den Einsatz bei neuen Bauaufgaben durchforstet, Produktideen entwickelt, genormte und gesicherte Konstruktionsdetails des Stahlbaus einer ästhetischen Überprüfung unterzogen und der transformatorischen Energie des Gestalters ausgesetzt, abgeändert, bis ein Zustand der Harmonie erreicht und die gestaltete Materie, die Konstruktion „zum Sprechen" gebracht wird.

Aber, wie immer, gibt es sie auch hier schon wieder: die fixen Burschen, die mit ihrem CI-(Coporate Identity-)Bastelkasten von Auftraggeber zu Auftraggeber unterwegs sind. Unter ihren schnellen Strichen werden Ikonen zu Versatzstücken, wird Modernität zur Mode, Blitz-Design hechelt der Glaubwürdigkeit hinterher. Dogmen werden wiedererrichtet, obwohl vorgegeben wird, andere niedergerissen zu haben; auch die Industrie beteiligt sich teilweise an diesem „schnellen Geschäft".

Mies van der Rohe hatte Recht: „Less is more – weniger bringt mehr!"

Aber folgen wir lieber der Avantgarde und stellen fest, daß der moderne Industrie-Gewerbebau zum Wegbereiter einer neuen Ästhetik wurde, die, im Gegensatz zu ihrer Ursprungszeit, heute sogar Repräsentationsbauten ihren Stempel aufdrückt. Man denke nur an die im Prinzip gleichen Fassadenkonstruktionen der „Steiff"-Teddybär-Fabrik aus dem Jahr 1903 und das „Arca-Haus" in Frankfurt/Main, 1996 von Christoph Meckler gebaut (Bild I.5 und I.6).

Bild I.6. Arca-Haus, Frankfurt/Main

4.4
Der Werkbund-Streit: Kapital versus Kunst

Der an der Schwelle des 20. Jahrhunderts sowie nach dem 1. Weltkrieg
so heftig geführte „Werkbund-Streit" zwischen Industriellen und
Künstlern um die Vereinbarkeit von Kunst und Kapital ist zumindest
auf ästhetisch-symbolischer Ebene überwunden. Architekten und
Industrie können doch miteinander! Als logische Konsequenz werden

immer mehr Architekturpreise für Gewerbe- und Industriebauten verliehen.

Das Gegensatzpaar Kunst – Industrie hat sich nach den längst Bauhistorie gewordenen Werkbund-Diskussionen noch vor dem 1. Weltkrieg zum synthetischen Begriff „Industriekunst" (Friedrich Naumann) gewandelt, und dann weiter über die Bauhaus-Epoche zum heutigen „Industrie-Design": d.h. Massenprodukte unter ästhetisch-künstlerischen Ansprüchen gestalten. Architekten und Baukünstler, die ihre Kreativität in den Dienst einer industriell geprägten Ästhetik des ausgehenden 20. Jahrhunderts stellen und in die Fabriken gehen – das ist heute nichts besonderes mehr.

Jetzt besucht der Gestalter den Produzenten selbst. Dieser stellt seine Bauvorhaben als Objekte für die Entwicklung einer industriell geprägten Ästhetik zur Verfügung; natürlich nicht ohne Erwartung eines Wettbewerbsvorteils. Zur Zeit Paxtons baute sich der Industrielle schloßähnliche Gebäude, um seiner aufstrebenden gesellschaftlichen Stellung Ausdruck zu geben – und nicht um auf seine Produkte aufmerksam zu machen. Die Zeugen dieser überlebten Epoche stehen heute zu Recht unter Denkmalschutz.

4.5
Corporate Identity: das Gebäude als „Werbefläche"

„Corporate Identity" (CI) ist ein Begriff aus der Sprache der Werbung. Heute wird er übertragen und erweitert auf öffentliche Bauwerke, die große Firmen oder Institutionen zu repräsentieren haben: die Baugestaltung soll die Philosophie des Hauses nach außen tragen, das Gebäude selbst zum Aushängeschild, zum Marken- oder Wahrzeichen werden.

Diese Botschaft, diese „Philosophie des Hauses" wird von innen nach außen projiziert. Je durchsichtiger und offener sie umgesetzt wird, desto mehr wird die Konstruktion selbst zum Träger der Botschaft, ja, sie wird sogar immer öfter nach außen vor die Hülle gesetzt. Bezogen auf den Stahlbau heißt das: traditionelle, dem Regelheft entnommene Anschlußtechniken, die Profilwahl, ihre räumliche Anordnung, ihre Textur und Farbigkeit, werden nicht nur funktional, sondern eben auch auf ihre ästhetische und symbolische Leistungsfähigkeit hin überprüft und optimiert – ein begehrtes Arbeitsfeld für die Avantgarde der Architekten und Ingenieure. Der Architekt steht am Reißbrett des Konstrukteurs, der Entwurf des Tragwerks ist das Gemeinschaftswerk von Künstler und Ingenieur, die sich beide über den Inhalt der „Identity des Hauses" völlig im klaren sein müssen.

In dieser neuen Konstellation des Verhältnisses von Ingenieur und Künstler gilt es, Fachkompetenz nicht als Dominanz auszuspielen, Fachchiffren nicht als Rätselverse aufzugeben. Offener, herrschaftsfreier Dialog basiert auf der Überzeugung von der Kompetenz des anderen und verlangt nach höchster Leistungsbereitschaft, Verantwortung für das Budget, für Termine und die Wirtschaftlichkeit des eigenen Tuns.

Das konstruktive Denken wird ständig zur Überprüfung der Grundlagen herausgefordert, zur Vereinfachung, zur Entrümpelung der Datenspeicher. Das schafft Freiräume für ästhetische Zuführungen und für symbolische Aufladungen (Bild I.4b). Damit ist nicht die Dekoration des Unvermeintlichen gemeint, da wären wir beim Plüsch. Vielmehr radikale Reduktion auf die Darstellung des Wesentlichen, eine Darstellung, die die Ingeniosität der Erfindung offenbart, die dem Auge wohltut und die zum Nachdenken reizt. Um auf den Gehalt der Botschaft zu kommen: mit Betonung auf „Darstellung", so dann auf „wesentlich".

Hans-Ullrich Bitsch und Niklaus Fritschi, Düsseldorf, schreiben in einem Beitrag zum Workshop „Architectural Visions for Europe" 1994: „Das Vokabular architektonischer Motive auf Transparenz allein zu reduzieren, käme allerdings einer dogmatischen Selbstbeschränkung gleich. Ein sinnleerer Glaskasten ist nicht intelligenter oder charmanter als ein ebensolcher Steinklotz… Das Medium ersetzt nicht die Botschaft…"

An dieser Wegstelle, an der Gabelung zu „Kiste oder Gebäude", setzt die kostenorientierte, gestaltende Arbeit der visionären Architekten und Ingenieure an. Hier relativiert sich die stereotype Aussage „Gestaltung ist teuer – Kiste ist billig!" Eines aber stimmt immer: Plüsch ist teuer!

Hartmut Großhans sagte schon 1980 (zum Wohnungsbau): „Kostensteigerungen zwingen zum Nachdenken…" Und das ist auch die These des Autors: Denken strengt nur den Grips an, Nichtdenken aber strapaziert das Budget.

4.6
Vision und Beständigkeit

Visionäre Neuorientierung ist natürlich leichter gesagt als getan. Um 1980, zur Zeit der „Postmoderne", kurz vor Entdeckung der „Corporate Identity" forderte R. Venturi neue Inspirationsquellen für die Architektur. Eine universale und populäre Gestaltung, die der Erfahrungswelt der Konsumenten entspricht, der Alltagswelt im Zeichen des Massenkonsums, wie sie uns auf Schritt und Tritt begegnet: kurz, den berühmten „dekorierten Schuppen".

1990, zehn Jahre später, fordert J. Nouvel bereits wieder die Überwindung der CI-Epoche. Jetzt soll das Auge zum Ausgangspunkt einer neuen Ästhetik werden. Glas mit seiner ständig wahrnehmbaren Veränderung der Oberfläche wird zum Auslöser neuer Reize; nicht das „Begreifen" bisher gewohnter Baumaterialien, also taktile Reize, prägen unsere Gestalterfahrung, sondern vor allem visuelle Reize sollen diese Rolle übernehmen. Nouvel geht es mit seinen Gebäuden nun nicht mehr um dogmatisch geforderte Transparenz, um Offenheit und Verzicht auf Hierarchie, sondern er will vor allem Langeweile vermeiden. Die optische Anteilnahme des Betrachters ist herausgefordert, es wird keine „Hausphilosophie" mehr demonstriert. Die Inszenierung des Inneren unterbleibt. Nouvel will eine „virtuelle Architektur" in einer visuell geprägten Welt.

Paxtons Visionen – um auf den Anfang zurückzukommen – sind langlebiger, aber die Zyklen der Veränderung waren damals auch etwas langsamer!

Teil II
Konstruktionsprinzipien

1
Elementiertes Bauen

Ob man an den legendären Märklin-Baukasten denkt, an die Ursprungsidee der Lego-Bausteine oder aber an ein „ausgewachsenes" Elementarbausystem aus Stahl – das Grundprinzip des elementierten Bauens bleibt stets dasselbe: mit einer auf das Notwendige reduzierten Anzahl standardisierter Bauelemente einen auch spezialisierten Bedarf an Gestaltungs-, Ausbau- und Umbaumöglichkeiten abdecken. Und das ist in erster Linie eine Herausforderung an die Findigkeit der Konstrukteure. Aus Sicht der Stahlbaufertigung ist Sinn und Zweck der Schaffung solcher Baukastensysteme zunächst einmal die damit verbundene Rationalisierungsmöglichkeit durch Serienfertigung einheitlicher Bauelemente. Dabei dürfen die zum Bausystem gehörenden standardisierten oder konfektionierten Bauelemente durchaus anwendungsgerecht in der Größe abgestuft sein, so lange das Grundprinzip der standardisierten Gestaltung und Anschlußtechnik gewahrt wird. Aber, um durch Fertigung in möglichst großen Serien Kosten zu sparen, wird man bei der Konstruktion bestrebt sein, das Baukastensystem auf die Verwendung möglichst großer Stückzahlen an maßgleichen Bauelementen auszulegen. Denn jede Maßänderung hat zumindest eine Umrüstung der Bearbeitungsvorrichtungen zur Folge.

Grundsätzlich betrachtet sind (nach den bisherigen Ausführungen) die folgenden beiden Grundkonzeptionen des Stahlbaus zu unterscheiden: einerseits die hergebrachte, individuelle Einzelfertigung und andererseits die in sich geschlossenen, aber anpassungsfähigen Baukastensysteme (wie sie ausführlich in Teil V „Elementar-Bausysteme" behandelt werden). Bei der Einzelfertigung werden die Bauelemente speziell auf eine bestimmte Anwendung zugeschnitten und danach vom Konstrukteur in der Regel wieder „vergessen". Bei Baukastensystemen dagegen werden die Bauelemente vor jeder Anwendung für multiple Einsätze konzipiert und immer wieder in gleicher Form verwendet.

Es gibt aber außer diesen beiden Stahlbaukonzeptionen noch einen Mittelweg: nämlich eine Mischform, die versucht, individuelle Konstruktionen mit optimierten Einheitsbauteilen zu entwickeln. Und gerade dieser Mittelweg ist für die Praxis besonders interessant, hat besondere Bedeutung. Die Überschrift dieses Kapitels ist nämlich in der leicht abgewandelten Form des Aufrufs „elementiert Bauen!" durchaus als generelle Qualitätsanforderung an den Konstrukteur zu

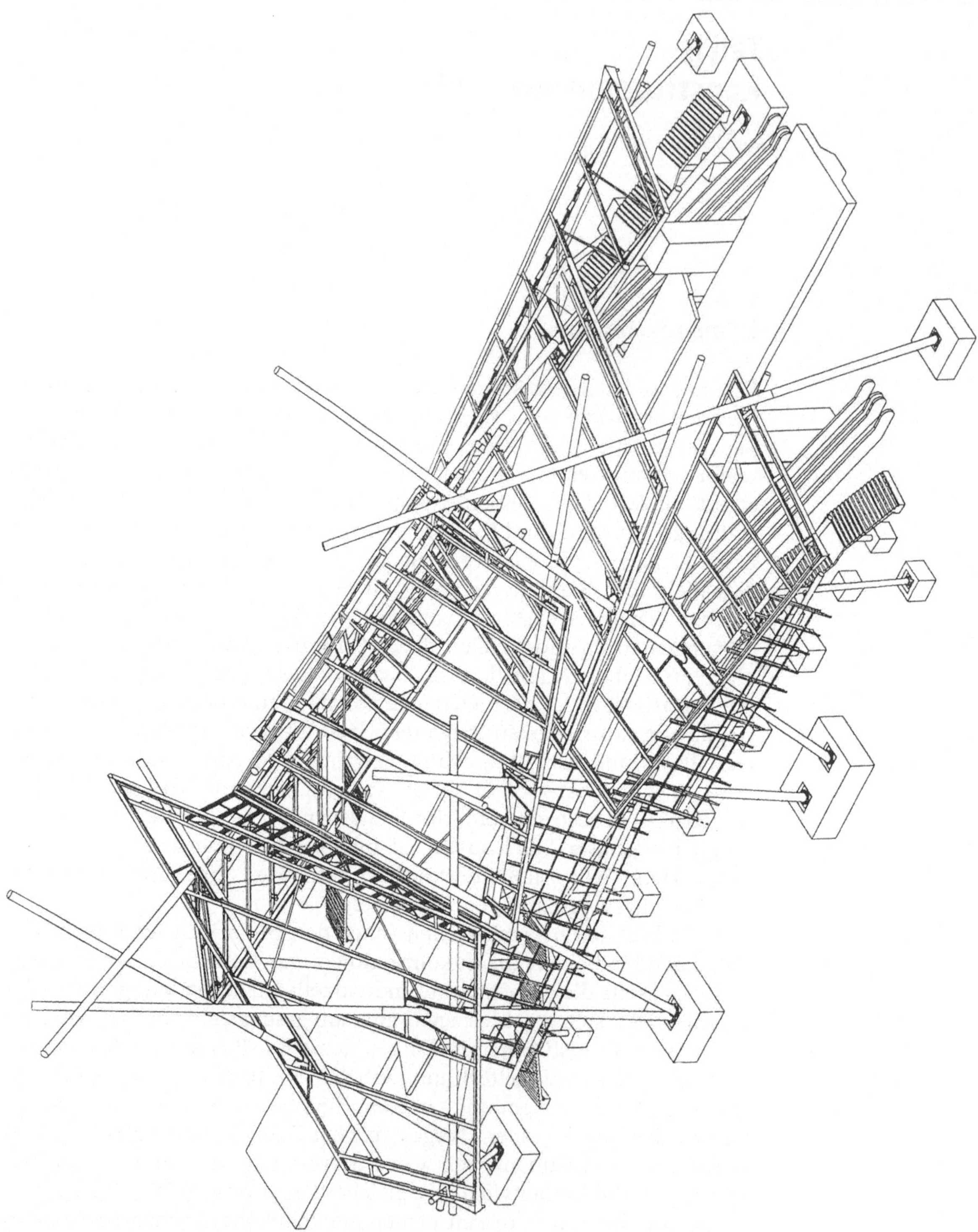

Bild II.1. CAD-Entwurfszeichnung „Stadtbahn-Haltestelle Neue Mitte Oberhausen".
Architekten: Parade & Partner, Düsseldorf

verstehen. Dazu zeigt Bild II.1 ein ebenso extremes wie interessantes Anwendungsbeispiel, das hier kurz als Modellfall diskutiert werden soll.

1.1
Stadtbahn-Haltestelle „Oberhausen – Neue Mitte"

Wer sich die CAD-Zeichnung (Bild II.1) dieses futuristisch anmutenden, völlig asymmetrischen Dachtragwerks ansieht, das eher an ein Mikadospiel erinnert, wird wohl kaum an eine Bauelementestandardisierung denken, was hier dennoch gelang. Dazu – nämlich zur Entwicklung einheitlicher Anschlußbauteile für die großkalibrigen, bis zu 50 m langen Rohrstützen in einer für die Serienfertigung interessanten Stückzahl – kam man in diesem Fall nur als Ergebnis eines engen, interdisziplinären Arbeitsprozesses zwischen Architekt, Statiker und dem erfahrenen Stahlbaukonstrukteur.

Die vereinheitlichten Anschlußbauteile sorgten bei dieser nicht ganz einfachen Aufgabe des Architektur-Stahlbaus nicht nur für eine rationelle Serienfertigung gerade der schwierigsten Bauteile, sondern sie waren auch Voraussetzung für eine rationelle Montage unter Ausschaltung von Verwechslungsfehlern. Diese Einheits-Anschlußtechnik war so flexibel ausgelegt, daß sie hier nicht nur bei stets gleichen, sondern auch zur Verbindung im übrigen recht unterschiedlicher Rohrbauteile eingesetzt werden konnte – dies als grundlegender Unterschied zu reinen Baukastensystemen mit ihren immer gleichen Bauelementen.

Konkrete Anregungen für die Entwicklung solcher serienreifen Anschlußtechniken, wie sie im Stahlbau immer wieder benötigt werden, sind in Teil IV „Konstruktionsdetails" zu finden.

2
Konstruktionsablauf:
Teamwork zwischen Architekt, Konstrukteur und Statiker

Frage: Wie kommt man denn nun zu der vielbeschworenen „optimalen Konstruktion". Neben der Erfahrung des Konstrukteurs, kommt es dabei auf den richtigen Ablauf des Konstruktionsverfahrens, auf eine gute und enge Zusammenarbeit mit Architekten, Statikern und den Ausführenden in der Praxis an.

Komplette technische Unterlagen für ein Stahlbauprojekt bestehen in der Regel bekanntlich aus der statischen Berechnung und den Konstruktionszeichnungen. Erstellt werden diese Unterlagen einerseits durch den Statiker, andererseits durch den Konstrukteur, und zwar gemäß der gestalterischen und grundmaßlichen Vorgaben der Architekturpläne.

Wenn die technische Bearbeitung im Stahlbaubüro beginnen soll, solte dann am besten mit der Statik oder mit den konstruktiven Entwürfen angefangen werden? Diese interessante Frage, wie sie von jeder Ingenieurgeneration neu aufgeworfen wird, ist zwar nicht so einfach mit entweder/oder zu beantworten. Was jedoch die effektivste Reihenfolge

der Schritte angeht, haben sich gleichwohl übertragbare Erfahrungs-
grundsätze des erfolgreichen Konstruktionsablaufs herausgeschält:

a) Übersichts-Zeichnung. Zunächst wird vom Konstrukteur unter Beratung
des Statikers ein Tragwerksplan in Form einer Übersichtszeichnung
erstellt. Darin sind erste Festlegungen enthalten, z. B. die statischen
Systemlinien und wichtige Grunddaten, wie Fundamentbelastungen und
Verankerungen, aber auch schon Form, Lage und Anordnung der wichtigsten Tragwerksprofile.

b) Klärungsblätter. Darin „klärt" der Konstrukteur, welche Profilarten am
besten verwendet werden. Parallel zur Übersichtszeichnung zeichnet er
die schwierigsten Knoten- und Detailpunkte auf, um die Optimallösung
bzgl. Fertigung, Montage und Materialverbrauch zu finden. Je nach
Schwierigkeitsgrad kann es dabei nützlich sein, ergänzend auch bereits
in dieser Phase den Statiker sowie die Fertigungs- und Montage-Fach-
leute beratend einzuschalten.

Danach sind die Klärungsblätter oft mit zahlreichen Änderungen und
Ergänzungen ausgezeichnet. Wichtig ist aber vor allem, daß sie den Weg
zur Weiterentwicklung, zur optimalen Lösung aufzeigen; denn im weiteren Ablauf dienen sie sowohl dem Konstrukteur als auch dem Statiker
als Arbeitsgrundlage für die endgültige Erstellung der Fertigungsunterlagen.

c) Statik- und Zeichnungserstellung. Auf Basis der bisher festgelegten Grund-
daten und Klärungen kann jetzt, parallel ablaufend, mit den statischen
Berechnungen und der Erstellung der Konstruktionszeichnungen für die
Fertigung begonnen werden. Dabei wird der Konstrukteur kontinuier-
lich vom Statiker über die endgültige Dimensionierung der Profile sowie
Auflager- und Anschlußbelastungen aufgrund seiner nunmehr genauen
Berechnungen informiert.

Mit dem heute üblichen CAD-Einsatz teilen sich die anfallenden Kon-
struktionsstunden erfahrungsgemäß so auf: zwei Drittel der Aufgaben
können an CAD-Arbeitsplätzen ausgeführt werden, ein Drittel, besonders die kreativeren Arbeiten, verbleiben wie bisher am Zeichenbrett.

Ergänzend ist noch einmal die Wichtigkeit einer guten Zusammenarbeit auch mit dem Architekten zu betonen, und zwar in Form eines
stetigen Austauschs, besonders in den Arbeitsphasen a und b. Das gilt
insbesondere für solche gestalterischen und bauphysikalischen Detail-
fragen, die ausführungstechnisch schwierig sind. Eine wohlwollende,
aber intensive Diskussion zwischen allen Beteiligten – Architekt, Statiker
und Konstrukteur – hat noch immer zu den besten Lösungen geführt!

2.1
Fazit

Der erfahrene Konstrukteur bleibt auch im CAD-Zeitalter der wichtigste
Faktor für die erfolgreiche Konstruktion. Es nützt nämlich beispiels-

weise nichts, wenn im Alleingang zuerst der Statiker eine Konstruktion rein rechnerisch auslegt und dabei etwa ein zwar sehr leichtes, da „gewichtsoptimiertes", aber praxisfernes Dachtragwerk herauskommt, weil eine einseitig rechnerische Profilwahl zu allzu komplizierten Knotenpunkten führte, wie sie weder rationell zu fertigen noch einfach zu montieren sind. Die tradierte Erfahrung des Konstrukteurs, was man alles mit Stahl machen kann: daß man ihn beispielsweise verformen, weiterhin schweißen, brennschneiden, schmieden, drehen, fräsen, hobeln, scheren, nachträglich verstärken und die kreative Anwendung dieses Wissens, auch in Form gewisser „Stahlbau-Tricks" ist nach wie vor das unersetzliche Fundament aller Konstruktion.

Eine effektive Zusammenarbeit im Konstruktionsbüro – das dürfte aus der Schilderung des idealen Konstruktionsablaufs hervorgehen – ist wohl kaum mit Hilfe externer Planer darzustellen. Der Konstrukteur muß als zentrale Figur im betriebseigenen Konstruktionsbüro verbleiben. „Schnelle Information auf kürzestem Weg!" ist eine weitere unverzichtbare Essenz des Rezepts für erfolgreichen Stahlbau. Deshalb sollte auch der Statiker vor Ort bleiben, im selben Haus nachbarschaftlich mit der Konstruktion, und nicht irgendwo draußen.

Diese Investitionen in hauseigene „Kopfware" zahlt sich in Form eines reibungslosen Konstruktionsablaufs sicherlich mehrfach aus. Konstruktionsfehler, die teure Folgen zeitigen könnten, werden durch gründliche Zusammenarbeit in der Klärungsphase frühzeitig ausgemerzt. Auch der Kosten- und auch der Terminrahmen des Gesamtprojekts werden durch echte Zusammenarbeit zur allseitigen Zufriedenheit eingehalten.

3
Aktueller Stand: CAD im Stahlbau

Computer Aided Design (CAD) bedeutet im Wortsinn „Rechnergestützter Entwurf". Ende der 50er Jahre von D. T. Ross geprägt, wird dieser Begriff heute mit zwei Kriterien verbunden:

- Der technische Entwurf wird durch graphische Ein- und Ausgabe unterstützt. Der aktuelle Stand des Entwurfs wird jederzeit in Form von Zeichnungen oder Modellansichten auf dem Bildschirm präsentiert und dient dem Ingenieur gleichzeitig als Arbeitsgegenstand zur Manipulation.
- Dabei steht nicht (mehr) die Zeichentechnik im Vordergrund, sondern eine echte Unterstützung des Entwurfsprozesses. Das CAD-System bildet die jeweilige Begriffswelt des Architekten bzw. Ingenieurs ab; das reale Bauwerk wird entsprechend idealisiert. Der Bearbeiter kann in der vertrauten Terminologie auf einer unmittelbar verständlichen Benutzeroberfläche arbeiten (Bild II.2).

So erlaubt ein CAD-System dem Konstrukteur etwa das Erzeugen von Stahlträgern und ihren Anschlüssen, die Gliederung in Hauptteile oder

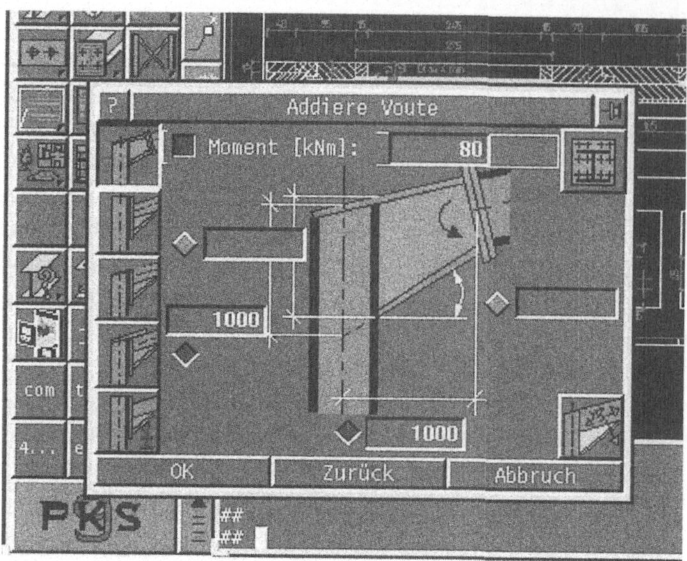

Bild II.2. Stahlbau-orientierte graphische Benutzer-Oberfläche

die Dokumentation in einer technischen Zeichnung. Der Statiker hingegen erwartet Möglichkeiten, Stäbe und Stützungen zu definieren, Profile nach Stabgruppen auszutauschen oder einen Knotenplan zu „sehen".

3.1
Anwendungsbereiche

Die CAD-Anwendung im Stahlbau ist heute alltäglich; entsprechende Techniken werden vom Vorentwurf bis zur Fertigungsvorbereitung eingesetzt.

Schon in frühen Phasen können Entwürfe hinsichtlich geometrischer und technischer Parameter ausgewertet werden, wie umbauter Raum, Materiallisten usw. Für ein Angebot werden Daten zu fotorealistischen Darstellungen aufbereitet oder vorläufige Leistungsverzeichnisse zusammengestellt.

Die statische Modellierung des Gesamtsystems und die Auswertung der Strukturanalyse hinsichtlich Verformungen, Schnittgrößen und Spannungen werden durch CAD-Techniken sinnvoll unterstützt. Die konstruktive Detaillierung von Tragwerken ist sehr gut realisiert, während die Möglichkeiten der Verbindung zur Anschlußstatik noch nicht ausgeschöpft sind. Übersichts-, Werkstatt- und Zusammenbauzeichnungen können weitgehend automatisiert erstellt werden; das gilt ebenso für alle nichtgraphischen Fertigungsunterlagen, also Stück-, Kleinteil-, Zusammenbau- und andere Listen sowie für NC-Daten.

CAD-Anwendung im beschriebenen Sinn endet dort, wo keine Notwendigkeit zu „gestaltfindender Tätigkeit" besteht, also den Schnittstellen zur Produktions-Planung und -Steuerung (PPS), zur Materialverwaltung und zum Rechnungswesen. In der Fertigungs- und Montagevorbereitung bestehen jedoch noch Reserven für sinnvollen CAD-Einsatz, z. B. im Bereich des Roboterschweißens.

Sogenannte „durchgängige Lösungen", also die integrierte Bearbeitung aller (oder sehr vieler) Entwurfsprozesse einschl. Änderungsdienst, sind momentan nur innerhalb eines geschlossenen CAD-Systems möglich. Für die reine Datenübergabe vom Vorentwurf bis zur Fertigung hat sich jedoch eine Reihe von Schnittstellen etabliert. Unter Federführung des Deutschen Stahlbauverbands (DSTV) wurden Standards für den Datentransfer vom Entwurf zur Strukturanalyse, von der Analyse zur Konstruktion und von der Konstruktion zur Fertigung erarbeitet.

3.2
Das Potential einer CAD-Lösung

Der rechnergestützte Entwurf eröffnet prinzipiell folgende Vorteile:

- Schnellere Abwicklung vieler Aufgaben bis hin zur vollständigen Automatisierung;
- höhere, auf jeden Fall aber konstante Qualität der CAD-Lösungen und -Dokumente;
- frühzeitige Erkennung und „billigere" Beseitigung von Entwurfsfehlern;
- bessere Möglichkeiten der Entwurfsoptimierung;
- sehr komplexe Probleme, etwa räumliche Konstruktionen im architektonischen Stahlbau, werden lösbar;
- neue Verfahren, z. B. aus der Robotik, können eingeführt werden.

Die als „concurrent engineering" bezeichnete verteilte Entwurfsarbeit ist keine Neuerung des CAD-Zeitalters. Eine neue Qualität ergibt sich jedoch durch ausgefeilte Zugriffs- und Sperrmechanismen und die problemlose Bearbeitung an räumlich getrennten Standorten. Rechnerunterstützung führt oft zu Änderungen in Arbeitsteilung und damit Organisation, zur Verschiebung von Verantwortlichkeiten und in der Kostenstruktur. Die größten Rationalisierungseffekte ergeben sich stets im Gesamtablauf!

Die CAD-Unterstützung birgt allerdings auch Probleme:

- Die Prüfbarkeit von Berechnungen und insbesondere von Annahmen muß gewährleistet bleiben. Die Korrektheit einer Computeroperation sagt nichts über die Zuverlässigkeit der Software bzw. ihren Einsatz im richtigen Kontext aus. Damit wächst die Verantwortung des Ingenieurs. Die scheinbar einfache Bedienung eines Programms darf nicht zum Verlust der Qualifikation der Anwender führen.
- Die in der Regel notwendige Exaktheit bei der Eingabe kann den kreativen „freien Entwurf" behindern.

– Die Einführung anderer Entwurfsmethoden erfordert durchgängig neue Ansätze. So ist der Entwurfsfortschritt an einem 3D-Modell nach anderen Kriterien zu bewerten als in der üblichen Zeichnung. Die Entwurfsqualität muß (und kann) mit neuen Methoden geprüft werden.

– Die Sicherheit einer DV-Anlage wird umso wichtiger, je mehr die gesamte Prozeßkette vom Entwurf bis zur Fertigung von ihr abhängt. Der gerade gewonnene Vorteil des kleineren Produktionsvorlaufs bzw. generell kürzerer Durchlaufzeiten verschärft dieses Problem.

– Die systemunabhängige (Langzeit-)Archivierung von Entwurfsdaten, z.B. im Prüfbereich, ist noch nicht zufriedenstellend; auch die Wiederverwendung von Entwurfselementen, falls notwendig, ist meist nur in ein und demselben CAD-System möglich.

3.3
Überlegte CAD-Einführung

Für die Einführung und den effektiven Einsatz einer CAD-Lösung sind verschiedene Kriterien zu beachten. Neben rein fachlichen sind dies ökonomische, organisatorische und menschliche Gesichtpunkte.

Finanziell fallen nicht nur die Anschaffungskosten ins Gewicht, sondern – insgesamt in mindestens gleicher Höhe – Ausgaben für Schulungen, Freistellungen, die Einarbeitungsphase und die Systembetreuung. Die laufenden Kosten umfassen die Wartung der Hard- und Software, die Einrichtung einer „Hotline" usw. Auch die Einführung neuer Programmversionen erzeugt zunächst zusätzliche Kosten.

Im Regelfall ermöglicht CAD-Unterstützung eine effektivere Organisation im technischen Büro. Die Übergangsprobleme können durch sorgfältige Einsatzvorbereitung und überlegte Einführungsstrategien minimiert werden.

Bei Einführung eines Systems ist immer auch dessen Anpassung erforderlich, denn jede Firma wird dem zunächst „neutralen" System ihr spezifisches Know-how durch Adaption und Konfiguration unterlegen. Ebenso wird sich im laufenden Betrieb die Notwendigkeit zur Integration neuer Standards ergeben, ob nun Bauteile, Konstruktions-Makros, Bezeichnungen oder Listenformate betreffend.

Jede CAD-Lösung steht und fällt mit ihrer Annahme durch die Mitarbeiter. Gute Software erledigt Routinearbeiten und ermöglicht so die Konzentration auf wirklich anspruchsvolle und kreative Aufgaben. Daraus ergeben sich Chancen für die Entwicklung jedes Einzelnen wie der Firma insgesamt.

3.4
Tendenzen und Perspektiven

Wie Bild II.3 zeigt, sind CAD-Systeme heute in der Lage, alle in einer Entwurfsphase generierten Informationen in einem 3D-Modell zu

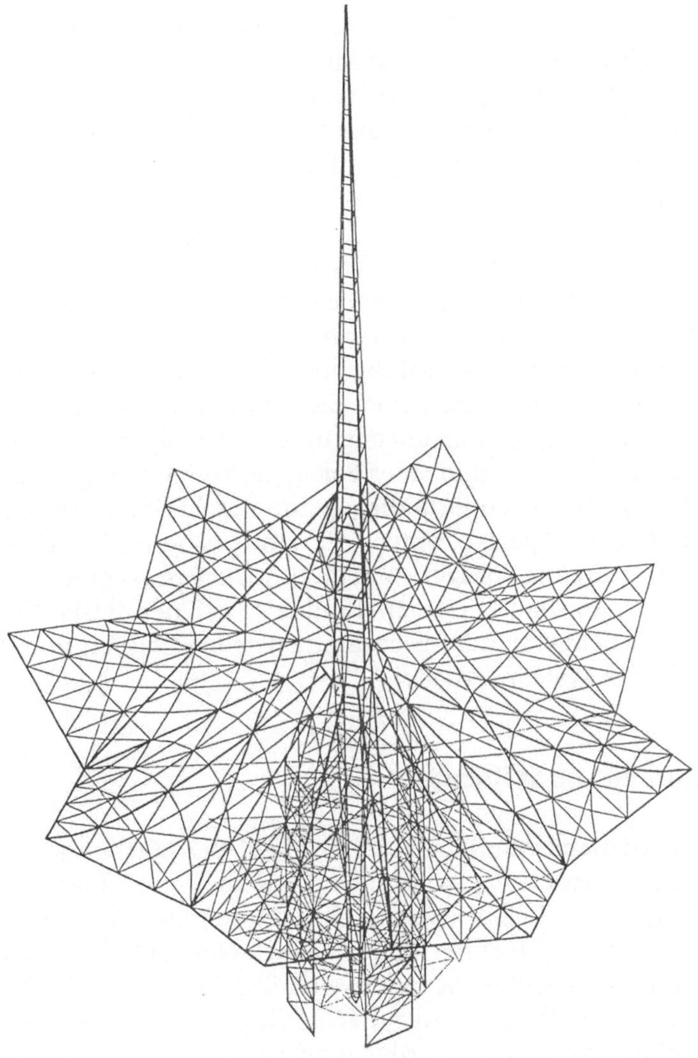

Bild II.3. Haltestellendach, Tragkonstruktion Dortmunder Pylon als 3D-Modell

speichern. Dies ermöglicht sowohl ganzheitliche Betrachtungen und Prüfungen des Entwurfs als auch Ableitungen aller Dokumente und Daten für die nächste Entwurfsphase.

Durch CAD werden besonders solche Aufgaben unterstützt, bei denen Auswahl und Anordnung vorherrschen, also elementorientiertes Konstruieren. Dabei werden Bauelemente bekannten Typs ausgewählt, eingesetzt und geändert. Das können in der Konstruktion Bleche, in der Statik Stabelemente sein.

In frühen Entwufsphasen sind jedoch andere Techniken notwendig, welche eine „unschärfere" Problemformulierung, eine freiere geometrische Formgebung und das schnellere Aufreißen von Modellen erlauben. Hier liegt noch ein großes Potential in den sog. CAA(Architektur) D-Systemen.

Die Integration der Entwurfswerkzeuge wird, je nach Bedarf, unter verschiedenen Gesichtspunkten vorangetrieben. Große Planungsbüros sind an der Integration der Entwurfsarbeit verschiedener Gewerke im Bauwesen interessiert, große Stahlbaufirmen an der Verbindung aller Glieder der Prozeßkette vom Entwurf bis zur Fertigung.

Die Schaffung immer mächtigerer „Super-CAD-Systeme" wird langfristig abgelöst werden durch zunehmende Diversifikation und Flexibilisierung der Software-Werkzeuge auf der Basis von Standards. Die heute schon vorhandenen Normen und Möglichkeiten zur Datenübertragung, zum Arbeiten in Rechnernetzen usw. müssen durch Standards ergänzt werden, die zu Darstellung und Austausch technisch „hochwertiger" Produktdaten geeignet sind. Ziel ist die vollständige Abbildung aller für den Entwurf, die Ausführung und die Erhaltung der Bauwerke relevanten Informationen in einer Form, die vom CAD-System unabhängig ist. Die theoretischen Grundlagen zur Beschreibung isolierter Teilmodelle sind bereits gelegt. Notwendig sind insbesondere noch Arbeiten zur Unterstützung der Dynamik des Entwurfsprozesses.

Die Anwender werden Produkte auf der Basis der Unterstützung dieser neuen Standards zusammenstellen können und damit leistungsfähigere Systeme erhalten.

4
Gußteile im Stahlbau

Die Gießereitechnik, die sich im Lauf der Jahrhunderte zu einer hohen Kunst entwickelte, ist fast so alt wie die Entdeckung der Metalle überhaupt. Das Gießen eignet sich naturgemäß zur Herstellung besonders kompliziert geformter Teile, z. B. auch von Bauteilen mit unregelmäßigen Hohlräumen, die sich anderweitig überhaupt nicht anfertigen lassen. Da für das Gießen generell zunächst eine Form mit Hilfe eines Modells des Gußteils angefertigt werden muß, ist dieses „(Urformverfahren)" besonders für die Serien- oder Massenfertigung prädestiniert. Aber es wurden natürlich immer auch schon Einzelgußstücke angefertigt: Glocken oder Schiffsschrauben sind die wohl berühmtesten Beispiele. Und wo die Gießtechnik sich mit alternativen Produktionsverfahren überschneidet, wird der Wettbewerb letztlich wieder über den konkurrenzfähigen Preis entschieden.

Die abgebildeten Anwendungsbeispiele für Stahlbauteile aus Stahlguß belegen repräsentativ den hohen gestalterischen Freiheitsgrad, den dieses Verfahren der Ideenvielfalt moderner Architekten und Planer eröffnet. Während Gußteile früher hauptsächlich für geringere Beanspruchungen oder vornehmlich Druckbelastungen eingesetzt wurden – etwa für Säulen oder Geländer – lassen sich mit den heutigen, hochfesten und gut schweißbaren Stahlgußteilen die verschiedensten Belastungsfälle lösen.

Computer-Konstruktionstechniken wie CAD und FEM ermöglichen eine gußgerechte Bauteiloptimierung, was zu einer besseren Werkstoffausnutzung sowie zu einer leichteren Gußbauweise führt. Konstruktionen mit Gußteilen, die auf diese Weise „ausgefeilt" sind, kommt die hohe Gestaltungsfreiheit der Form- und Gießverfahren in besonderem Maße entgegen. Und bei fachmännischer Beachtung einiger gießtechnischer Besonderheiten gibt es eigentlich keine Restriktionen, die zu Abstrichen hinsichtlich der bestgeeigneten Werkstückgeometrie führen müssen.

Insgesamt sind für die Stahlgußtechnik heute folgende Vorteile charakteristisch:

- sehr freie Gestaltung möglich,
- auch bzgl. Größe und Wanddicke der Werkstücke,
- richtungsunabhängige Ausnutzung der Werkstückeigenschaften,
- erweiterte Werkstoff- und Festigkeitspalette.

Die bekannten Stahlgußwerkstoffe sind in den folgenden Normen nach Anwendungs- und Festigkeitsbereichen geordnet:

DIN 17182   Stahlguß mit verbesserter Schweißeignung und Zähigkeit für allgemeine Verwendung

DIN 17205   Vergütungsstahl für allgemeine Verwendung

SEW 520   Hochfester Stahlguß mit guter Schweißeignung

SEW 685   Kaltzäher Stahlguß

DIN 1693   Gußeisen mit Kugelgraphit: nicht schweißbar; mechanische Bauteilverbindungen problemlos möglich. Beispielsweise für
- Träger für Wartungs- oder Fluchtbalkone,
- Trägerelemente für Fassadenverkleidungen. (Auch diese Werkstoffsorte ist bisher nicht in DIN 18800 enthalten, jedoch in DIN 4421 „Traggerüste").

Mit der Entwicklung neuer Gußwerkstoffe – und das wird der Gießtechnik auch in Zukunft noch eine große innovative Bandbreite eröffnen – wurden die Anwendungsmöglichkeiten inzwischen erheblich ausgedehnt (Bild II.4). Da beim Gießen als Urformverfahren Werkstoff und Werkstück gleichzeitig entstehen, beeinflußt der gesamte Produktionsprozeß – von der Auswahl der Einsatzmaterialien und der Metallurgie über die Form- und Gießtechnik bis hin zu den Nachbehandlungsverfahren – die Eigenschaften der Werkstoffe und erlaubt immer weiter eingeengte Gußteiltoleranzen.

Die Entwicklung verbesserter Werkstoffe hat bis jetzt noch keinen Niederschlag in DIN 18800 Teil 1, Tabelle 1, gefunden. Sie umfaßt bisher nur zwei Stahlgußwerkstoffe aus der Palette der genannten, erweiterten metallurgischen Möglichkeiten. Deshalb unterliegt der Einsatz neuerer Werkstoffe z. Zt. noch der Notwendigkeit einer bauaufsichtlichen Einzel- oder Allgemeinzulassung.

Grundlegend für die Anwendung funktionell häufig spezialisierter Gußbauteile im Stahlbau sind natürlich deren Verbindungsmöglichkeiten mit den stahlbauüblichen Blech- und Profilhalbzeugen. Bei den erwähnten Stahlgußwerkstoffen sind Verbindungen durch Stecken, Schrauben, Klemmen und Schrauben sowie vor allem auch durch Schweißen möglich. Idealerweise werden die Verbindungspunkte (wie in

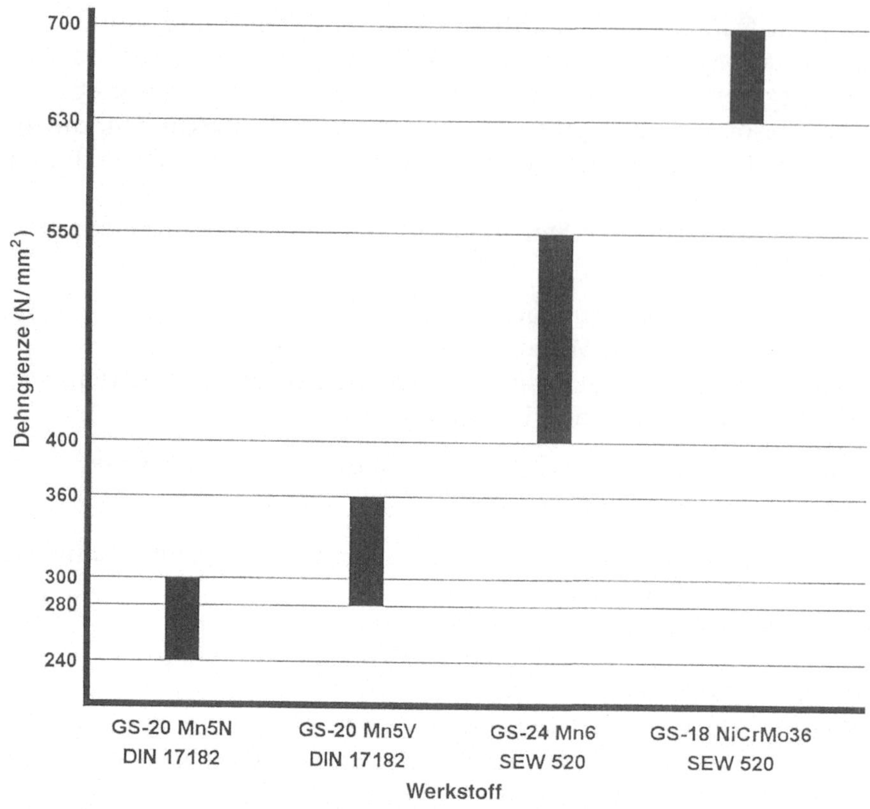

Bild II.4. Einige Stahlguß-Werkstoffe guter Schweißeignung, die insgesamt einen Streckgrenzen-Bereich von 240 bis 700 N/mm² abdecken (Mindestwerte bei 0,2 % Dehngrenze je nach Wanddicke)

Bild II.6. Das Tagungszentrum Hannover – Europäischer Stahlbau-Preis 1991 – zeigt ein Beispiel für ein „kompaktes Miteinander" von Stahlbau und Stahlguß, und zwar wie in Bild II.5 ebenfalls am Beispiel eines Baumtragwerks: Sämtliche Anschweißenden für die Rohre wurden montagefertig mit Ausgleichsnocken zur Anpassung an unterschiedliche Rohrtoleranzen gegossen; nämlich für ein patentiertes Verbindungsverfahren, daß jegliche mechanische Nachbearbeitung erübrigt (Foto: Reinhard Tweer GmbH)

Bild II.5. Bau des neuen Terminals Flughafen Stuttgart. Deutscher Stahlbau-Preis 1992. Stahlguß-Knoten als maß- und winkelgerechte Einzelgußstücke zur Rohr-Steckverbindung eingesetzt. Die zahlreichen Rohr-Bündelstützen des etwa 83 × 94 Meter großen Hallendachs wurden vom Architekten (von Gerkan, Marg + Partner, Hamburg) naturnah als „Baumstützen" ausgelegt; die aus vier großen Rundrohren gebündelten Stämme verzweigen sich – jeweils unter Zwischenschaltung der Gußknoten – in sich verjüngende Äste und Zweige – so daß die obersten und dünnsten Tragrohre gelenkig und last-elastisch(!) mit der Dachkonstruktion verbunden werden konnten (Foto: Reinhard Tweer GmbH)

Bild II.7. Bei der Sporthalle Eichenau wurden die Tragwerks-Zugstäbe über gegossene Kugeln in die gleichfalls gegossenen Stützenfüße eingehakt – wie man sofort sieht, eine technologisch überzeugende, wartungsfreie Lösung „aus einem Guß" (Foto: Reinhard Tweer GmbH)

Bild II.7) sofort mitgegossen, so daß möglichst gar keine nachträgliche spanende Bearbeitung mehr nötig ist. Das wird in vielen Fällen dadurch praktikabel, daß solche Verbindungen nach dem Motto „(nur) so genau wie nötig!" durchkonstruiert werden. Dazu bedarf es zur allseitigen Zufriedenheit ganz generell, aber nicht zuletzt hierbei der engen fachlichen Kooperation von Architekt, Stahlbauer und Gießer.

Damit der Stahlbau qualitätsgesicherte Gußprodukte bekommt, werden diese vor Lieferung oft verschiedenen zuerstörungsfreien Prüfungsverfahren unterzogen.

5
Korrosionsschutz: „So gut wie möglich…"

Auch auf die Gefahr hin, erst einmal ernüchternd zu wirken, soll hier versucht werden, das Thema „Korrosionsschutz im Stahlbau" einmal anders zu gewichten. Während es in der einschlägigen Fachliteratur nämlich häufig so dargestellt wurde, als sei penibelster Korrosionsschutz *die* Voraussetzung für Stahlanwendung überhaupt, soll hier einleitend festgestellt werden, daß in der Vergangenheit des Guten (und Teuren) eher zu viel, als zu wenig getan wurde! So jedenfalls ist, des Autors persönliches Fazit, dieses, durchaus nicht nebensächlichen Aspekts lebenslanger Betätigung im Stahlbau.

Wieviel Korrosionsschutz er vorgibt, ist in erster Linie Sache des Stahlbauplaners; denn allgemein-verbindliche Normen gibt es dafür nicht und kann es angesichts der Vielschichtigkeit des Themas wohl auch nicht geben. Was dann vom „Nullschutz" bis zum „höchsten Korrosionsschutz" bestellt wird, scheint häufig dem Zufall überlassen. Dabei wäre mit dem rechten „Gewußt wo und wieviel" eine Menge Geld zu sparen.

Denn nicht selten zeigt sich später, daß übertrieben vorsichtige Korrosionsschutzmaßnahmen die Kosten einer Konstruktion unnötig in die Höhe getrieben haben. Und damit können weder die Stahlbauunternehmen noch ihre Kunden weiterleben, in einer Zeit immer schärferer Konkurrenz mit „Billig-Angeboten" oder Alternativwerkstoffen.

5.1
Innen- oder Außeneinsatz?

Wenn man die Korrosionsproblematik richtig gewichten will, dann stellt sich ganz am Anfang die Frage, ob eine Stahlkonstruktion später im Inneren eines Gebäudes steht oder außen ungeschützt Wind und Wetter ausgesetzt ist.

In der überwiegenden Zahl aller Anwendungsfälle, wenn die Stahlkonstruktion geschützt im Inneren eines Gebäudes untergebracht ist, gibt es kaum Probleme. In trockenen, beheizten Räumen kann, von dekorativen Anstrichen abgesehen, oft völlig auf einen separaten Korrosionsschutz verzichtet werden. Das ergibt sich aus der Tatsache, daß in Verwaltungs- und Bürogebäuden, in Wohn- und Geschäftshäusern durch Heizungs-, Lüftungs- und/oder Klimaanlagen für ein geringes bis normales Niveau der relativen Luftfeuchte gesorgt wird, die dort 70 % kaum überschreitet. Der Taupunkt – ein wichtiges luftphysikalisches Kriterium für die Korrosionsgefahr – wird dabei praktisch nie erreicht. Bei Überschreitung des Taupunkts werden die erheblichen, normalerweise unsichtbar als Dampf in der Luft gespeicherten Feuchtigkeitsmengen plötzlich in Form von wäßrigem Niederschlag ausgeschieden. Leicht passiert das etwa dort, wo feuchte, wärmere Luft auf deutlich kältere Außenwände oder Stahlbauteile trifft. Im Wohnbereich geschieht das insbesondere bei dichten Fenstern bzw. bei geringem Luftaustausch. Ein Beispiel zur Überschreitung des Taupunkts: eine Fensterscheibe, die zuerst beschlägt und an der dann sogar Wassertropfen laufen.

Grundsätzlich gravierender ist das Korrosionsproblem schon bei Außenkonstruktionen, aber auch dort wird oft übertrieben. Wenn man etwa historische (Er-)Zeugnisse der Korrosionsschutztechnik aus der ersten Hälfte dieses Jahrhunderts mit dem aktuellen Stand vergleicht, muß einfach der Schluß gezogen werden, daß die im Stahlbau heute übliche Standardbehandlung, bestehend aus Vorbehandlung und nachfolgendem, mindestens einschichtigem Anstrich, eindeutig überlegen ist, und normalerweise völlig ausreichenden Korrosionsschutz und lange Lebensdauer gewährleistet. Nachfolgend zwei positive Erfahrungen im Stahlbau aus der Vergangheit:

– Beim Wiederaufbau nach dem 2. Weltkrieg wurden überall Profilstahl-Konstruktionen aus zerstörten Gebäuden von Mauerwerk freigelegt. Obwohl diese zum Teil vor bereits mehr als 50 Jahren ohne Anstrich eingebaut wurden, war auf etlichen Stahlträgern noch die ursprüngliche Walzhaut erhalten, und es konnte teilweise sogar noch die Ölkreidesignierung der damaligen Stahlbauer entziffert werden.

– Ein anderes, über 100 Jahre altes Beweisstück hat der Autor als Denkmal auf dem eigenen Betriebsgelände aufgestellt. Das ist ein Bogen der inzwischen abgerissenen, berühmten „Torgauer Friedensbrücke", auf deren gesprengten Teilstücken Amerikaner und Russen mitten auf der Elbe den berühmten Friedenshandschlag zum Ende des 2. Weltkriegs vollzogen. Diese aus T-, U-Profilen und Blechen zusammengenietete Stahlbrücke hat stürmischen Zeiten mit ihrem Anstrich aus Bleimennige über 100 Jahre standgehalten. Dieser Schutz war so gut, daß er auf dem erwähnten Denkmalteilstück heute noch zu gut drei Viertel erhalten ist durch eigene Kratzversuche kann sogar jetzt noch der äußerst innige Verbund zwischen uraltem Anstrich und der Stahloberfläche nachgewiesen werden!

Wenn also an schwereren Stahlprofilen, z. B. im Geschoßbau, flächiger Korrosionsangriff sichtbar wird, muß das nicht gleich zu echten „Korrosionsnarben" führen; und selbst die würden die Tragfähigkeit solch stabiler Stahlträger kaum ernsthaft beeinträchtigen. Ein optimal abgestimmter Beschichtungsplan zum Korrosionsschutz macht eine Stahlkonstruktion nicht nur konkurrenzfähiger unter dem Kostenaspekt. Die sparsame Anwendung der Farb- und Lackchemie entspricht auch dem aktuellen Umweltschutzdenken. Und auch das vorbildliche Recycling von Altstahl ist günstiger und umweltfreundlicher, wenn er gar nicht oder mit weniger Lackmaterial beschichtet ist.

5.2
Sonderfälle von Korrosionsschutz im Innenbereich

Wie anderswo ist auch bei der Korrosionsfrage das Know-how und das Gewußt-wo das Wichtigste (und Billigste!). Während man sich bei Innenräumen nicht allzu viele Sorgen um Stahltragwerke machen muß, gibt es aber auch hier einige Problemfälle, die man kennen und durch besondere Korrosionsschutzmaßnahmen gezielt lösen muß, z. B.:

a) Schwitzwasserbildung und damit Korrosionsgefahr droht an Wärmebrücken. Als Wärmebrücke ist beispielsweise ein Stahlträger zu betrachten, der die wärmedämmende Außenwand durchdringt. Wenn keine thermische Trennung zwischen Innen- und Außenträger eingebaut wird, muß im Durchdringungsbereich speziell im Winter wegen des großen Temperaturgefälles mit Kondensatbildung durch Überschreitung des Taupunkts gerechnet werden.

b) Auch bei untergehängten Decken oder Brandschutzverkleidungen muß öfter mit Schwitzwasserbildung in den von freier Belüftung abgeschlossenen Hohlräumen gerechnet werden, wobei das Kondenswasser dort nur sehr schlecht abtrocknet.

c) Probleme können auch Staubablagerungen bereiten, die aufgrund ihrer chemischen Zusammensetzung oft aggressiv wirken, besonders an schlecht zugänglichen Stellen.

d) Auch versteckte Spalten, etwa zwischen den Anschlußflächen eines Schraubstoßes neigen besonders zur Korrosion, die außerdem an schwer zugänglichen Stellen kaum zu sanieren sind.

e) Wo die sich berührenden Metalle außerdem aus unterschiedlichen Werkstoffen bestehen, muß mit Kontaktkorrosion, sogar mit Lochfraß aufgrund von Metallabtrag durch ihre unterschiedliche elektrochemische Wertigkeit gerechnet werden.

In vielen der oben genannten Problemfälle schafft bereits erhöhter Korrosionsschutz in lokalen Teilbereichen Abhilfe.

Ob und wo Korrosionsschutzmaßnahmen sowie wann und mit welchem Qualitätsanspruch diese durchgeführt werden, diese Entscheidungen sollten – schon aus Gründen der preislichen Vergleichbarkeit – bereits vor Abgabe eines Angebots getroffen werden. Zur beiderseitigen Zufriedenheit von Kunde und Hersteller empfiehlt sich sogar, im Angebotsstadium gemeinsam mit dem Bauherrn/den Behörden einen Beschichtungsplan auszuarbeiten, der detailliert besprochen und schriftlich genehmigt wird.

Zur Auswahl der jeweils richtigen Korrosionsschutzmaßnahme sind einige theoretische Erkenntnisse über die physikalischen und chemischen Korrosionsmechanismen nützlich. Aufgabe des Stahlbauplaners aber ist vor allem, schon beim ersten Entwurf Korrosionsfragen mit zu bedenken. Dazu gehören folgende Gestaltungsgrundsätze:

- Wärmebrücken konstruktiv durch Anordnung thermischer Trennungen vermeiden (wie in Teil IV, Abschn. 10.9 beschrieben).
- Stahlbaukonstruktion auf möglichst große, aber noch transportable Baugruppen auslegen, um die Anzahl der Montageschraubstöße zu verringern.
- Unverzichtbare Stoßverbindungen an Stellen anordnen, die weniger korrosionsgefährdet sind.
- Feuerverzinkte Verbindungsschrauben vorschreiben.
- Stahlbauprofile im freien Raum so anordnen, daß sich kein Staub ablagert, oder sich ihm möglichst wenig Fläche bietet.
- Einfache Grundgestaltung des Tragwerks bzw. Optimierung des statischen Systems auf möglichst geringe zusätzliche Aussteifungsmaßnahmen. Die (anzustreichende) Stahloberfläche, die Teileanzahl, viele staub- und korrosionsanfällige Ecken und Kanten können so von vornherein verringert werden.
- Überlappungen von Blechen und Profilen, und damit heikle Spalten wo möglich konstruktiv vermeiden.
- An Engstellen, wo die Teile nicht form- oder kraftschlüssig miteinander verbunden sind, an Zugänglichkeit für eine spätere Beschichtung denken.
- Geländer von Außentreppen und ähnliche Konstruktionen sind besonders korrosionsgefährdet. Deshalb wird hier zumindest der Handlauf gern aus (teurerem) Edelstahl gefertigt. Aufgrund der Gefahr der Kontaktkorrosion muß dann aber konstruktiv sauber in Edelstahl- und Baustahlteil getrennt werden (Beispiel s. Teil IV, Abschn. 10.6).

Fazit: Die korrosionsvermeidende, findige Konstruktion, kurz „primärer Korrosionsschutz", ist allemal besser und günstiger als ein teures Beschichtungssystem, dessen Lebensdauer man vielleicht erst 10 Jahre später beurteilen kann.

Literatur

Brasholz, A.: Handbuch der Anstrich- und Beschichtungstechnik. Bauverlag, Wiesbaden 1978
Eggers, H.: Rosten von Stahl durch Natureinflüsse. Verlag Stahleisen, Düsseldorf 1975
EUR 11179: Korrosionsschutz im Inneren von Gebäuden, Abschlußbericht. Hrsg. Europäische Gemeinschaft Brüssel 1987
Giesen, K., Eils, A.: Korrosionsschutz von Stahlbauwerken. Vulkan-Verlag, Essen 1970
Gräfen, H., Kahl, F. Rahmel, A.: 1. Korrosionum. Verlag Chemie, Weinheim 1974
Herbsleb, G.: Korrosionsschutz von Stahl. Verlag Stahleisen, Düsseldorf 1977
Hoyer, W.: Handbuch für den Stahlbau, Bd. 3. VEB Verlag für Bauwesen, Berlin 1976
Klopfer, H.: Anstrichschäden. Bauverlag, Wiesbaden 1976
Lewenton, G., Werner, E.: Einführung in den Stahlhochbau, Teil I und II. Werner-Verlag, Düsseldorf 1978
van Oeteren, K.-A.: Korrosionsschutz-Beschichtungsschäden auf Stahl, Bd. 1 und 2. Bauverlag, Wiesbaden 1979/80
VDI-Berichte Nr. 285 u. 365. VDI-Verlag, Düsseldorf 1977/80

6
Hohlprofile im Stahlbau

6.1
Geschichtliche Entwicklung

Stahlbau-Hohlprofile, ob quadratisch, rechteckig oder kreisförmig, haben sich in den letzten drei Jahrzehnten zu einem beliebten Element in der Architektur entwickelt. Viele preisgekrönte Bauwerke beweisen dies in eindrucksvoller Weise, z. B.:

- neues Terminal Flughafen Stuttgart   (Bild II.8)
- neues Terminal Ost Flughafen Frankfurt   (Bild II.9)
- Globe Arena Stockholm   (Bild II.10)

Diese und weitere repräsentative Bauwerke aus Stahlbau-Hohlprofilen finden sich in dem von Schmiedel herausgegebenen Buch „Konstruktion und Gestalt" [1].

Nun sind Hohlprofile allerdings keine gänzlich neue Erfindung. Bereits in den Anfängen der Menschheitsgeschichte wurden röhrenförmige Bauteile aus der Natur verwendet. Der Mensch erkannte sehr früh die Tragfähigkeit solcher Hohlstrukturen, wovon sich auch heute jeder überzeugen kann, wenn er einen Vogel auf der Spitze eines – sehr dünnen – Getreidehalms sitzen sieht, ohne daß dieser abknickt. So wurden etwa in Hinterindien schon vor mehreren Jahrtausenden Bambusrohre als tragende Stützen für Häuser verwendet.

Bild II.8. Flughafen Stuttgart, Rohrstützen für das neue Terminal als „naturnahe Stützbäume mit Verzweigungen" ausgelegt

Auch die Verwendung des Werkstoffs Eisen geht bereits auf vorchristliche Zeiten zurück. So benutzten schon die alten Griechen geschmiedete Eisenträger als Konstruktionselemente in ihren Tempeln. Danach aber wurden erst wieder im Mittelalter Eisenbauteile für das Überspannen von Kirchenschiffen eingesetzt.

Erste wissenschaftliche Untersuchungen an Eisenrohren führte der französische Physiker E. Mariotte bereits 1660 durch, indem er die Materialeigenschaften durch Zug- und Biegeversuche erprobte. Vor dem 18. Jahrhundert jedoch war die Eisenverwendung problematisch, da dieser Werkstoff selten und teuer war, außerdem waren keine größeren Bauteile herstellbar. In England wurden dann im 18. Jahrhundert Gußeisenstützen verwendet. Hierdurch wurde eine höhere Feuersicherheit als mit den traditionellen Holzkonstruktionen erzielt. Außerdem waren die Stützen hohl, um Material zu sparen.

Im Zuge der Industrialisierung wurden dann im 19. Jahrhundert Verfahren zur Herstellung von Stahl entwickelt, einem Material mit deutlich höherer Zugfestigkeit und besserer Duktilität als Eisen. Hinzu kamen Walzverfahren zur kontinuierlichen Herstellung der verschiedensten Profilarten. Durch Nietverbindungen konnten dann Einzelbauteile größerer Konstruktionen verbunden werden. Ein herausragendes Beispiel ist die 1886 fertiggestellte Eisenbahnbrücke über den Firth of Forth in Schottland [2]. Mit einer Spannweite von 524 m, hergestellt aus zu

Bild II.9. Flughafen Frankfurt, Terminal Ost mit Hohlprofil-Raumfachwerk

Rohren gebogenen und genieteten Blechen, stellt die Brücke eine erste gelungene Symbiose zwischen Tragfähigkeit und anspruchsvoller Stahlbauarchitektur dar.

Die ersten geschweißten Rohre wurden 1825 von C. Waterhouse in England nach dem Feuerschweißverfahren hergestellt. In Deutschland folgte A. Poensgen 200 Jahre später. Und das erste nahtlose Rohr wurde von den Gebrüdern Mannesmann in der Nacht vom 21. auf den 22. August 1886 erfolgreich gewalzt. Die jüngste Phase der Weiterentwicklung des Rohrs zu Stahlbau-Hohlprofilen hatte das Ziel, die statischen Vorteile des Rohrs beizubehalten, seine konstruktiven Nachteile jedoch abzustellen. Das Ergebnis sind quadratische und rechteckige Stahlbau-Hohlprofile, die in geschweißter Form erstmals 1959 von Stewart and Lloyds in England und in nahtloser Form 1962 von Mannesmann hergestellt wurden.

Da Mannesmann in Deutschland als erster diese Hohlprofile herstellte und auch heute noch Marktführer ist, wurde die Abkürzung MSH für Mannesmann-Stahlbau-Hohlprofile zum Gattungsbegriff. In der Stahlbauarchitektur werden Rohre – oder wie die Normen sagen „kreisförmige Hohlprofile" – in größerem Umfang seit den 30er Jahren eingesetzt, als die Schweißverfahren so weit entwickelt waren, daß Rohre kraftschlüssig miteinander zu verbinden waren, so daß die Kräfte stetig weitergeleitet werden konnten.

Bild II.10. Globe-Arena, Stockholm (S) mit Halbkugel-Dachkonstruktion aus Hohlprofilen (quadratisch und rund)

Aufgrund ihrer geschlossenen Form eignen sich Hohlprofile naturgemäß besonders für Schweißkonstruktionen. Es wurden aber auch schon Schraubkonstruktionen entwikelt, um größere räumliche Tragwerke einfacher fertigen, transportieren und montieren zu können. Das erste Patent hierzu meldete M. Mengeringhausen 1942 an. Bei dem heute in aller Welt bekannten Mero-System wurden die Rundhohlprofile durch spezielle Schraubverbindungen mit einem Kugelknoten verbunden.

Nach dem 2. Weltkrieg wurden weitere Entwicklungen auf diesem Sektor gemacht, insbesondere von E. Rüter, wofür das vorliegende Buch eindrucksvolle Beweise liefert.

6.2
Herstellung

Die Fertigungstechnik für Rundhohlprofile ist die gleiche wie für Leitungsrohre. Erzeugt wird in beiden Fällen ein Zylinder – und dies nach unterschiedlichsten Herstellungsverfahren in zahlreichen Durchmessern, Wanddicken und Stahlgüten.

Ausgegangen wird für nahtlose Rohre stets von einem Stahlblock (Röhrenrund oder Ingot), für geschweißte Rohre werden Bänder oder

Bleche, meist vom Coil verwendet. Auch quadratische und rechteckige Hohlprofile werden i. allg. aus Rohren umgeformt.

Nahtlose Rundhohlprofile werden hauptsächlich nach verschiedenen Warmformgebungsverfahren hergestellt: Durchmesser zwischen etwa 17 und 711 mm, Wanddicken zwischen 2 und 150 mm. Die Warmformgebung umfaßt meist zwei Fertigungsschritte: zuerst wird der volle Stahlblock im Schrägwalzverfahren (Bild II.11 und II.12) zu einem dick-

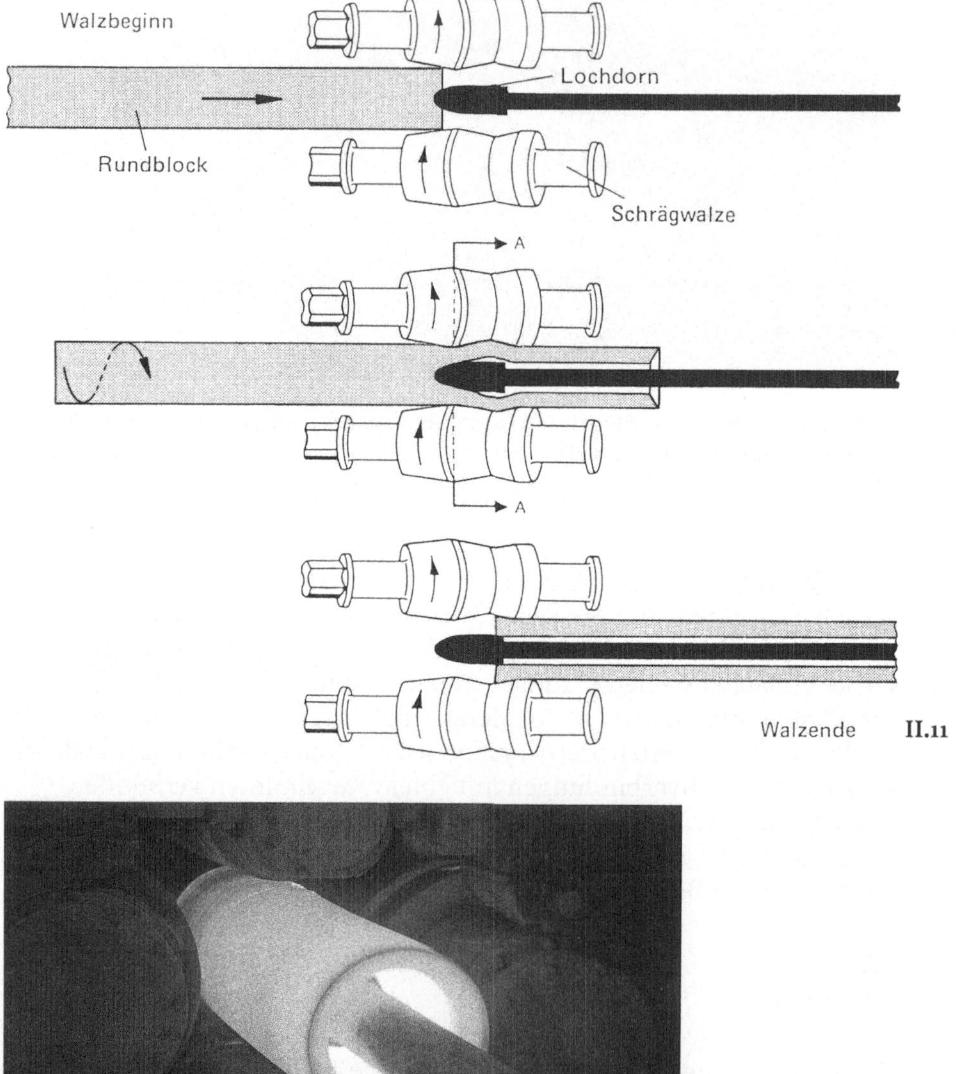

Bild II.11 und II.12. Schrägwalzen eines Rundblocks zur „Luppe"

wandigen Rohling, der „Luppe", ausgewalzt. Anschließend wird dieser Rohling nach einem der folgenden Verfahren auf Fertigmaß gestreckt:

- Pilgerschritt-Verfahren: Durchmesser 60 – 711 mm, Wanddicken 3,2 – 150 mm.
- Stopfenwalz-Verfahren: Durchmesser 100 – 406 mm, Wanddicken 5,6 – 32 mm.
- Rohrkonti-Walzverfahren: Durchmesser 21,3 – 117,8 mm, Wanddicken 2 – 32 mm.
- Strangpreß-Verfahren: Durchmesser 17 – 260 mm, Wanddicken 5 – 40 mm.
- Stoßbank-Verfahren: Durchmesser 17 – 159 mm, Wanddicken 2 – 10 mm.

Bei *geschweißten Rundhohlprofilen* werden in einem ersten Arbeitsgang die Bänder oder Bleche zu einem Zylinder geformt. Anschließend werden die Ränder in der Mantellinie (Längsnaht) oder in einer wellenförmigen Linie (Spiralnaht) verschweißt. Für diese Schweißungen werden folgende Verfahren angewendet:

- Hochfrequenz-Widerstandsschweißen (HFI): elektrisches Preßschweißen ohne Zusatzmaterial, nur Nahtkanten nach Einformung erhitzt; Durchmesser etwa 30 – 508 mm, Wanddicken 2 – 16 mm (Bild II.13 und II.14).
- Unter-Pulver-Schweißverfahren: elektrisches Schmelzschweißen mit Zusatzdraht; Durchmesser 508 – 1.625 mm und größer.
- Feuerpreßschweiß-Verfahren (Fretz-Moon): ohne Zusatzmaterial, ganzes Band vor Einformung feuer-erhitzt; Durchmesser 13 – 89 mm, Wanddicken 1,8 – 7,1 mm.

Quadratische und rechteckige Hohlprofile werden allgemein aus nahtlosen oder geschweißten Rohren hergestellt, indem diese Vorrohre durch mehrere hintereinander gestaffelte Vierwalzengerüste gestuft zum Quadrat- oder Rechteckprofil umgeformt werden, entweder als Kaltumformung oder bei Walztemperaturen um 950 °C. Weil dabei Erzeugnisse mit unterschiedlichen technologischen Eigenschaften herauskommen, gibt es auch unterschiedliche technische Lieferbedingungen für warm- und kalthergestellte Hohlprofile. Während warmgefertigte Hohlprofile über den gesamten Querschnitt einen homogen Zustand aufweisen, haben kaltgefertigte Hohlprofile unterschiedliche Eigenspannungen, besonders im Kantenbereich. Dies führt zu geringeren Verformungsreserven und damit auch zu einem schlechteren Tragverhalten, besonders bei Druckbeanspruchungen. Durch fehlende Verformungsreserven kann ein plötzliches Bauteilversagen ohne jede Vorankündigung auftreten. Deshalb setzen beispielsweise viele Kranbauer ausschl. Material in normalisiertem Lieferzustand ein. In Japan gibt es, ausgelöst durch das Erdbeben in Kobe, entsprechende Bauvorschriften. Außerdem benötigen kaltgeformte Quadrat- und Rechteckhohlprofile größere Kantenrundungen, entsprechend den Schweißvorschriften für den Stahlbau für kaltgeformte Bereiche, s. z. B. DIN 18 800, Teil 1 oder Eurocode 3.

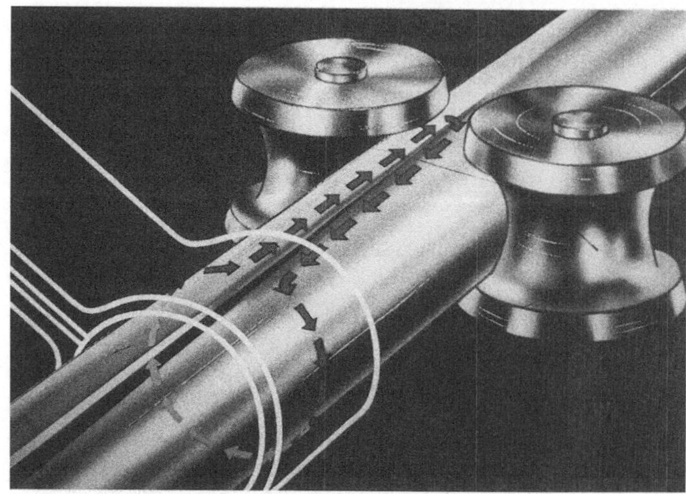

II.13

II.14

Bild II.13 und II.14. Hochfrequenz-Widerstandsschweißen (HFI)

Die Abmessungen der in Deutschland angebotenen quadratischen Hohlprofile reichen von 40 × 40 mm bis 400 × 400 mm, die der rechteckigen von 50 × 30 mm bis 500 × 300 mm bei Wanddicken von 2,5–17,5 mm. Ein großer Vorteil der Hohlprofile gegenüber offenen Profilen liegt in der breiten Palette der Wanddicken für ein und dieselbe Außenabmessung.

Stahlbauübliche Werkstoffe für Hohlprofile sind in Deutschland die unlegierten Baustähle S 235 (früher: St 37) und S 355 (St 52). Zunehmend werden aber auch Feinkornbaustähle S 460 (StE 460) mit noch besseren Festigkeiten eingesetzt, die hervorragend schweißbar sind.

Bild II.15. Warmwalzen eines quadratischen Hohlprofils in Vierwalzengerüsten

6.3
Normung, Forschung und Entwicklung

Um die halbzeugspezifischen Möglichkeiten eines vergleichsweise jungen Produkts wie des Stahlbau-Hohlprofils auszuschöpfen, brauchen die Anwender, Architekten und Ingenieure erst einmal die technologische Wissensbasis. Je besser das Wissen über die besonderen Eigenschaften ist, desto eher werden Hohlprofile auch praktisch angewendet. Dieser Kenntnisstand, der über den des allgemeinen Stahlbaus hinausgeht, war bei Produktionsbeginn Anfang der 60er Jahre noch gering. Zunächst mußten fundierte technische Werkstoffdaten erarbeitet werden: etwa über die Tragfähigkeit geschweißter und geschraubter Verbindungen sowohl bei statischer als auch bei dynamischer Belastung oder über die Knick- und Beulwiderstände von Hohlprofilstützen (ohne und mit Betonfüllung) sowie über Windbeanspruchung, das Korrosions- oder Brandverhalten. Und dann mußten die gewonnenen Daten über nationale und internationale Normen sowie Veröffentlichungen aller Art breiteren Anwenderkreisen publik gemacht werden. Eine Aufgabe, die unmöglich von einzelnen Herstellern von Hohlprofilen geleistet werden konnte. Weshalb die bedeutendsten Hersteller aus Europa, Nordamerika, Japan und Australien 1962 den CIDECT-Verband (Comité International pour le Developpement et l'Etude de la Construction Tubulaire/Internationales Komitee für Forschung und Entwicklung von Rohrkonstruktionen) gründeten, in dem das Forschungs- und Förderungspotential zusammengefaßt wurde. Die bis heute aus rund 170 Forschungsprojekten gewonnenen Erkenntnisse zur Berechnung und konstruktiven Durchbildung von Hohlprofil-Konstruktionen wurden in zahlreiche Normen eingebracht, in technischen Informationen und Publikationen veröffentlicht oder auf Seminaren und Kongressen der internationalen Fachwelt nähergebracht [3 – 8].

Tabelle II.1. Gegenüberstellung der DIN- und EN-Normen für Stahlprofile

		Offene Profile		Warmgefertigte Hohlprofile		Kaltgefertigte Hohlprofile	
		alt	neu	alt	neu	alt	neu
Technische Lieferbedingungen	Allgemeine Baustähle	DIN 17100	EN 10025	DIN 17100	EN 10210 Teil 1	DIN 17119	EN 10219 Teil 1
	Feinkornbaustähle	DIN 17102	EN 10113	DIN 17125		DIN 17125	
Abmessungen und Toleranzen		z.B DIN 1025	z.B EN 10019	z.B DIN 59410	wie oben Teil 2	z.B. DIN 59411	wie oben Teil 2

Zuerst mußten Vereinbarungen über *Abmessungen und technische Lieferbedingungen* getroffen werden, die in nationale Normen wie DIN, BS, NF, später auch in ISO-Normen umgesetzt wurden. Jüngste Aktivitäten gelten der Harmonisierung nationaler Normen für den europäischen Binnenmarkt. Wie bereits erwähnt, muß zwischen warm- und kaltgefertigten Hohlprofilen unterschieden werden: Als neue Europäische Normen (EN) gelten EN 10 210 für warmgefertigte und EN 10 219 für kaltgefertigte Hohlprofile, wobei jeweils der erste Teil die technischen Lieferbedingungen und der zweite Teil die Abmessungen und Toleranzen enthält (Tabelle II.1).

Um Hohlprofile optimal auszunutzen, muß man deren *statische Eigenschaften* kennen (Bild II.16). Aufgrund der Tatsache, daß das Material bei Hohlprofilen weit vom Schwerpunkt entfernt außen angeordnet ist, sind sie besonders knick- und torsionssteif. Bei einachsiger Biegung sind sie wegen des geringen Trägheitsmoments um die starke Achse den I- und U-Profilen unterlegen, bei zweiachsiger Biegung jedoch kehrt sich dieser Nachteil um.

In den 6oer und 7oer Jahren wurden umfangreiche Untersuchungen über das *Knick- und Beulverhalten* aller Profilformen durchgeführt. Die durch die Europäische Konvention für Stahlbau (EKS) unterstützte Forschung führte schließlich zur Darstellung von fünf „europäischen Knicklastkurven", denen die unterschiedlichen Profile zugeordnet wurden. Aus den über 300 Knickversuchen an Hohlprofilstützen aus allgemeinen Baustählen erfolgte die Einordnung der Hohlprofile aufgrund ihrer unterschiedlichen Eigenspannungsverteilungen in die Knicklastkurven *a* (warm) sowie *b* und *c* (kalt). Neueste Forschungen der Hochschulen in Lüttich und Aachen bestätigten diese Zuordnung (Bild II.17). Diese Knickspannungskurven mit profilspezifischer Einteilung haben inzwischen Eingang in die deutsche Stahlbaunorm DIN 18 800, Teil 2 sowie in die europäische Norm ENV 1993-1-1 (Eurocode 3) gefunden. Zur Zeit laufen Untersuchungen an den oben erwähnten Forschungsstätten über das Knickverhalten höherfester Hohlprofile.

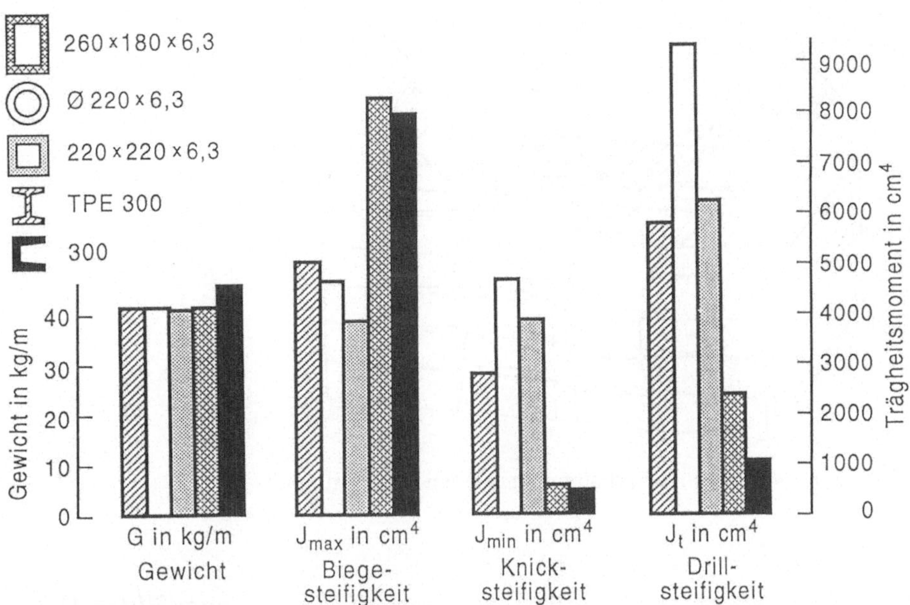

Bild II.16. Vergleich der statischen Werte von verschiedenen offenen Walzprofilen und von Hohlprofilen

Querschnitt	Herstellungsart	Ausweichen rechtwinklig zur Achse	Knick Spannungskurve
	warmgefertigt	jede	a
	kaltgeformt bei Ansatz von f_{yb}	jede	b
	kaltgeformt bei Ansatz von f_{ya}	jede	c

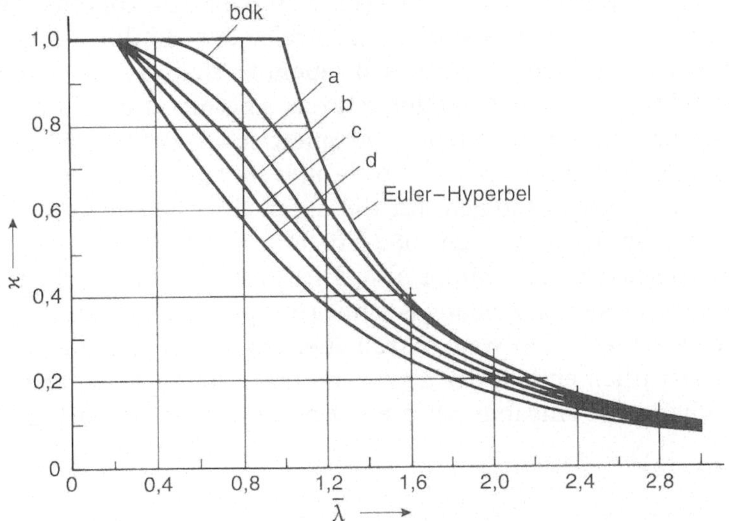

Bild II.17. „Europäische Knicklastkurven" zur Einstufung verschiedener Hohlprofile

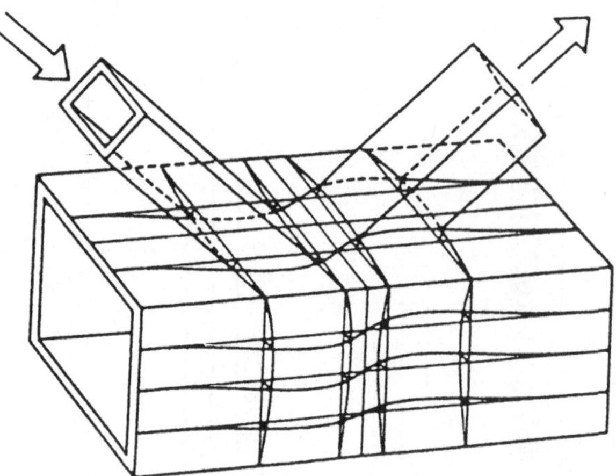

Bild II.18. Verformungsverhalten eines K-Knotens mit Spalt

Wichtig waren auch die Forschungsarbeiten an *betongefüllten Hohl-profilstützen*. Durch eine Hohlprofilfüllung mit bewehrtem Beton kann sowohl die normale Tragfähigkeit als auch die Feuerwiderstandsdauer erhöht werden; Bemessungsregeln sowohl für axial als auch für ein- und zweiachsig beanspruchte Stützen sind in DIN 18806 und ENV 1994-1-1 (Eurocode 4) enthalten. Allgemein gültige Regeln der Brandbemessung werden in noch zu erstellenden harmonisierten Normen enthalten sein.

Das *Tragverhalten geschweißter Knoten* ist in ausschl. über 60 CIDECT-Großprojekten untersucht worden. Hohlprofile eignen sich, wie aus dem Profilvergleich in Bild II.16 hervorgeht, weniger für einachsiale Biegung, dafür aber um so mehr für die Übertragung reiner Axialkräfte – weshalb sie gerne in Fachwerk-Konstruktionen eingesetzt werden. Dabei kommt der Untersuchung der Tragfähigkeit der verschiedenen Gestaltungsarten von Hohlprofilknoten besondere Bedeutung zu.

Wie Bild II.18 zeigt, wird die Gestaltfestigkeit des Knotens durch die reinen Spannungs- und Stabilitätsnachweise der Hohlprofil-Fachwerk-stäbe noch nicht ausreichend beschrieben. Deshalb ist es erforderlich, einen Nachweis für die Tragfähigkeit des Knotens unter Berücksichti-gung der am Knoten auftretenden geometrischen Parameter zu führen. Umfassende Forschungen an Rund- und Rechteck-Hohlprofilknoten führten zu Bemessungsregeln für die unterschiedlichen Knotenformen nach Bild II.19. Diese fanden 1984 Eingang in DIN 18808 als spezielle Berechnungsnorm für Hohlprofile. Die Bemessungsvorschriften von Eurocode 3, die sich in Anhang KK mit Hohlprofilen befassen, beschrei-ten zwar einen anderen Weg, führen aber allgemein zu gleichen Lösun-gen [9]. Natürlich enthält der über zehn Jahre später erschienene Euro-code-Anhang KK Angaben zu mehr Knotenformen als DIN 18808, da

Bild II.19. Knotenformen von Hohlprofilverbindungen

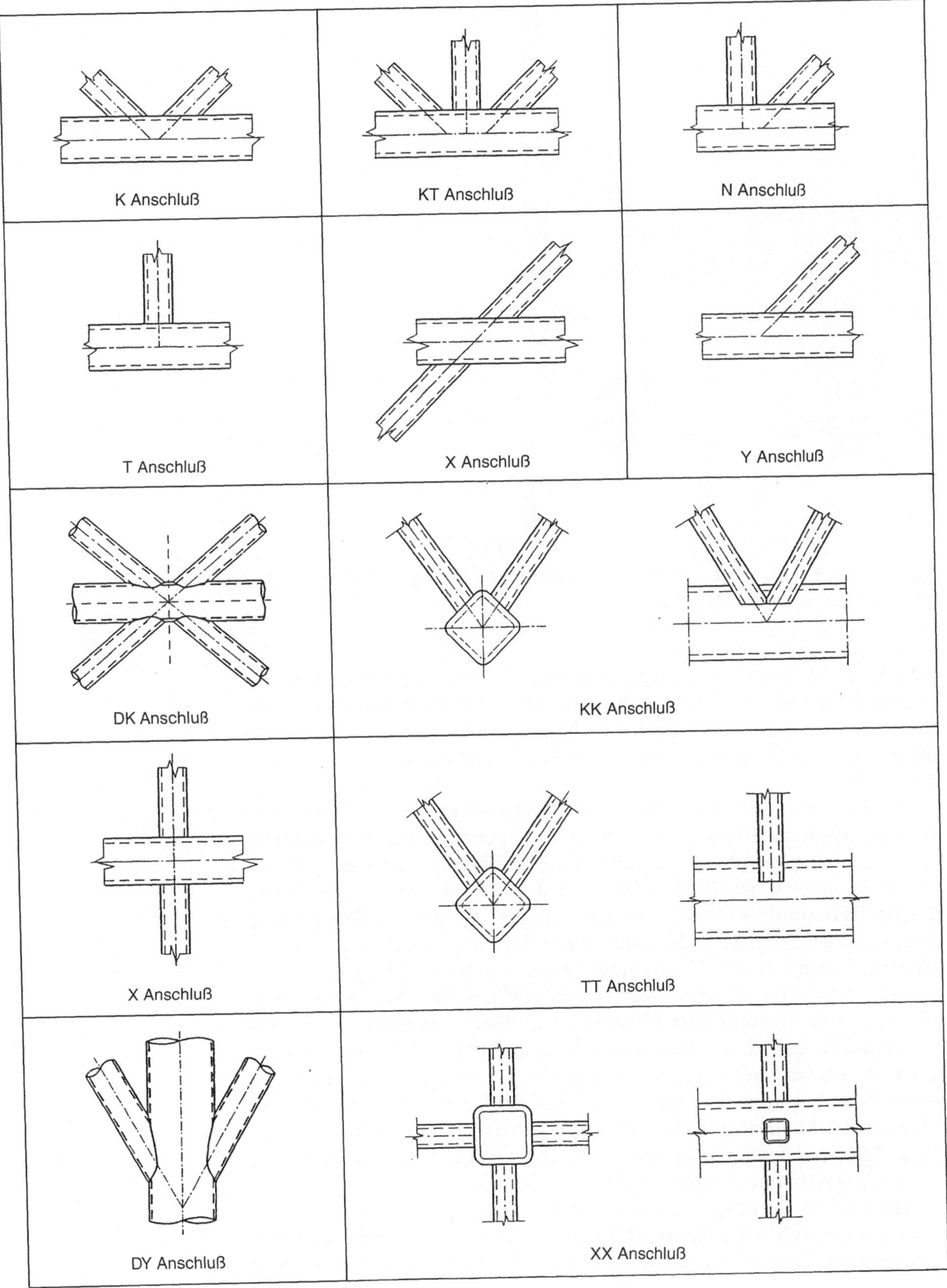

K Anschluß
KT Anschluß
N Anschluß
T Anschluß
X Anschluß
Y Anschluß
DK Anschluß
KK Anschluß
X Anschluß
TT Anschluß
DY Anschluß
XX Anschluß

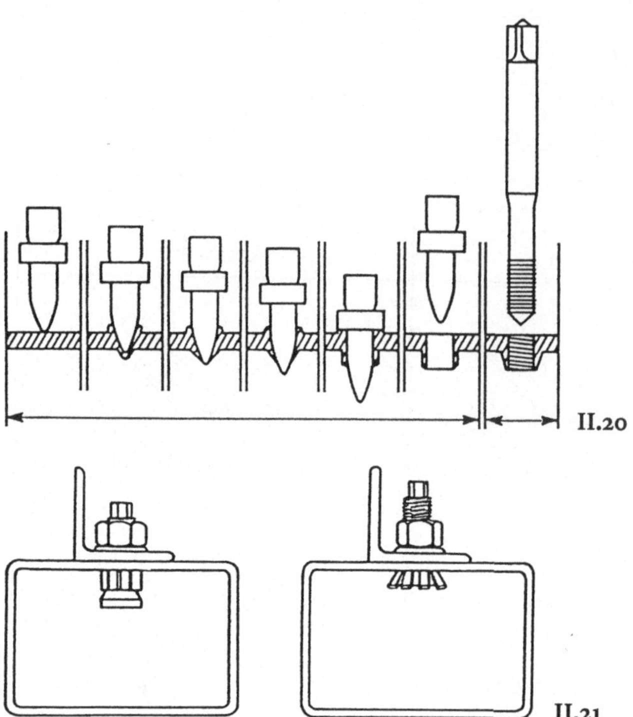

Bild II.20 und II.21. Direkt-Schraubtechniken für Hohlprofile – „Flowdrill"-Verfahren und „Lindapter"-Schraube

zwischenzeitlich weitere Untersuchungen, auch für räumliche Knoten, abgeschlossen werden konnten. Ergänzend zu den Knotenuntersuchungen werden in Eurocode 3 auch Ergebnisse von Versuchen zur Bestimmung der effektiven Knicklänge von Hohlprofil-Fachwerkstäben veröffentlicht.

Die *Zeit- und Dauerfestigkeit* von Hohlprofilknoten ist ein weiteres Forschungsthema. Die aus Arbeiten seit den 80ern bis 1992 entstandenen Klassifizierungsverfahren sind ebenfalls in Eurocode 3 eingegangen; ein entsprechendes CIDECT-Handbuch wird in Kürze erscheinen. Dieses Thema ist besonders für den Kranbau und hier speziell bei Verwendung hoch- und höchstfester Stähle interessant; dazu laufen z. Zt. noch weitere Untersuchungen an den Hochschulen Karlsruhe und Aachen.

Aufgrund ihrer beschränkten Zugänglichkeit werden *Schraubverbindungen* an Hohlprofilen üblicherweise über Kopfplatten oder Anschlußprofile gelöst. Da diese Gestaltung architektonisch nicht immer die beste ist, hat man weniger auftragende Direktschraubverbindungen entwickelt, z. B. das „Flowdrill"-Thermofließ-Bohrverfahren oder die „Lindapter"-Blindschraub-Technik (Bild II.20 und II.21): Um bauaufsichtlich allgemein zugelassene Bemessungsvorschriften zu erhalten, wird deren Tragverhalten zur Zeit untersucht.

Hohlprofile – und speziell Rundhohlprofile – eignen sich besonders für strömungsgünstige Konstruktionen für Wind und Wasser. Untersuchungen zur *Berechnung des Windwiderstands* von Hohlprofilen, deren

Ergebnisse in Normen wie Eurocode 1 eingeflossen sind, wurden an der Deutschen Versuchsanstalt für Raum- und Luftfahrt in Porz durchgeführt.

Weitere Forschungsarbeiten haben sich mit der *plastischen Tragfähigkeit* von Hohlprofilen befaßt. Insbesondere bei *Biegebeanspruchung* ist hier allgemein eine wirtschaftlichere Berechnung möglich als bei rein elastischer Beanspruchbarkeit. Im Zuge der Weiterentwicklung von Eurocode 3 wird z.Zt. das Rotationsvermögen von Biegeträgern aus Hohlprofilen in Aachen und Lüttich untersucht.

Näheres zur Anwendungsforschung von Hohlprofilen ist [10] zu entnehmen. Die Arbeiten sind weit fortgeschritten, trotzdem gilt es noch eine Reihe offener Fragen zu klären.

6.4
Konstruktion und Fertigung

Mit ihrem Hohlkörper und den ebenen und glatten Oberflächen bieten Hohlprofile eine Vielzahl von Auslegungsvorteilen für Stahlbaukonstruktionen. Die günstigen statischen Eigenschaften in Verbindung mit einer Werkstoff-Optimierung ermöglichen oft eine Verringerung des Gewichts bei kleinen Bauhöhen und schlanker Gestaltung.

6.4.1
Was ist hohlprofilgerechtes Konstruieren?

Es bedeutet, die formtypischen Vorteile des Hohlprofils gegenüber offenen Walzprofilen sowohl statisch als auch konstruktiv gezielt zur wirtschaftlichsten Lösung auszunutzen. Dabei ist oft von der klassischen Walzprofil-Konstruktionslösung abzuweichen.

Für weitgespannte Dachkonstruktionen bieten sich filigrane Fachwerkträger aufgrund ihrer klaren Gestaltung für die moderne Architektur an. Mit ihrer offenen Bauweise sind sie besonders für die Unterbringung von Versorgungsleitungen, Lüftungsschächten usw. geeignet. Da Hohlprofile Knickbelastung besser verkraften als offene Walzprofile, empfiehlt es sich, hier anstelle eines Sägefachwerks einen Systemverband aus steigenden und fallenden Diagonalen zu wählen.

Hohlprofile der Werkstoffgüte S 355 sind besonders wirtschaftlich. Dieser Stahl läßt gegenüber dem S 235 eine um 50 % höhere Spannung bei einem Mehrpreis weit unter 10 % zu!

Rohre und Hohlprofile sind naturgemäß gut schweißbar. Für die Montage auf der Baustelle sind jedoch Schraubanschlüsse unverzichtbar, da man dort auf ein Schweißen aufgrund der unkalkulierbaren Bedingungen verzichten sollte. Durch die Entwicklung schraubbarer Knotensysteme sind auch kreuzweise gespannte Tragwerke und Raumfachwerke möglich geworden. Diese Systeme zeichnen sich durch hohe Flexibilität und Montagefreundlichkeit aus und spiegeln den innovativen Charakter modernen Stahlbaus wider (s. hierzu Teil V „Elementar-Bausysteme").

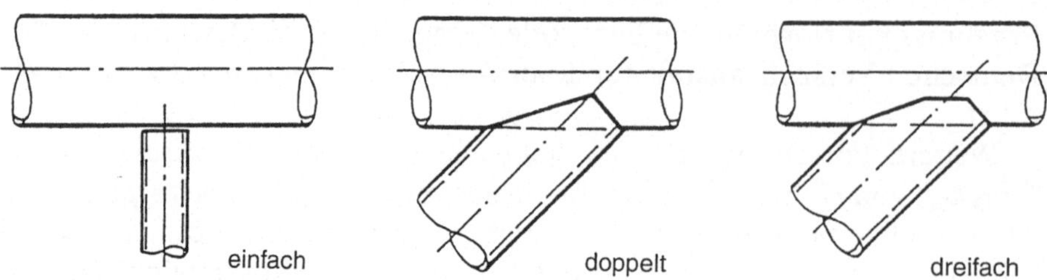

Bild II.22. Enden-Vorbereitung von Rohrverbindungen – Ersatz des aufwendigen Kurvenschnitts durch gerade Sägeschnitte

Anders als bei Hohlprofilen mit ebenen Flächen ist es bei Rohrfachwerken erforderlich, die Füllstabenden mit einem Kurvenschnitt entsprechend der Durchdringung zweier Zylinder zu bearbeiten. Um dies wirtschaftlich durchführen zu können, bedarf es besonderer Investitionen, nämlich spezieller Rohr-Brennschneidmaschinen. In vielen Fällen kann dieser Kurvenschnitt aber auch durch ebene Schnitte ersetzt werden (Bild II.22). Bei quadratischen und rechteckigen Hohlprofilen reichen dagegen generell einfache, gerade Schnitte aus.

In der modernen Architektur erlauben Hohlprofile den sichtbaren Einbau als gestaltendes Bauelement. Im Vergleich zu Stützen aus Stahlbeton oder offenen Walzprofilen genügen deutlich schlankere Konstruktionselemente. Sie vergrößern die Nutzfläche und verbessern die Übersicht, etwa in Kaufhäusern und Hochhäusern.

Fertigung

Die Konstruktion mit Hohlprofilen gewährleistet eine einfache und schnelle Fertigung mit hoher Paßgenauigkeit. Aufgrund ihrer ebenen Flächen lassen sich quadratische und rechteckige Hohlprofile einfach zuschneiden, aneinandersetzen und miteinander verbinden. Üblicherweise werden sie unmittelbar miteinander verschweißt, so daß sich das aufwendige Einfügen von Binde- und Versteifungsblechen erübrigt.

Vorbereitung

Zum Spannen und Halten reichen die üblichen Vorrichtungen aus. Sägen und Schneiden, ob rechtwinklig oder in beliebigen Gehrungsschnitten, sowie anschließendes Entgraten bereiten keine Probleme. Eine Schweißnahtvorbereitung ist meist nicht erforderlich. Bohrungen für Schrauben und sonstige Durchbrüche lassen sich einfach ausführen. Alle Arbeiten können durch CAM (Computer Aided Manufacturing) gesteuert und optimiert werden.

Verarbeitung

Besonders hervorzuheben ist die uneingeschränkt gute Schweißbarkeit warmgefertigter Hohlprofile aufgrund des dank ihrer Herstellung erzielten gleichmäßigen Gefügezustands. Die Schweißnähte lassen sich problemlos als Kehlnähte ausführen; Verzug und Schrumpfung können

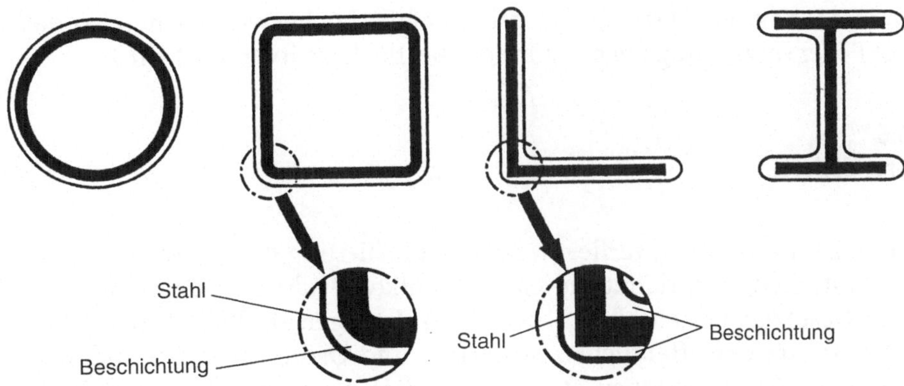

Bild II.23. Abgerundete Kanten statt scharfer Ecken vereinfachen u. a. auch das An-streichen

gering gehalten werden. Von Ausnahmen abgesehen, ist ein nachträg-liches Spannungsarmglühen nicht erforderlich. Wo Schraubanschlüsse erforderlich sind, werden einfach Laschen oder Kopfplatten ange-schweißt.

6.5
Korrosionsschutz

Konstruktionen aus Hohlprofilen lassen sich gut und wirtschaftlich durch nicht selten rauhe Einsatzbedingungen vor Korrosion schützen. Jahrzehntelange Erfahrungen mit Rohr- und Hohlprofil-Konstruktionen sowie zahlreiche Versuche beweisen, daß kein Innenkorrosionsschutz notwendig ist, sofern alle Öffnungen und Stöße feuchtigkeitsdicht ver-schlossen werden. Sobald die in der eingeschlossenen Luft enthaltene Menge an Sauerstoff und Feuchtigkeit verbraucht ist, kann sich im In-neren der Profile kein Rost mehr bilden.

Streichen und Beschichten
Durch die glatten und ebenen Oberflächen sowie Hohlprofil-Verbindun-gen ohne störende Knotenbleche wird das Aufbringen von Schutzan-strichen für den Außenschutz erheblich vereinfacht (Bild II.23). Kosten-sparend kommt hinzu, daß die Oberflächen bedeutend kleiner sind als bei konventionellen Konstruktionen aus Walzprofilen. Im übrigen sind alle bei Stahl bewährten Beschichtungs- und Anstrichsysteme auch für Hohlprofile geeignet.

Verzinken
Der Siliziumgehalt der allgemeinen Baustähle S 235 – S 355 macht eine Verzinkung von Hohlprofilen generell möglich. Es empfiehlt sich jedoch mit einer erfahrenen Verzinkerei zusammenzuarbeiten. Während des Verzinkungsvorgangs muß die in den Profilen eingeschlossene Luft ent-

weichen können. Dazu sind gegebenenfalls Löcher vorzusehen, so daß
bei Feuerverzinkung auch die Innenoberfläche mitverzinkt wird.

6.6
Brandschutz

Stahl ist unbrennbar, verliert jedoch bei Erhitzung über etwa 500 °C seine Festigkeit, und damit die ganze Stahlkonstruktion ihre Stabilität...
Der Gesetzgeber schreibt in den Bauordnungen deshalb Maßnahmen
zum Schutz der öffentlichen Sicherheit und Ordnung vor: brandbean-
spruchte Konstruktionen aus Stahl sind je nach erforderlicher Feuerwiderstandsklasse durch geeignete Maßnahmen vor Versagen zu
schützen.

Konventionelle Brandschutz-Systeme

Wie bei offenen Walzprofilen kann ein Wärmedurchgang auch bei
Hohlprofilen durch Verkleidungsmaßnahmen (Ummantelung oder
Beschichtung) verzögert werden. Als Ummantelung kommen Spritzputz,
Platten oder Mineralfasermatten in Betracht. Als Beschichtungen wer-
den dämmschichtbildende Anstriche aufgebracht, die den Stahl im
Brandfall durch Aufschäumen vor zu schneller Erwärmung schützen.
Aufgrund ihrer durchweg kleineren Oberfläche erweisen sich Hohlpro-
file auch bei der Brandverkleidung als kostensparend verglichen mit
offenen Profilen.

Außer diesen konventionellen Brandschutzsystemen gibt es bei Hohlprofilen noch zwei weitere, ganz spezielle Brandschutzmöglichkeiten.

Wasserfüllung

Dabei werden die tragenden Außenstützen, etwa in Hochhäusern, im
Brandfall nach einem recht einfachen Prinzip durch ihre Wasserfüllung
gekühlt. Dazu werden die Stützen am oberen und unteren Ende über
Rohrleitungen zu einem Kreislaufsystem verbunden und mit Wasser
gefüllt. Im Brandfall wird durch örtliche Stahlüberhitzung ein Wasser-
umlauf in Gang gesetzt, der große Wärmemengen aus gefährdeten
Stützenbereiche durch nachströmendes kaltes oder abgekühltes Wasser
temperaturausgleichend abführt.

Betonfüllung

In den letzten Jahren wird auch in Deutschland vermehrt Verbund-
bau – hier geht es um Stahl und Beton – angewendet, für den sich Rohre
und Profile in geradezu idealer Weise als Verbundstützen anbieten.
Neben den statischen und konstruktiven Vorteilen betongefüllter Hohlprofilstützen ist deren Brandsicherheit von besonderer Bedeutung. Der
meist bewehrte Betonkern als Hohlraumfüllung erhöht die Feuerwiderstandsdauer wesentlich. Durch entsprechende Querschnittswahl
und Lastausnutzung kann grundsätzlich jede geforderte Brandsicherheit erreicht werden.

Literatur

1. Schmiedel, K.: Konstruktion und Gestalt. Verlag Ernst & Sohn, Berlin 1994
2. Lorenz, W.: 100 Jahre Forthbrücke. Der Bauingenieur 66 (1991), S. 416/41
3. Wardenier, J., Kurobane, Y., Packer, J.A., Dutta, D., Yeomans, N.: Berechnung und Bemessung von Verbindungen aus Rundhohlprofilen unter vorwiegend ruhender Beanspruchung. CIDECT-Reihe: Konstruieren mit Stahlprofilen. Verlag TÜV-Rheinland, Köln
4. Rondal, J., Würker, K.-G., Dutta, D., Wardenier, J., Yeomans, N.: Knick- und Beulverhalten von Hohlprofilen (rund und eckig). CIDECT-Reihe: Konstruieren mit Stahlprofilen. Verlag TÜV-Rheinland, Köln
5. Packer, J.A., Wardenier, J., Kurobane, Y., Dutta, D., Yeomans, N.: Knotenverbindungen aus rechteckigen Hohlprofilen unter vorwiegend ruhender Beanspruchung. CIDECT-Reihe: Konstruieren mit Stahlprofilen. Verlag TÜV-Rheinland, Köln
6. Twilt, L., Hass, R., Klingsch, W., Edwards, M., Dutta, D.: Bemessung von Hohlprofilstützen unter Brandbeanspruchung. CIDECT-Reihe: Konstruieren mit Stahlprofilen. Verlag TÜV-Rheinland, Köln
7. Bergmann, R., Matsui, C., Meinsma, C., Dutta, D.: Bemessung von betongefüllten Hohlprofilverbundstützen unter statischer und seismischer Beanspruchung. CIDECT-Reihe: Konstruieren mit Stahlprofilen. Verlag TÜV-Rheinland, Köln
8. Dutta, D., Würker, K.-G.: Handbuch Hohlprofile in Stahlkonstruktionen. Verlag TÜV-Rheinland, Köln 1988
9. Sedlacek, G., Grotmann, D., Güsgen, J., Ungermann, D.: Kompatibilitätsuntersuchungen zur DIN 18808 – Bemessung von Hohlprofilen – anhand der CIDECT-Bemessungsvorschläge für Eurocode 3. Forschungsber. d. Inst. f. Stahlbau, RWTH Aachen, 1989
10. Dutta, D.: Drei Jahrzehnte anwendungstechische Forschung und Entwicklung von Hohlprofilen. Der Stahlbau 64 (1995), Heft 2

Teil III
Brandschutzkonzepte für Industrie- und Geschoßbau

Im Bereich der öffentlichen Bauten und des Industriebaus dominieren Stahl-Glas-Konstruktionen in moderner Architektur und Stahlbautechnik. Um solche Bauwerke sicher planen, bauen, benutzen und erhalten zu können, sind ausgefeilte, in sich schlüssige Brandschutzkonzepte erforderlich. Dazu gehören z.B. durchdachte, kurze Flucht- und Rettungswege sowie moderne Brandmeldetechnik, gezielte thermische Entlastung und Sprinkleranlagen.

Bei solchen Bauvorhaben stellen sich dem Planer folgende Grundfragen des vorbeugenden und abwehrenden Brandschutzes:

- Wie verhält sich die Konstruktion im Brandfall?
- Wie sind die Risiken des Personenschutzes einzuschätzen?
- Wie gut sind die Eingriffsmöglichkeiten der Feuerwehr im Brandfall?
- Welche Wechselwirkung ergibt sich zwischen Wärmeentwicklung und Sprinkleranlage einerseits sowie Rauchgas-Massenströmen und deren Ableitung andererseits?

1
Was sagt der Gesetzgeber?

Nach §3 der neuen Bauordnung des Landes Nordrhein-Westfalen sind bauliche Anlagen sowie andere Anlagen und Einrichtungen

so anzuordnen, zu errichten, zu ändern und instand zu halten, daß die öffentliche Sicherheit oder Ordnung, insbesondere Leben, Gesundheit oder die natürlichen Lebensgrundlagen, nicht gefährdet werden. Dazu sind die „allgemein anerkannten Regeln der Technik" zu beachten.

Diese allgemeinen Schutzziele werden durch §17 Brandschutz konkretisiert, wonach bauliche Anlagen unter Berücksichtigung insbesondere

- der Brennbarkeit der Baustoffe,
- der Feuerwiderstandsdauer der Bauteile (eingeteilt nach Feuerwiderstandsklassen),
- der Dichtheit von Verschlußöffnungen und
- der Anforderungen an Rettungswege

so beschaffen sein müssen, daß der Entstehung eines Brands und der Ausbreitung von Feuer und Rauch vorgebeugt wird, und im Brandfall wirksame Rettung und Löscharbeiten möglich sind.

Tabelle III.1. § 29 Wände, Pfeiler und Stützen. (1) Wände, Pfeiler und Stützen sowie deren Bekleidungen und Dämmstoffe müssen unbeschadet des § 17 Abs. 2 hinsichtlich ihres Brandverhaltens nachfolgende Mindestanforderungen erfüllen:

Spalte	1	2	3	4
Gebäude	Freistehende Wohngebäude mit nicht mehr als einer Wohnung (siehe auch Absatz 2)	Wohngebäude geringer Höhe mit nicht mehr als zwei Wohnungen	Gebäude geringer Höhe	andere Gebäude
Zeile / Bauteile				
1a tragende und aussteifende Wände, Pfeiler und Stützen	keine	F 30	F 30	F 90-AB
1b in Kellergeschossen	keine	F 30-AB	F 90-AB	F 90AB
1c in Geschossen im Dachraum, über denen Aufenthaltsräume möglich sind	keine	F 30	F 30	F 90
1d in Geschossen im Dachraum, über denen Aufenthaltsräume nicht möglich sind	keine	keine	keine	keine
2 nichttragende Außenwände sowie nichttragende Teile von Außenwänden	keine	keine	keine	A oder F 30
3 Oberflächen von Außenwänden, Außenwandbekleidungen und Dämmstoffe in Außenwänden	keine	keine	keine	B 1
4a Trennwände nach § 30	./.	F 30 (siehe jedoch § 30 Abs. 4)	F 30 (siehe jedoch § 30 Abs. 4)	F 90-AB (siehe jedoch § 30 Abs. 4)
4b in obersten Geschossen von Dachräumen	./.	F 30 (siehe jedoch § 30 Abs. 4)	F 30 (siehe jedoch § 30 Abs. 4)	F 30 (siehe jedoch § 30 Abs. 4)
5 Gebäudeabschlußwände nach § 31	./.	F 90-AB (siehe auch § 31 Abs. 4)	Brandwand (siehe auch Absatz 4)	Brandwand
6 Gebäudetrennwände nach § 32	./.	F 90-AB	Brandwand (siehe auch Absatz 4)	Brandwand

Um diese Schutzziele zu erfüllen, werden bestimmte Anforderungen an Wände, Pfeiler, Stützen und Decken gestellt und entsprechende Auflagen formuliert (Tabelle III.1). Dabei können speziell an Industrie- und Sonderbauten *im Einzelfall besondere Anforderungen nach § 54 der Bauordnung* gestellt werden.

Nun ist es gerade im Bereich Sonderbauten schlichtweg unmöglich, über ein Gebäude ein Bauordungs-/Sonderbauordnungsnetz zu werfen, um mit dessen Paragraphen alle Risiken und Möglichkeiten der Brandbekämpfung und des Brandschutzes abzudecken. Um Bauvorhaben weitestgehend flexibel zu gestalten, kam man nicht umhin, in der neuen Bauordnung Abweichungen nach § 73 darzustellen. Soll von technischen Anforderungen abgewichen werden, ist der Genehmigungsbehörde nachzuweisen, daß deren Zweck auf andere Weise entsprochen wird.

An diesem Punkt beginnt im Regelfall die Einschaltung eines Brandschutz-Sachverständigen, um, abgestimmt auf den Einzelfall und die besondere Gebäudenutzungsart, ein „schlüssiges Brandschutzkonzept" zu erstellen.

2
Nachweis der Feuerwiderstandsdauer

2.1
Normen und Versuche

Will der Planer von den in Tabelle III.1 aufgestellten Regelanforderungen an den Brandschutz, je nach Nutzungsart und Gebäudehöhe, abweichen, dann sind die für die erwähnten Abweichungen nötigen Einzelfallnachweise zu erbringen.

So läßt sich z. B. nach DIN 4102, Teil 4, eine Klassifizierung tragender Stahlbauteile durchführen, um aufgrund des dabei ermittelten U/A-Werts die Brandschutzbekleidung zu optimieren oder den Einsatz von Dämmschichtbildnern zu prüfen.

Grundlage der zu führenden Nachweise über die Standfestigkeit der Stahlbauteile ist der Temperaturabfall der bezogenen Streckgrenze von Baustählen nach Bild III.1. Dabei kommt dann beispielsweise zu Tage, daß außen angeordnete Gebäudestützen vergleichsweise geringer belastet werden.

So kann im vereinfachten Nachweis nach DIN 4102 gezeigt werden, wie sich die tatsächliche Beanspruchung beim natürlichen Brandverlauf auswirken würde (Bild III.2).

2.2
Einfache Nachweisverfahren

Zur Bewertung der Brandgefahr im Bereich Industriebau wurde DIN 18230 entwickelt. Zur Bestimmung der thermischen Einwirkung berechnet bzw. berücksichtigt sie die

– Brandlast (Art, Menge, Abbrandfaktor) und die
– Wärmeabführung aus dem Gebäude

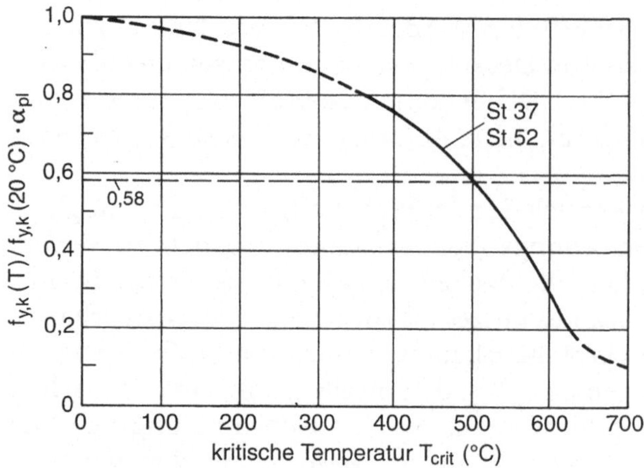

Bild III.1. Temperaturabhängiger Abfall der bezogenen Streckgrenze von Baustählen St 37 und St 52

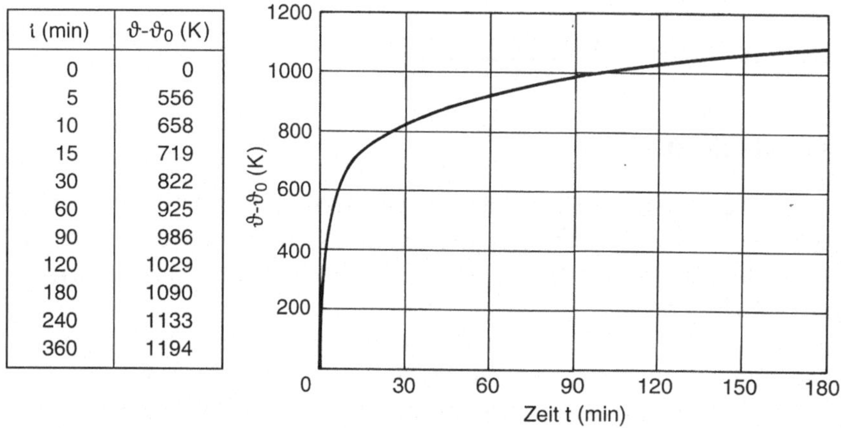

t (min)	$\vartheta-\vartheta_0$ (K)
0	0
5	556
10	658
15	719
30	822
60	925
90	986
120	1029
180	1090
240	1133
360	1194

Bild III.2. Einheits-Temperaturzeitkurve zur natürlichen Brandbeanspruchung nach DIN 4102

unter Bewertung der brandschutztechnischen Infrastruktur (Stärke der Feuerwehr, Löschwasserversorgung).

DIN 18230, Vornorm September 1987, wird z. Zt. redaktionell überarbeitet, um den neuesten Stand der Brandbekämpfungspraxis, unter Berücksichtigung etwa der Sprinkler- und Brandmeldetechnik, einfließen zu lassen. In den vergangenen zehn Jahren hat diese Brandschutznorm in Verbindung mit neuen Industriebau-Richtlinien zu einer Versachlichung der „brennenden" Thematik beigetragen. Nach diesen Normen können alternativ geschützte oder ungeschützte Konstruktionslösungen verbindlich anhand von Brandschutzklassen bewertet werden – der Planer gewinnt eine verläßlichere Grundlage, um unter den verschiedenen Baustoff- und Konstruktionsarten wie Stahl, Stahlverbund, Holz- oder Betonkonstruktion auszuwählen.

2.3
Wärmebilanzierungs-Nachweis

Im Grundlagendokument „Brandschutz" (Amtsblatt der Europäischen Gemeinschaften Nr. C 62/23 vom 28.02.1994) sind folgende Ingenieurmethoden zur Bewertung des Brandsicherheitsniveaus beschrieben:

a) Ermittlung grundlegender Kenntnisse über die Entwicklung von Feuer und Brandgasen, wie
   - Berechnung der Brandentwicklung in Räumen,
   - Berechnung der Brandausbreitung über den Entstehungsraum hinaus, innerhalb und außerhalb des Gebäudes,
   - Bewegung von Brandgasen innerhalb des Gebäudes;
b) - Einwirkungen von Wärme und Brandgasen auf Personen und Bauwerke,
   - mechanische Einwirkungen auf Konstruktionen/Bauwerke;
c) - Beurteilung des Brandverhaltens von Bauprodukten in Entstehungsbränden: Entzündbarkeit, Flammenausbreitung, Geschwindigkeit der Wärmeabgabe, Entwicklung von Rauch und toxischen Gasen,
   - Brandwiderstand von Konstruktionen hinsichtlich Tragfähigkeit und Trennfunktion;
d) Beurteilung von Brandmeldung, Aktivierung und Brandbekämpfung, wie:
   - Aktivierungszeit für Schutzsysteme, Brandbekämpfungsanlagen, Feuerwehr, Gebäudenutzer usw.
   - Wirkung von Feuer- und Rauchschutzanlagen (inkl. Löschmittel),
   - Brandmeldezeiten, je nach Art und Anordnung von Brand-/Rauchmeldern,
   - Wechselwirkung zwischen Brandbekämpfung und anderen Sicherheitsmaßnahmen;
e) Räumungs- und Rettungsmaßnahmen.

Gegenwärtig sind nur einige Teile der erwähnten Ingenieurmethoden für den Brandschutz entwickelt. Für einen umfassenden und einheitlichen Ansatz sind noch erhebliche Forschungsanstrengungen erforderlich.

Bei der Berechnung der Brandentwicklung in Räumen bzw. der Ausbreitung von Feuer und Rauchgas in Gebäuden läßt sich durch geeignete Versuche, z.B. durch Simulation, eine Rauchgasschicht etwa in Atriumbereichen in Höhe und Dicke gut demonstrieren, s. Veröffentlichungen [1] und [2].

Werden bei solchen Bilanzierungen auch nur gemittelte Raumtemperaturen in einem Zweizonenmodell dargestellt, so läßt sich hieraus doch realistisch und aufschlußreich die zu erwartende Brandbeanspruchung für ein Tragwerk unter Berücksichtigung der baulichen Besonderheiten ableiten. Bei den folgenden Objektbeispielen wurden solche Nachweismethoden zur Darstellung der vorgeschlagenen Brandschutzmaßnahmen gegenüber den Aufsichtsbehörden praktisch angewendet.

3
Brandschutz-Beispiele

3.1
City-Center, Essen

Nachdem das City-Center in Essen 1983 abgebrannt war, wurde ein Neuaufbau, überwiegend eingeschossig und mit kleinen Ladeneinheiten beschlossen. Im Rahmen nachträglicher Modernisierungsmaßnahmen wurde ab 1992 geplant, das City-Center aufzustocken und die bisher offenen Sicherheits-/Flaniergänge zwischen den Gebäuden mit einem Wetterschutz zu überschirmen (Bild III.3 und III.4).

Dabei zeigte sich bereits in Vorgesprächen mit den Aufsichtsbehörden, daß eine bauordnungsrechtliche Beurteilung nur auf Grundlage der damals geltenden „Geschäftshaus-Verordnung" nicht ausreichte, die beabsichtigte Modernisierung zu realisieren – nämlich, die bisherigen Rettungswege auch in der neuen Form als „überdachten Freiraum bzw. regenschirmartige Überdachung" bestehen zu lassen. Um die Überdachung der Rettungswege brandtechnisch abzusichern, gaben die zuständigen Behörden folgende Auflagen vor:

- Sprinklerung der gesamten baulichen Anlagen einschließlich der überdachten Freiflächen,
- Feuerwiderstandsklasse F 30 für tragende Bauteile der Dachkonstruktion,
- Feuerwiderstandklasse F 90 und Verwendung von A1-Wärmedämmungs-Materialien für tragende/aussteifende Bauteile der zweigeschossig aufgestockten Gebäudeteile,
- Ausstattung neu erstellter Laden- und Überdachungsflächen mit automatischen Brandmeldeanlagen,
- rechnerischer Nachweis der Rauch- und Wärmeabzugs-Öffnungen, und zwar unter Beachtung der in den Läden des Altbestands bereits vorhandenen Zu- und Abluftöffnungen.

Darüber hinaus sollte der Nachweis geführt werden, daß sich aufgrund der nachströmenden Zuluft auch unter Dach „Situationen wie im überdachten Freiraum" mit weitgehend freier Ventilation einstellen.

3.1.1
Geschäftshausverordnung (GhVO)

Die geltende Geschäftshausverordnung von 1969 beschreibt nur unmittelbar die Schutzmaßnahmen für Ladenpassagen; in § 15 GhVO verlangt sie, daß Verkaufsräume ohne oder ohne ausreichende Fensterlüftung Lüftungsanlagen haben müssen, die sicherstellen, daß keine unzulässigen Luftverhältnisse auftreten. Außerdem kann verlangt werden, daß solche Lüftungsanlagen im Brandfalle so betrieben werden, daß sie nur entlüften, also von Umluft auf Abluft umgeschaltet werden.

Bild III.3. City-Center, Essen, nach dem Brand von 1983 bis 1992/93…

Bild III.4. …und nach Umbau und Erweiterung 1995

Den diesbezüglichen Stand der Technik stellt das Arbeitspapier des Arbeitskreises Sonderbauten der Fachkommission Bauaufsicht mit dem Musterentwurf (Februar 1990) einer

Verordnung über den Bau und Betrieb von Geschäftshäusern

dar. Darin ist ausgeführt, daß Ladenstraßen Rauchabzugsöffnungen mit einem wirksamen Gesamtquerschnitt von mind. 5 % der Grundfläche des größten Geschosses aufweisen müssen. Bei geringeren Werten muß die Rauchabführung anderweitig nachgewiesen werden. Außerdem wurde 1992 festgelegt, daß nur ein „überdachter Freiraum" entstehen durfte, und die vorhandenen Rettungswege auch unter der Bedachung ausreichend rauchfrei zu halten sind.

Im einzelnen waren dem Gesetzgeber also folgende Nachweise zu erbringen:

1. Rauchfreihaltung der Rettungswege und
2. Einzelfallnachweis, daß auch Rauchabzugsquerschnitte von weniger als 5 % der Grundfläche ausreichend sind.

Die zu überdachenden Bereiche hatten eine Grundfläche von ca. 5600 m² – für Flächen über 2000 m² ist normalerweise die Geschäfthausverordnung anzuwenden. In den Vorgesprächen zeigte sich aber, daß speziell bzgl. der Entrauchung keine unmittelbare GhVO-Anwendung möglich war, weil darin keine technischen Festlegungen insbesondere der Kombination Rauch-, Wärmeabzugs- und Sprinkleranlagen enthalten sind.

Auch eine direkte Anwendung von DIN 18232 „Rauch- und Wärmeabzugsanlagen" war nicht möglich, da die Norm nur Gebäudehöhen bis 10 m abdeckt: hier gingen sie bis zu 14 m. Aufgrund dessen wurden Einzelfallbeurteilungen auf der Grundlage der Fachliteratur [2] und [3] durchgeführt und die rauchfreien Schichten für die einzelnen Rauchabschnitte des Gebäudes nachgewiesen. Diese Rauchabschnitte sind aus dem Feuerwehrplan (Bild III.5) des City-Centers zu erkennen.

3.1.2
Untersuchungen zur Rauchfreihaltung

Wie bei solchen Anlagen mit Sprinklerschutz vorgeschrieben, war hier als Brandszenario für die ingenieurmäßig-rechnerischen Untersuchungen ein 5 MW-Brand anzusetzen. Um ein sicheres Auslösen der Sprinkleranlage zu gewährleisten, wurde mit der Feuerwehr vereinbart, daß die Rauchabzugsanlagen nur von Hand, und zwar durch fachkundiges Personal oder die eintreffende Feuerwehr geöffnet werden sollten. Auf ausreichend bemessene Rauch- und Wärmeabzugsanlagen konnte dennoch nicht verzichtet werden, weil sonst, selbst unter Sprinklereinfluß, innerhalb kürzester Zeit mit einer totalen Verrauchung der Ladenstraßen gerechnet werden müßte, besonders wenn Paniksituationen erschwerend hinzukommen.

Die detaillierten technischen Untersuchungsdaten für die Rauchabschnitte 1-5 des City-Centers wurden rechnerisch ermittelt, in Dia-

Bild III.5. Feuerwehr-Grundrißplan mit Rauchabschnitten (Grundebene)

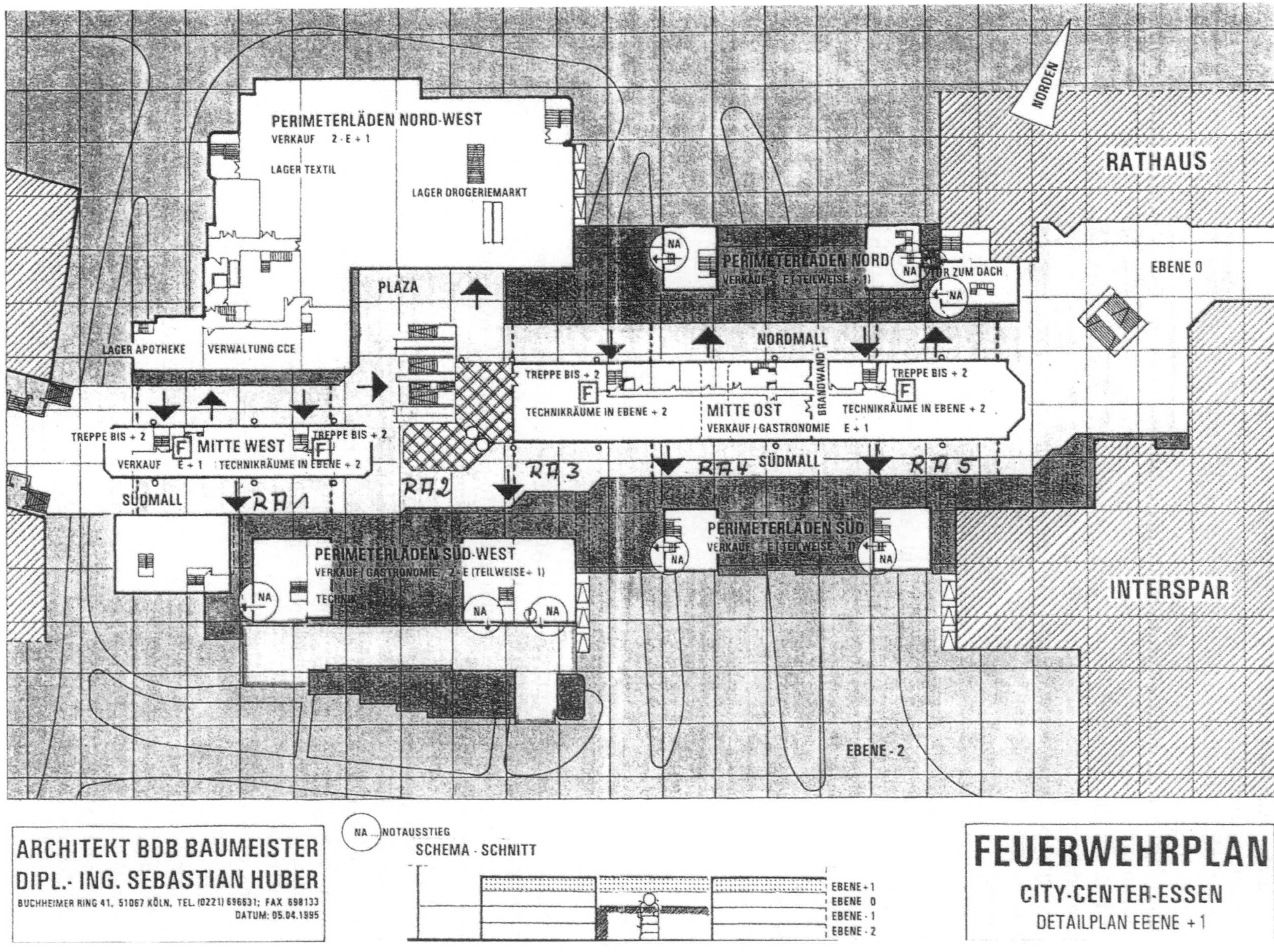
NORDEN
RATHAUS
EBENE 0
PERIMETERLÄDEN NORD-WEST
VERKAUF   2·E+1
LAGER TEXTIL
LAGER DROGERIEMARKT
PLAZA
PERIMETERLÄDEN NORD
VERKAUF · E (TEILWEISE +1)
NA
NA TÜR ZUM DACH
NA
LAGER APOTHEKE
VERWALTUNG CCE
NORDMALL
TREPPE BIS +2
TECHNIKRÄUME IN EBENE +2
MITTE OST
VERKAUF / GASTRONOMIE   E+1
BRANDWAND
TREPPE BIS +2
TECHNIKRÄUME IN EBENE +2
TREPPE BIS +2
MITTE WEST
VERKAUF   E+1
TREPPE BIS +2
TECHNIKRÄUME IN EBENE +2
SÜDMALL
RA1
RA2
RA3
RA4
RA5
SÜDMALL
PERIMETERLÄDEN SÜD-WEST
VERKAUF / GASTRONOMIE   2·E (TEILWEISE +1)
TECHNIK
NA
NA
NA
PERIMETERLÄDEN SÜD
VERKAUF · E (TEILWEISE +1)
NA
NA
INTERSPAR
EBENE -2
ARCHITEKT BDB BAUMEISTER
DIPL.- ING. SEBASTIAN HUBER
BUCHHEIMER RING 41, 51067 KÖLN, TEL. (0221) 696631; FAX 698133
DATUM: 05.04.1995
NA ... NOTAUSSTIEG
SCHEMA · SCHNITT
EBENE +1
EBENE 0
EBENE -1
EBENE -2
FEUERWEHRPLAN
CITY-CENTER-ESSEN
DETAILPLAN EEENE +1

grammen (Beispiel s. Bild III.6) dokumentiert und in Tabelle III.2 zusammengestellt.

Rauchabschnitt 1 beispielsweise hat eine Grundfläche von 1192 m² bei einer mittleren Höhe der Stahlkonstruktion von 8 m. Hierzu wurde ermittelt, daß sich die Rauchschicht im Brandfall zunächst auf ca. 3 m Bodenhöhe absenkt, bevor nach 300 s – bei Eintreffen der Feuerwehr oder durch das Personal – die Rauchabzüge geöffnet werden. Diese Verzögerung ist für ein sicheres Auslösen der Sprinkleranlage erforderlich. Unter Berücksichtigung dieser Voraussetzungen wurden eine rauchfreie Schicht von 6,54 m und eine Rauchschichtdicke von 1,46 m errechnet.

In Rauchabschnitt 5 wurde eine aerodynamisch freie Fläche von 16,18 m² eingeplant. Hierdurch wurde die als Schutzziel definierte rauchfreie Zonenhöhe von 6,50 m gut eingehalten, wobei sich die Brandraumtemperatur nur um 88 °K erhöhte, und dies ohne Einfluß der Sprinkleranlage sowie anschließendem Rauch- und Wärmeabzug, dessen Auswirkung aus Bild III.6 hervorgeht.

Aus Bild III.6 ist auch abzulesen, daß unter Sprinkler-Einfluß eine deutliche Rauchreduzierung erfolgt, so daß größere rauchfreie Schichten nachgewiesen werden konnten, als vorgegeben. Also liegt die beschriebene Bemessung der Rauch- und Wärmeabzugsanlage auf der sicheren Seite!

3.1.3
Fazit

Die Erfüllung des zusammen mit den Aufsichtsbehörden formulierten Schutzziels – in der überdachten Ladenstraße eine Notfallsituation wie im Freien zu gewährleisten – konnte durch ingenieurmäßig-rechnerische Nachweise auf Grundlage der internationalen Fachliteratur belegt werden.

Als Nebeneffekt konnte nachgewiesen werden, daß auf die ursprünglich von der Bauaufsichtsbehörde geforderte F 30-Dämmschicht-Ummantelung der Stahlkonstruktion verzichtet werden konnte; dafür mußte kein gesonderter Befreiungsantrag mehr gestellt werden. Am Modellfall City-Center Essen wurde somit vorgeführt, daß moderne Ladenstraßen mit wirtschaftlicher Stahlkonstruktion ausgelegt werden können, ohne dafür Abstriche in puncto Feuersicherheit hinzunehmen. Erreicht wurden hier:

- eine Optimierung der Rauch- und Wärmeabzugsanlage auch unter Kostengesichtspunkten;
- die Wirkung der Sprinkleranlage konnte im nachhinein besser begründet werden;
- Wegfall der zunächst geforderten F 30-Ummantelung der Stahlkonstruktion.

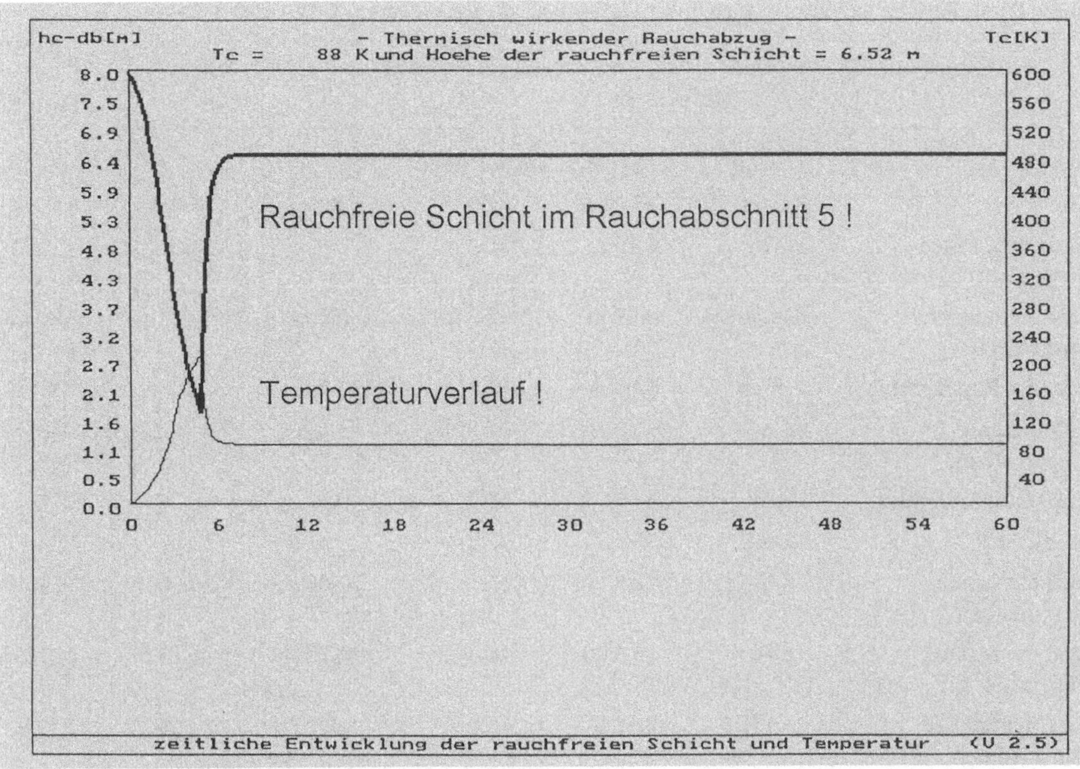

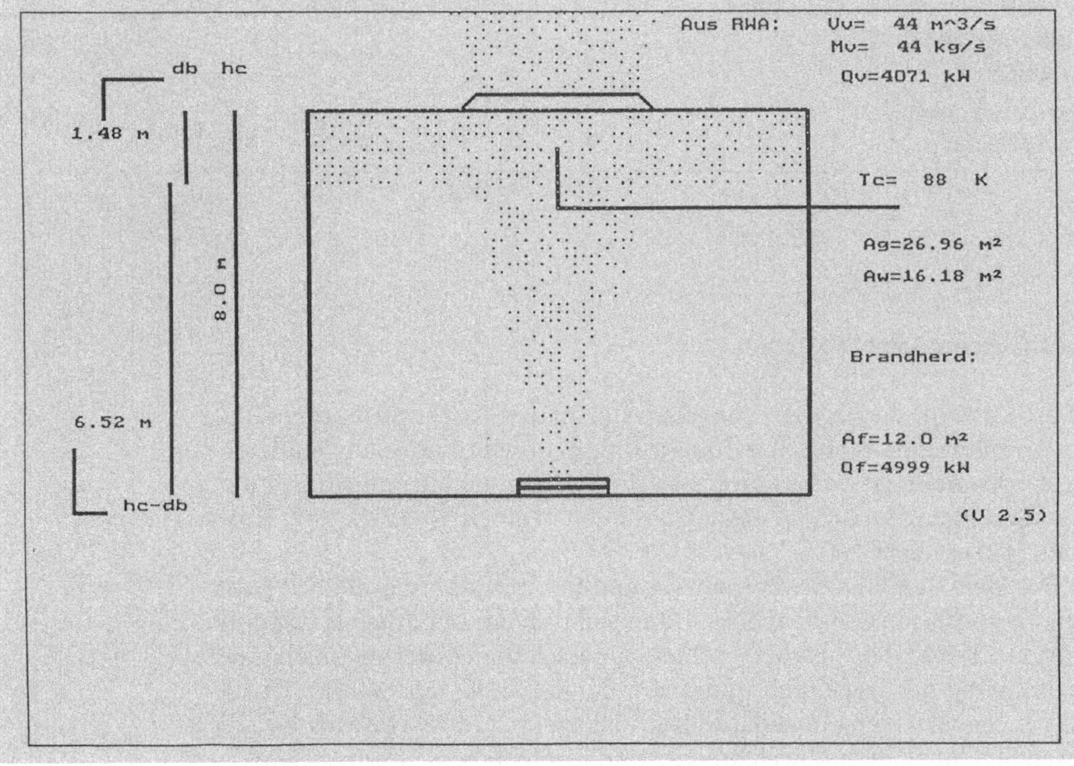

Bild III.6. Beispiel Nachweisdiagramme: Einfluß der Sprinkleranlage in Rauchabschnitt 5

Tabelle III.2. Rauchabschnitte (1 bis 5) und Rauchfreihaltungs-Konzept City-Center, Essen

Rauchabschnitt	1	2	3	4	5	5 mit Sprinklerung
Fläche	1192 m²	1521 m²	905 m²	1211 m²	749 m²	749 m²
Höhe	8,00 m	13,80 m	8,00 m	8,00 m	8,00 m	8,00 m
angestrebte rauch-freie Schicht	6,5 m	8,10 m	6,50 m	6,50 m	6,50 m	
Berechnete rauch-freie Schicht	6,54 m	8,11 m	6,52 m	6,53 m	6,52 m	6,89 m
Dicke der Rauchschicht	1,46 m	5,69 m	1,48 m	1,47 m	1,48 m	1,11 m
abgeführter Volumenstrom	44 m³/s	56 m³/s	44 m³/s	43 m³/s	44 m³/s	29 m³/s
Temperaturerhöhung	79 °K	54 °K	85 °K	79 °K	88 °K	52 °K
Brandfläche	12 m²	12 m²	12 m²	12 m²	12 m²	5,5 m²
geöffnete Rauch-abzugsfläche A_g	28,01 m²	22,30 m²	27,15 m²	27,85 m²	26,96 m²	26,96 m²
aerodynamisch freie Fläche A_w	16,81 m²	13,38 m²	16,29 m²	16,71 m²	16,18 m²	16,18 m²
Prozentanteil der Grundfläche A_w	1,41 %	0,88 %	1,80 %	1,38 %	2,16 %	2,16 %
Luftwechselzahl n =	16,61	9,60	21,88	15,98	26,44	17,42
Auslösezeit des Sprinklers	–	–	–	–	–	2,3 min
Anströmtemperatur zum Sprinkler	–	–	–	–	–	101,4 °C

3.2
Kunstmuseum Aalen/Westfalen

Bild III.7 zeigt den Erweiterungsbau des neuen Kunstmuseums Aalen, der in filigraner Stahl-Glas-Konstruktion errichtet werden sollte. Er stellt eine moderne Verbindung zwischen dem alten Museumsbau, links, und dem damals noch zu restaurierenden rechten Gebäude mit Holzkonstruktion her.

Der Neubauteil ist dreigeschossig und hat im Erdgeschoß inkl. Foyer eine Grundfläche von ca. 170 m². Da es sich um ein öffentliches Gebäude von „mittlerer Höhe" handelt, schien zunächst die Forderung nach einer Ausführung der tragenden und aussteifenden Teile der Stahlkonstruktion in Feuerwiderstandsklasse F 90 angezeigt. Unter Hinweis auf die gesetzlich möglichen Abweichungen und Erleichterungen wurde von der Bauaufsichtsbehörde aber eine Minderung der Anforderungen auf F 30 in Aussicht gestellt, wenn die brandschutztechnische Sicherheit des

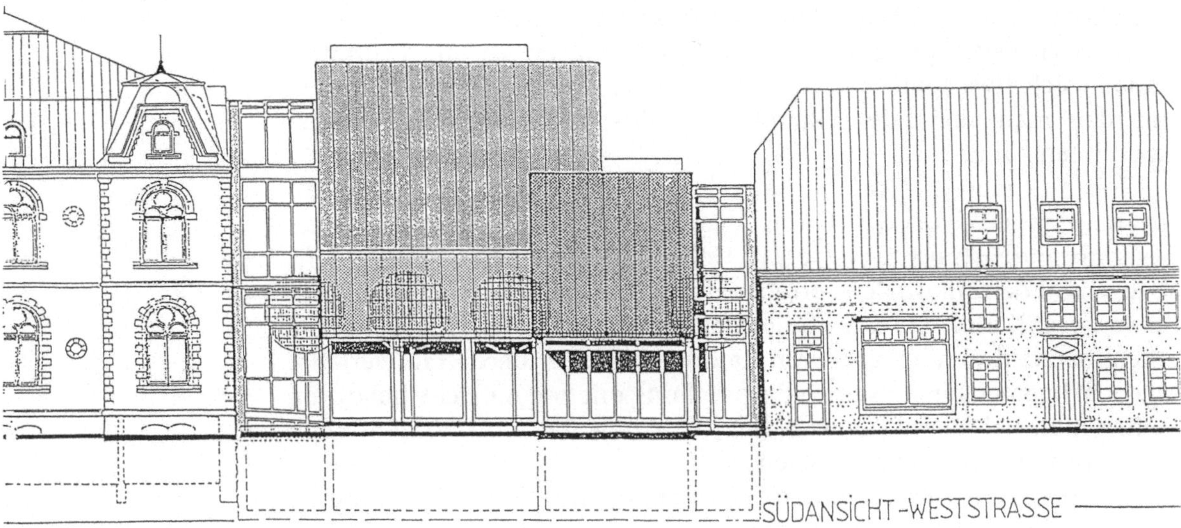

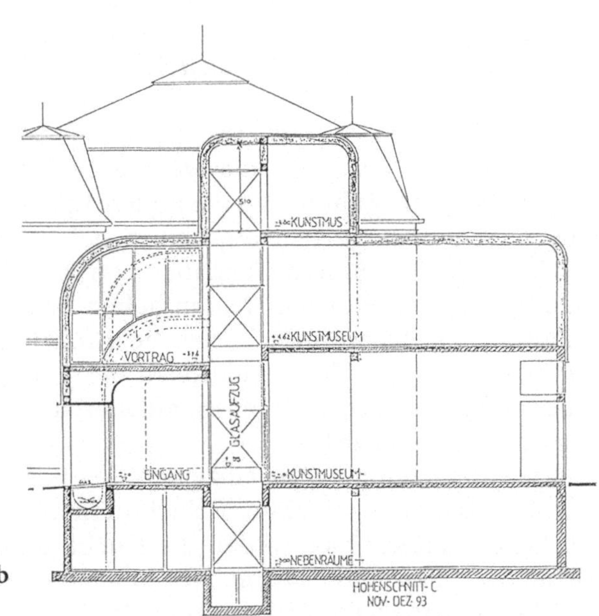

Bild III.7 a, b. Der Stahl-Glas-Erweiterungsbau des Kunstmuseums Aalen verbindet zwei vorhandene, historische Gebäudeteile (Ansicht und Teilschnitt)

Museumsneubaus durch entsprechende Gutachternachweise untermauert werden konnte.

Daraufhin wurden vom Gutachter die zu erwartenden Brandbelastungen mit Hilfe der in DIN/EN 1363, Teil 1, Ziffer 7 aufgeführten Nachweise aufgrund eines halbnatürlichen Brandversuchs im Prüfofen untersucht und dargestellt.

Bei einem „Holzkrippenbrand" nach DIN 1363 wird davon ausgegangen, daß innerhalb von 10 – 20 min bei einer flächendeckenden Gesamtbrandlast von 40 kg/m² eine Raumtemperatur von 1000 °C erzeugt wird. Unter Berücksichtigung der Ventilationsbedingungen im Prüfraum ergaben sich etwa 1000 °K über Normaltemperatur. Ein Temperaturverlauf, den man auf andere Räume und Zu- und Abluftbedingungen umrechnen kann.

Überträgt man die Brandlast aus dem Prüfofen, ca. 480 kg Holz, auf ein Raummodul von der Größe des Museums, so ergibt sich eine Gesamtbrandleistung von 4770 kW. Unter Berücksichtigung des Rauchabzugs und der Zuluftfläche errechnet sich hieraus eine Brandtemperatur von 349 °K und eine rauchfreie Schicht von 1,43 m. Hieraus ist bereits erkennbar, daß sich bei größeren Raumeinheiten andere Brandverläufe ergeben. In einer gemeinsamen Besprechung mit den Aufsichtsbehörden einigte man sich daraufhin, eine Brandleistung von 100 kW/m² ähnlich einer Büronutzung zu unterstellen.

Um eine realistische Brandbeanspruchung eines Raums zu simulieren, sind die Ventilationsbedingungen von ausschlaggebender Bedeutung. Bezüglich der Fenster kann davon ausgegangen werden, daß die Verglasungen spätestens ab 300 °C zerspringen, somit verlieren sie ihre dämmende Wirkung, so daß ausreichende Ventilationsflächen zur Verfügung stehen.

Im Erdgeschoß des Museums lagen Fenster- und Türöffnungen von mind. ca. 27 m² vor. Für die weitere Berechnung wurde die Hälfte dieser Fläche als Zuluft- und die andere als Abluftfläche angenommen. Aus diesen Bedingungen ergaben sich bei einer Brandleistung von 100 kW/m² eine Brandtemperatur von 570 °K und eine rauchfreie Schicht von 3,56 m in dem 4,40 m hohen Raum. Hiernach schienen die behördlichen Bedenken zunächst begründet, da erstens die kritische Temperatur für Stahlkonstruktionen bei 500 °C liegt und zweitens die Oberkante des höchstgelegenen, anleiterbaren Fußbodens mit 8,00 m über der 7 m-Grenze lag.

Die Durchrechnung der einzelnen Geschosse ergab jedoch, daß eine F 30-Konstruktion mit Dämmschichtummantelung das Tragwerk ausreichend standfest hält, so daß die Flucht oder Rettung von Personen sichergestellt ist und daß mit 30 min genügend Zeit für einen Eingriff der Feuerwehr bleibt. Aus der zeitlichen Darstellung der thermischen Beanspruchung von tragenden Bauteilen nach DIN 4102, Teil 2 kann abgelesen werden, daß die kritische Temperatur für F 30-Konstruktionen bei 822 °K liegt. Da schlüssig belegt werden konnte, daß solche Temperaturen in dem Museumsneubau nicht auftreten, wurde dem Antrag nach Erleichterungen laut § 50 der damals geltenden nordrhein-westfälischen Bauordnung stattgegeben. Somit stand der geplanten Stahl-Glas-Konstruktion nichts mehr im Wege.

3.3
Entwicklungs- und Versuchszentrum Mercedes-Benz, Sindelfingen

Bei dem neuen Entwicklungs- und Versuchszentrum der Mercedes-Benz AG in Sindelfingen sollten „übergroße Brandabschnitte" realisiert wer-

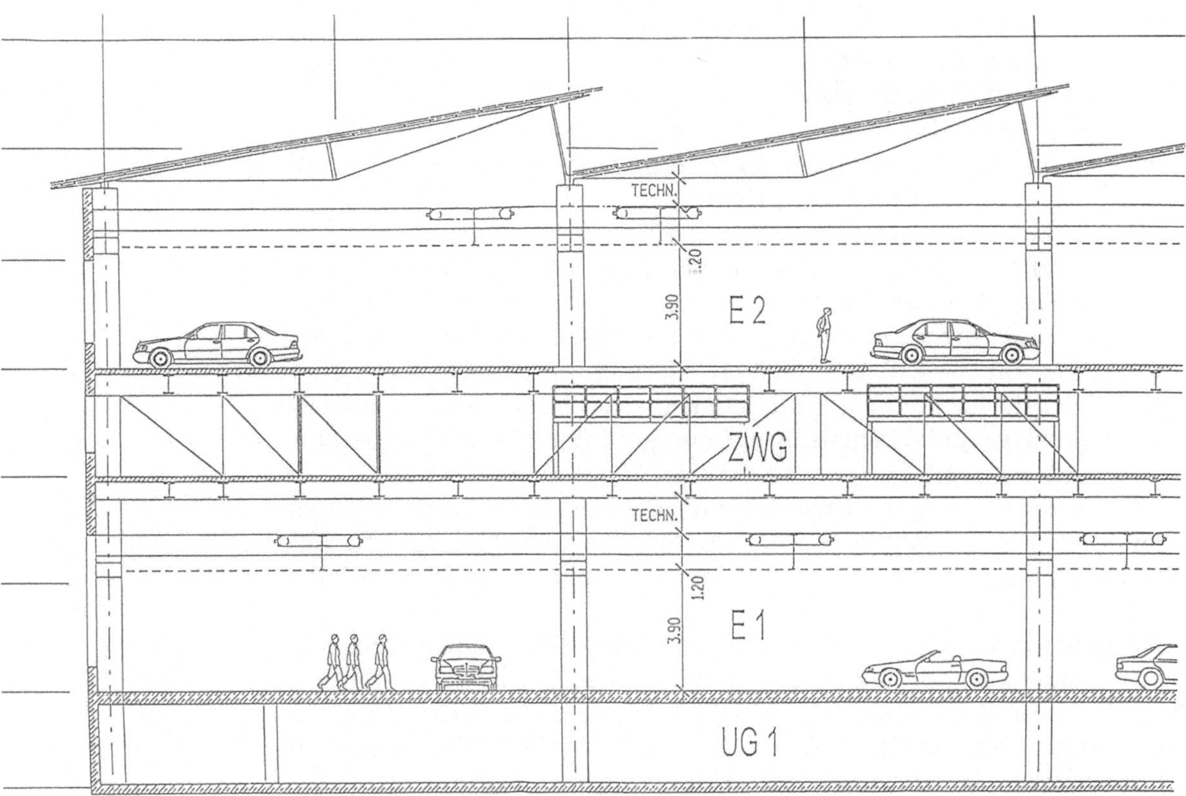

Bild III.8. Neues Entwicklungs- und Versuchszentrum der Mercedes-Benz AG in Sindelfingen; Teilschnitt durch die „Fabrik in der Fabrik"

den, da es sich quasi um eine „Fabrik in der Fabrik" handelt. Das heißt, im Entwicklungs- und Versuchszentrum werden die Produktions- und Betriebsabläufe des echten Werks simuliert (Bild III.8).

Da in dem mehrgeschossigen Gebäude möglichst eine ungeschützte Stahlkonstruktion ausreichen sollte, mußten die einzelnen Bereiche auf Anforderung der Aufsichtsbehörden in Brandabschnitte unterteilt und die zu erwartenden Brandbelastungen des Tragwerks gutachterlich nachgewiesen werden.

In einer Vorstudie war für die Werkstatt- und Bürobereiche aufgrund einer Berechnung nach DIN 18230 eine unbefriedigend hohe Brandbelastung von 138 kWh/m² ermittelt worden, bei der die gewünschten Brandabschnittsgrößen nicht hätten realisiert werden können. Deshalb wurde vereinbart, hilfsweise die Wirkung von Sprinkleranlagen in Verbindung mit Rauch- und Wärmeabzugsanlagen zu untersuchen.

Für die Auslegung von Sprinkleranlagen wird üblicherweise, auch in der Fachliteratur, von einem 5 MW-Brandszenarium ausgegangen. Laut Statistik des Verbands der Sachversicherer werden 70% aller Brandfälle mit 1–3 Sprinklern abgelöscht und die Zuverlässigkeit von Sprinkleranlagen wird mit 98% angegeben. Aus Veröffentlichungen ist außerdem bekannt, daß bei Industriebränden Brandleistungen von 600 kW/m² als

Spitzenwert gemessen wurde. Dieser Wert wird in der Neufassung DIN 18232 auch als Brandleistungs-Kriterium für die Bemessung von mechanischen Rauchabzugsanlagen festgelegt.

In einer Besprechung mit den zuständigen Dienststellen wurde als Raummodul eine Fläche von jeweils 2000 m² festgelegt, was im Regelfall auch einem Rauchabschnitt entspricht.

Da Mercedes-Benz über eine schlagkräftige Werksfeuerwehr verfügt, die innerhalb von nur 5–7 min an der Brandstelle eintreffen kann, sollte insbesondere die Kühlwirkung schnell ansprechender Sprinkler (RTI-Wert 80) untersucht werden. Ergebnis: während bei einer Wärmefreisetzung von 600 kW/m² ohne Sprinklerung Temperaturen von über 1000 °C entstehen können, wird das kritische Temperaturniveau mit Sprinkleranlage und Rauchabzug auf nur 47 °K über Normaltemperatur abgesenkt!

Durch Auswertung der Ergebnisse für die einzelnen Geschoßebenen konnte schlüssig belegt werden, daß für das Gebäudetragwerk mit Sprinkleranlage keine kritischen Temperaturen befürchtet werden müssen.

Was die Errichtung von Wänden für den Brandschutz betrifft, geht die neue Landes-Bauordnung in Baden-Württemberg schutzzielorientiert vor: Brandwände sind nur dann zu errichten, wenn die Verbreitung von Feuer verhindert werden muß und dies aus besonderen Gründen nicht anderweitig zu gewährleisten ist, insbesondere bei geringen Gebäude- oder Grundstücksabständen oder bei Anlagen mit erhöhter Brandgefahr.

Beim neuen Entwicklungs- und Versuchszentrum der Mercedes-Benz AG in Sindelfingen konnte der zuständigen Bauaufsicht dargelegt werden, daß hier Brandwände mit Ausnahme einiger besonders gefährdeter Lagerbereiche nicht erforderlich sind.

4
Zusammenfassung

Die Entwicklung von Brandschutzkonzepten unter Berücksichtigung neuester Erkenntnisse der Sprinklertechnik, der Rauch- und Wärmeabzugsanlagen und der Brandmeldetechnik lassen heute Erleichterungen und Abweichungen von festgeschriebenen Standards der Bauordnung zu. Das betrifft insbesondere:

- Bauart und Anordnung aller für die Standsicherheit, die Verkehrssicherheit, den Brand-, Schall- oder Gesundheitsschutz wesentlichen Bauteile;
- die Bauart, Zahl und Anordnung von Treppen, Aufzügen, Ausgängen und Rettungswegen;
- die Lüftungsanlagen für Zu- und Abluft;
- Betriebs- und Nutzungsart von Gebäuden mit übergroßen Brandabschnitten.

Moderne Konstruktionen unter Verwendung von Stahl und Glas sind heute ohne Einschränkungen der Sicherheit möglich: durch feuerschutzgerechte Auslegung nach Verfahren wie sie im „Grundlagendokument Brandschutz" dargelegt sind. Die Einschaltung von Brandschutzsachverständigen, bereits im Planungsstadium, macht sich später durch eine kostengünstige Ausführung bezahlt.

Auch die neue Landes-Bauordnung für Nordrhein-Westfalen gestattet eine „schutzzielorientierte Vorgehensweise". Somit ist der Weg frei, losgelöst von allzu engen Festlegungen über geeignete Maßnahmen für ein individuell auf den Einzelfall abgestimmtes, aber in sich geschlossenes Brandschutzkonzept nachzudenken. Werden solche Brandschutzkonzepte mit entsprechender Sorgfalt erstellt, besteht die Gewißheit, daß diese von den zuständigen Bauaufsichtsbehörden auch anerkannt und zumindest als Beurteilungsgrundlage für das bauordnungsrechtliche Verfahren berücksichtigt werden.

Literatur

1. Yamana, T. und Tanaka, T.: Smoke control in large scale space, Teil 1 und 2 in Fire Science and Technology, Vol 5 (1985) No. 1, S. 31–53
2. Technical Paper No. 7 von Thomas & Hinkley
3. Morgan, H. B.: Rauchschutzmethoden in ein- und mehrgeschossigen geschlossenen Einkaufszentren, in Ltd. International, Prospekt Nr. 10

Teil IV
Konstruktionsdetails

1
Stützenfüße

Bei Stützenfüßen, der Verbindung zwischen Stützen und Fundamenten, wird zwischen vier Bauarten unterschieden:

Pendelstützen sind unten und oben gelenkig gelagert. Die Stützen geben den natürlichen Formänderungen des Tragwerks pendelnd, also ohne Zwängungen nach.

Eingespannte Stützen werden am Fuß starr verankert und am Kopf gelenkig mit dem Tragwerk verbunden. Der Fuß wird beispielsweise durch Betonverguß in einem speziellen Köcherfundament, durch Ankerschrauben oder Schweißverbindungen verankert.

Geschoßbaustützen übertragen die Eigengewichte und Nutzlasten der Decken oder auch Dachlasten in die Fundamente. In der Regel geht es hier nur um senkrechte Lasten und zentrische Lastverteilungsanschlüsse.

Portalstützen schließlich benötigt man beispielsweise für Zweigelenkrahmen (frühere Bezeichnung: Zweigelenkportale). Die Stützenfüße sind gelenkig/fest mit dem Fundament verbunden.

Wozu haben Stützenfüße zu dienen? Auf diese scheinbar banale Frage gibt es, konstruktiv betrachtet, differenzierte Antworten. Geht es an dieser Nahtstelle zwischen Tragwerk und Fundament doch besonders um den Maß- oder Toleranzausgleich zwischen den in dieser Beziehung recht verschiedenen Gewerken Stahlbau und Massivbau. Letztlich also um nichts geringeres als um die Vereinfachung und Beschleunigung der Bauabläufe. Der Stahlbauer arbeitet natürlich genauer als der Betonbauer und sollte bauseits nicht an einem zügigen und damit kostengünstigen Montageablauf behindert werden.

Aus der traditionell bewährten Zusammmenarbeit zwischen den genannten Gewerken wurden konstruktive Verbesserungen der Verankerungstechnik für Stützenfüße erarbeitet und praktisch erprobt, wie sie im folgenden im Detail illustriert werden.

1.1
Eingespannte Stützen

Bislang wurden häufig Köcherfundamente nach Bild VI.1 eingesetzt. Die Stütze wird in den „Köcher" gestellt, um durch Verkeilen *und* Unter-

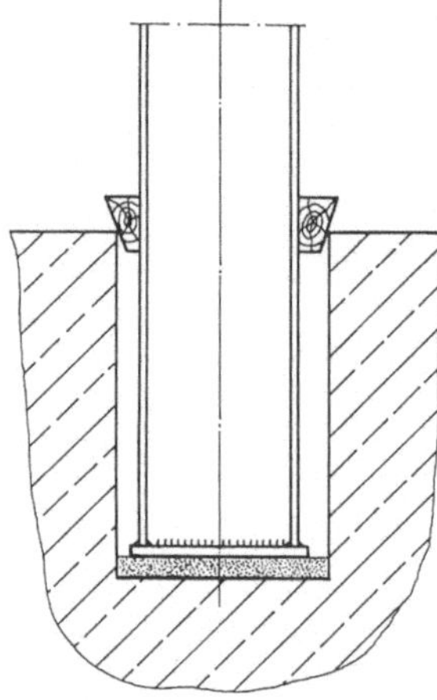

Bild IV.1. Übliche Montage-Einspannung = Köcher-fundament

füttern vertikal und horizontal ausgerichtet und arretiert zu werden. Die Praxis hat nämlich gezeigt, daß die oberen Holzkeile allein nicht ausreichen, um die Einbauposition bis zum Vergießen zu sichern, auch der Stützenfuß braucht eine seitliche Halterung!

Die Gefahr, daß die Stütze durch irgendeinen Stoß schief gestellt wird, und sei es nur eine unsanfte Berührung mit der Zementierschubkarre, besteht grundsätzlich bis zur beendeten Abbindung der Betonfüllung. Selbst wenn das Meßprotokoll noch eine lotrechte Stütze kurz vor der Betonierung bestätigt, bedeutet das keine sichere Garantie, bis eine gezielte Fixierung der Stütze im Köchergrund für sicheren seitlichen Halt sorgt. Denn schief einbetonierte Stützen sind mit einem unverhältnismäßigen Sanierungsaufwand verbunden!

Aus all dem läßt sich die Forderung nach folgenden grundsätzlichen Verbesserungen ableiten:

- Die einmal ausgerichtete Stütze ist bereits im Montagezustand so zu fixieren, daß sie nicht mehr schiefgestellt werden kann.
- Der Weitergang der Tragwerksmontage sollte nicht durch den Verguß oder das langwierige Abbinden des Mörtels aufgehalten werden.

1.1.1
Montage-Verankerungs-Vorrichtung (Bild IV.2 a – d)

Bei dieser Alternativlösung sorgt eine spezielle, aber universelle „Montage-Verankerungs-Vorrichtung" für eine sichere Hilfsabstützung bereits während der Montage. Die Vorrichtung besteht aus einer zweiteiligen, 10 mm dicken Blechschablone, die, über Zapfen zusammengesteckt, über die Köcheröffnung gelegt wird.

Bild IV.2 a – d. Stützeneinspannung im Montagezustand; **c** Rund-Fundament, **d** Statik „eingespannte Stütze"

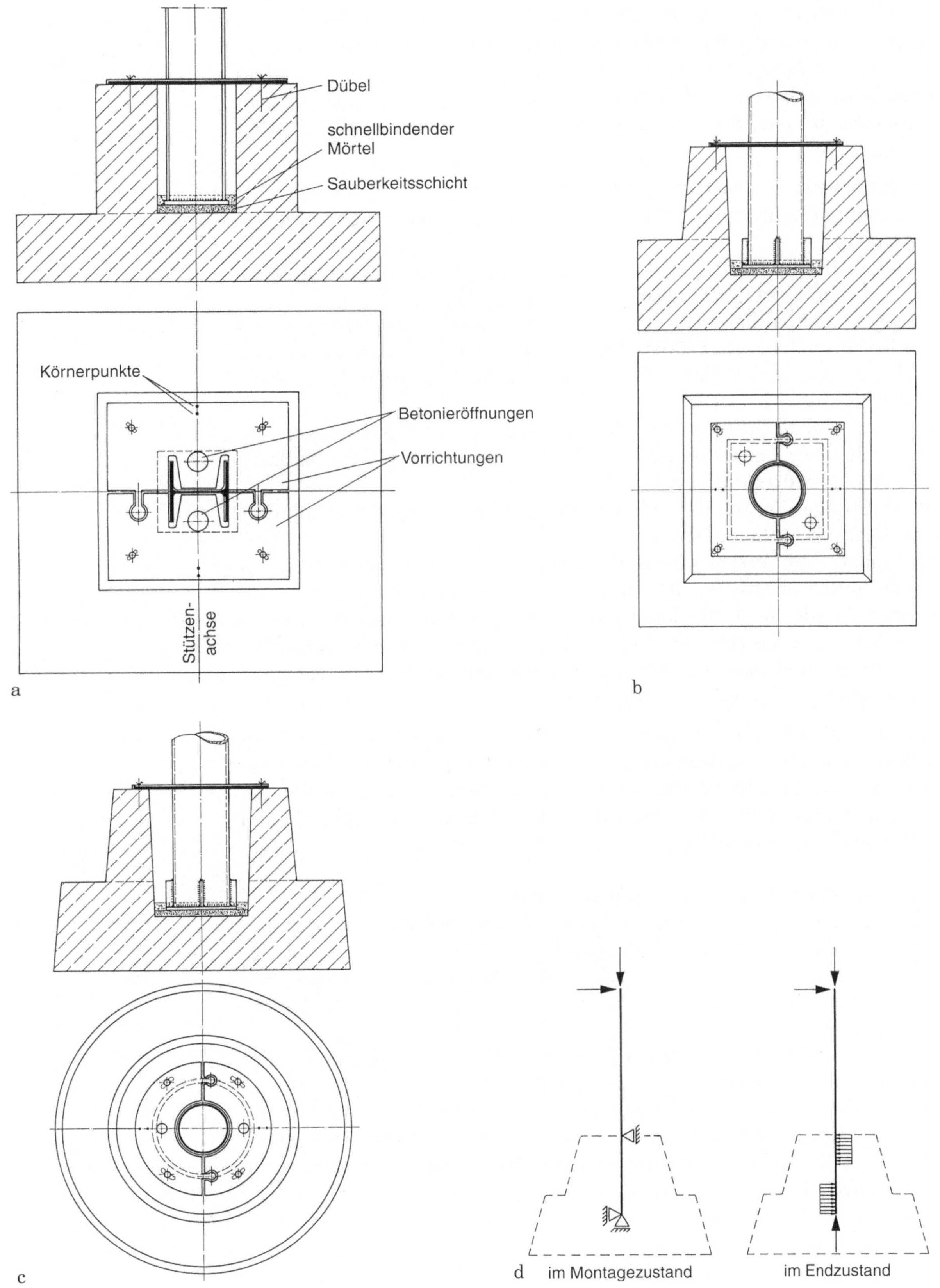
Dübel
schnellbindender Mörtel
Sauberkeitsschicht
Körnerpunkte
Betonieröffnungen
Vorrichtungen
Stützen-achse
a
b
c
d   im Montagezustand
im Endzustand

Diese Schablone wird zunächst nach den beiden auf ihr markierten Achsen ausgerichtet und anschließend verdübelt. Nachdem so für die waagerechte Achsjustierung vorgesorgt ist, muß die Stütze außerdem noch in Vertikalachse und Höhenlage eingestellt werden, was (vor ihrem Einsetzen in das Köcherfundament) in folgenden Arbeitsschritten erfolgt:

a) Entfernen einer Vorrichtungshälfte;

b) Einfüllen einiger Zentimeter erdfeuchten Mörtels (Sauberkeitsschicht);

c) kontrolliertes Verdichten dieser Schicht mit einem besonderen „Meß-Stampfer": am Stiel dieses Stampfers ist eine Höhenmarkierung angebracht, anhand der die Höhe der Sauberkeitsschicht während des Stampfvorgangs über ein Lasermeßgerät eingestellt werden kann. Die Dicke dieser Gründungsschicht entspricht Unterkante Stützenfuß.

d) Jetzt kann die Stütze problemlos aufgestellt und vertikal ausgerichtet werden. Die feuchte Mörtelgrundschicht sorgt für eine satte Auflagerung der Stützenfußplatte.

e) Vorläufiger Verguß des Stützenfußes mit einer Lage Schnellbindermörtel als Montagefixierung;

f) Einbau und Verschraubung der zweiten Vorrichtungshälfte, womit die Stütze allseitig für die weitere Montage eingespannt ist.

g) Auf die gleiche Weise kann jetzt – ohne weitere Unterbrechung – schrittweise das gesamte Tragwerk aufgestellt werden. Erst wenn alles fertig ist und paßt, werden die Köcherfundamente der Stützenfüße endgültig voll mit Beton vergossen.

Die geschilderte Stützenmontage mit Verankerungs-Vorrichtung erscheint zwar auf den ersten Blick recht aufwendig, langjährige Praxis hat jedoch bewiesen, daß diese Methode eindeutig besser und rationeller ist, als frühere, im Zeitaufwand nur schwer zu erfassende Ausrichtarbeiten während der gesamten Tragwerksmontage.

Praxistips: Montage-Verankerungs-Vorrichtung
Als statischer Nachweis für die provisorische Montageeinspannung (Bild IV.2d) müssen das Eigengewicht und die Windbelastung des (unverkleideten) Tragwerks berücksichtigt werden. Der Schnellbindermörtel des Erstvergusses muß nach Erhärten entsprechende Druckfestigkeit bieten.

Die Blechschablonen werden inklusive aller Aussparungen auf der Brennschneidanlage hergestellt. Diagonal angeordnete Langlöcher bieten Ausweichmöglichkeiten beim Dübellochbohren in Stahlbeton. Bei den Betonieröffnungen ist der Zugang mit der Rüttelbirne zu berücksichtigen! Konische Köcherfundamente (Bild IV.2b, c) erleichtern die Ausschalarbeiten.

1.1.2
Eingespannter Stützenfuß mit Einbauteil (Bild IV.4)

Bei dieser Konstruktion ist der Stützenfuß über eine Schraubverbindung in das einbetonierte Einbauteil und die oberirdische Stütze unterteilt. Mit Hilfe von drei Stellschrauben kann die auf einer Zentrierplatte gelagerte Stütze in Höhen- und Achslage sehr genau eingestellt werden.

Erstellung des Fundaments: Auf dem einbetonierten Einbauteil (s. a. Abschn. 8.1 „Stahl-Einbauteile") werden die Stützenachsen aufgetragen. Die im Schnittpunkt ermittelte Höhenlage bestimmt das Aufmaß der darauf aufbauenden Zentrierplatte (s. a. Abschn. 1.2). Daraufhin wird die Stütze mit angeschraubter Topfplatte und daran angeschweißter Zentrierplatte achsgenau auf das Einbauteil gesetzt und die Topfplatte rundum verschweißt. Die Stellschrauben ermöglichen jetzt eine Feinausrichtung der Stütze. Dafür ist wichtig, daß die Stellschrauben ausreichend kräftig bemessen sind.

Zunächst kann jetzt die weitere Tragwerksmontage und -ausrichtung fortgeführt werden, bevor auch die Stützenfußplatte mit der Topfplatte zur biegesteifen Verbindung verschweißt wird (Beispiele Bild IV.3 und IV.5).

Bild IV.3. Dreigeschossige Gebäudebrücke mit eingespannten Einbauteil-Stützenfüßen (Polizeipräsidium Berlin-Tempelhof)

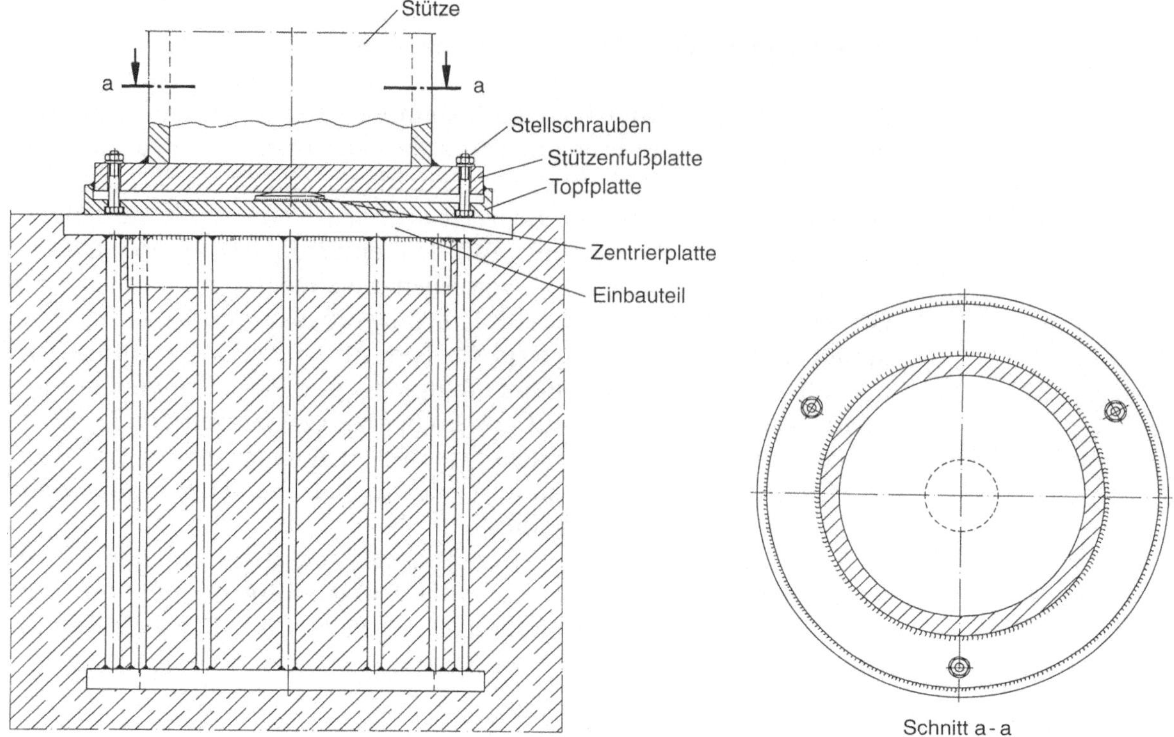

Bild IV.4. Eingespannter Stützenfuß mit Einbauteil

Bild IV.5. Stützenfuß-Schräg-Einspannung, S-Bahn-Station „Neue Mitte Oberhausen"

1.1.3
Teleskopstützenfuß für Parkplatzüberdachung (Bild IV.6)

Die Portalkonstruktion für die Parkplatzüberdachung zeichnet sich durch ihre 2teiligen Stützenfüße in Teleskopausführung aus. Zunächst war aus Transport- und Montagegründen vorgesehen, die Stützenköpfe mit dem Riegel zu verschrauben. Die im Bild gezeigte Portallösung erwies sich dagegen als deutlich wirtschaftlicher und eleganter; außerdem paßte sie sich mit ihren einschiebbaren Teleskopstützen der beschränkten Transportbreite an.

Die Stützenenden können über ein geschweißtes Rechteckhohlprofil, das teleskopartig mit ihnen verbunden ist, um ein über die innenliegende Arretierungsstange definiertes Maß verlängert werden. Die komplett

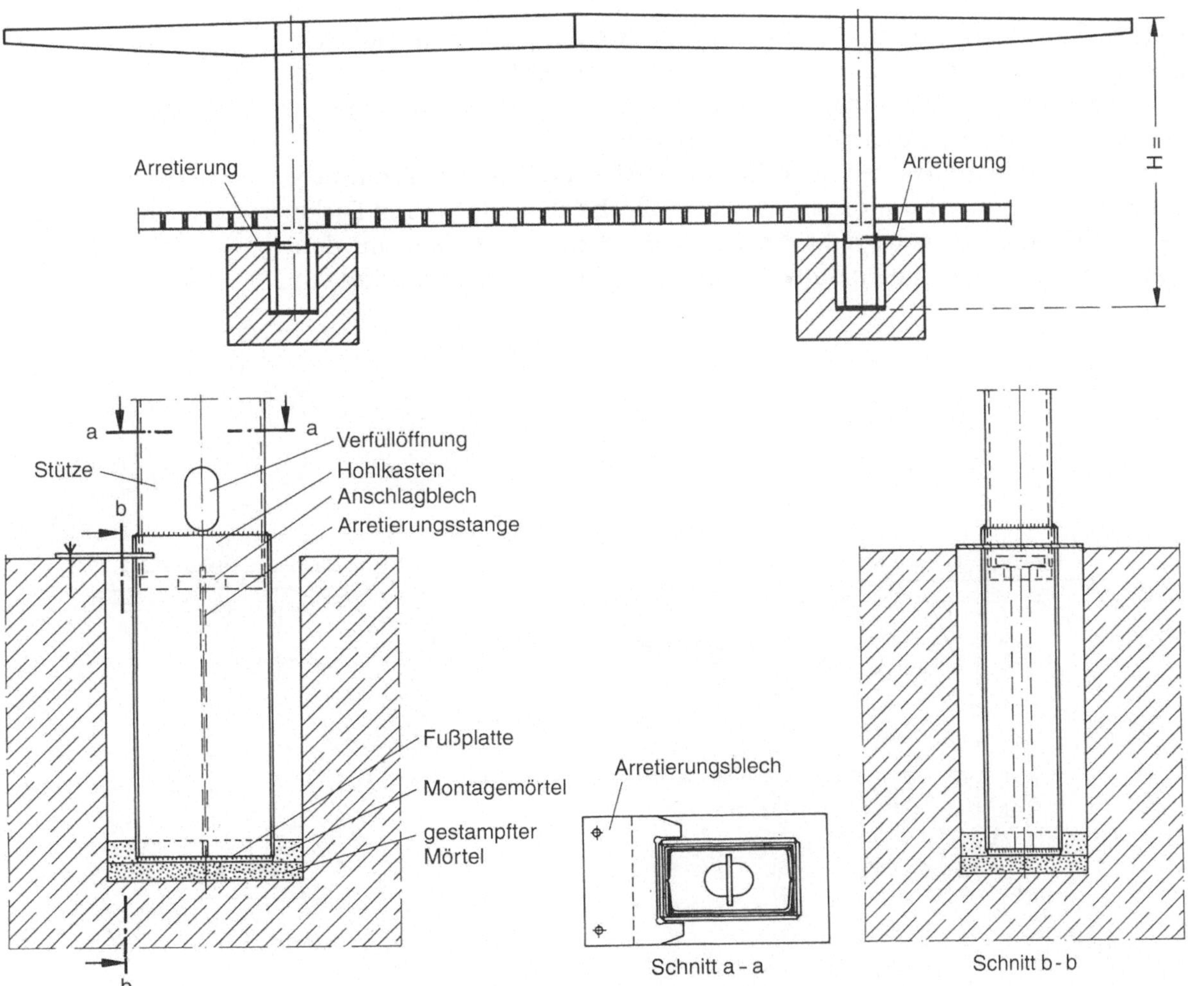

Bild IV.6. Teleskopstützenfuß für Parkplatzüberdachung mit eingespanntem Portal

werkstattgefertigte Schweißkonstruktion vereinfacht die Baustellenmontage auf folgende Weise:

a) Beim Aufrichten des Portals und Einführen in die vorbereiteten Fundamentlöcher rutscht der Hohlkasten auf das vorgegebene Maß der Stützenlänge herunter, wird in dieser Position durch Heftschweißstellen an der Stütze fixiert und auf die erdfeuchte Betongrundschicht abgesenkt. Die Arretierungsbleche können bereits vorher an das Fundament gedübelt werden.
b) Nachdem das gesamte Portal ausgerichtet ist, wird es durch Fixierungsverguß mit einer 5 cm dicken Schnellbinderschicht gesichert.
c) Jetzt werden Hohlkasten und Stütze durch eine Kehlnaht ringsum verschweißt und abschließend von außen und innen (Verfüllöffnung!) insgesamt im Fundament vergossen.

1.2
Gelenkig gelagerte Stützenfüße

Eine bisher gängige gelenkige Stützenfußausbildung wird in Bild IV.7 gezeigt. Die Stützenfußplatte wird mit Hilfe von Ankerschrauben mit dem Fundament verbunden. Das Fundament wird mit Ankerkanälen versehen, in die „Ankerbarren" einbetoniert werden.

Dazu werden die Stützen oder die vormontierten Zweigelenkrahmen zunächst, etwa mittels Autokran, auf Futterbleche abgesetzt, deren Dicke der der Vergußfuge entspricht. Nachdem die Ankerschrauben mit den Ankerbarren verhakt und handfest angezogen sind, scheinen die Stützen

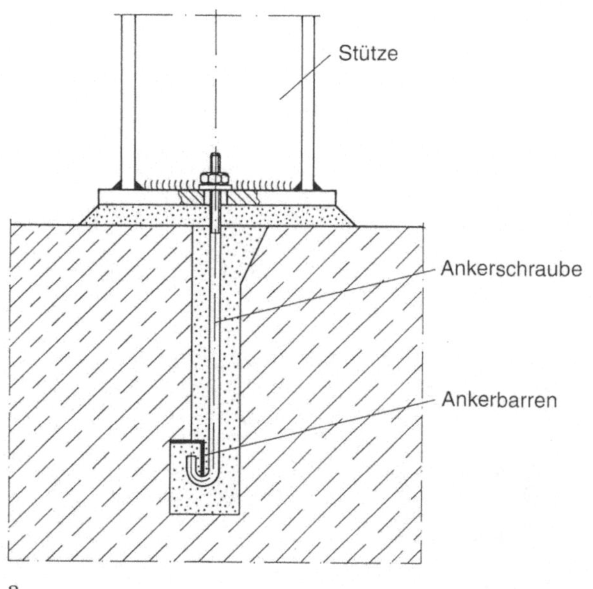

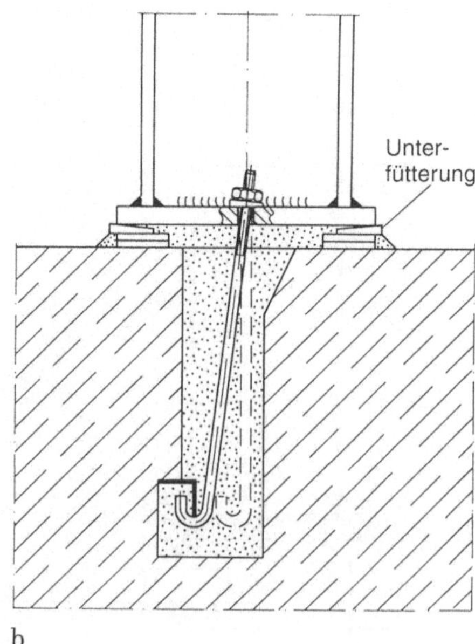

Bild IV.7 a, b. Übliche Lösung „gelenkiger Stützenfuß" – Versatzgefahr!

oder Rahmen zwar selbständig zu stehen, wegen der lockeren Unterfütterung ist jedoch keine hinreichende Standsicherheit gegeben. Bis zur Aushärtung des Vergusses sind temporäre Hilfsabstützungen erforderlich. Nach dieser Grobausrichtung ist noch die Feinjustierung zum Ausgleich der Bautoleranzen des Fundaments erforderlich. Sie werden durch Unterfütterungskeile und Nachstellen der Ankerschrauben ausgeglichen.

Erst danach werden die Ankerkanäle und die Fußplattenfuge mit Mörtel vergossen. Nach Aushärtung des Mörtels ist noch ein zusätzlicher Arbeitsgang erforderlich. Das Entfernen der Keile und Futterbleche sowie das Ausstopfen der dadurch entstandenen Mörtellücken.

1.2.1
Bewertungen

Die technischen und wirtschaftlichen Verbesserungsmöglichkeiten der Ankerfußbefestigung liegen auf der Hand, wenn ihre praktischen Nachteile betrachtet werden.

Wie die Praxis gezeigt hat (s. Bild IV.7b) lassen sich Maßabweichungen der Verankerung bzw. des Fundaments, z.B. durch ein Verrutschen beim Betonieren, nicht immer ausschließen. Solche Fehler werden in dieser hektischen Bauphase häufig zwangsläufig übersehen, so daß man sich auf das Einhaken der Ankerschrauben und damit auf die wichtige Kraftschluß-Funktion der Stütze nicht 100%ig verlassen kann.

Darüber hinaus kommt es nicht selten vor, daß Futterbleche und Keile nach dem Vergießen unter dem Stützenfuß verbleiben, so daß mit höchst ungleichmäßigen Lastabtragungen über kleinflächige Stahlkanten zu rechnen ist.

Die Stützenfußausführung ohne vertikale Verankerung nach Bild IV.8 gewährleistet während der Montage keinerlei Halterung oder Justierung. Ohne zusätzliche Verankerung, z.B. durch die Montagevorrichtung, ist deshalb auch stets mit Einbauversatz zu rechnen. Bei dieser Stützenfußausbildung sollten Horizontallasten, z.B. aus Windverbänden, direkt über die Fußplatte und den Schubdübel in das Fundament abgeleitet werden, um größere Momentbeanspruchungen auszuschließen.

Grundsätzlich können die Stützenfuß-Varianten nach Bild IV.7a,b und IV.8 nur senkrechte Lasten in die Fundamente ableiten. Voraussetzung dazu wäre aber eine gleichmäßige Lastverteilung durch entsprechend homogene Ausbildung der Vergußfugen, wie sie in der Praxis keineswegs vorausgesetzt werden kann. Kurz – die bis hier vorgestellten Gelenkstützen-Lösungen sind verbesserungswürdig! Dazu die folgenden Beispiele.

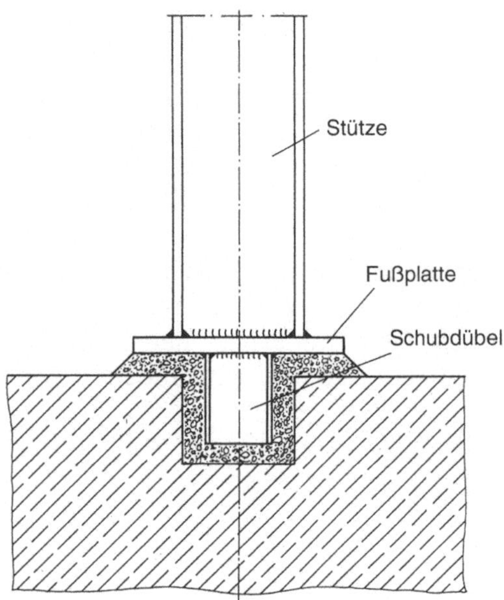

Bild IV.8. Stützenfuß ohne Vertikal-Verankerung

1.2.2
Alternativlösungen: Gelenkige Zentrierleisten-Stützenfüße (Bild IV.9 a – g)

Hierbei gibt es weder Vergußfugen noch die zahlreichen Unterfütterungskeile, also auch nicht die dauernden Unterbrechungen der Montage infolge von Ausrichtarbeiten: Arbeitsgänge, die höhere Genauigkeiten voraussetzen, werden in die Werkstatt verlagert, wo direkt auch die unvermeidbaren Baumaßabweichungen bzw. -toleranzen berücksichtigt werden. Lösungstechnisch betrachtet, verbindet sich hier ein ideales Stützenfußgelenk mit einer eleganten, einfach nachstellbaren Montagehilfseinspannung.

Die beim Betonieren eingesetzten „Einbauteile" – Beton-Ankerplatte, -Anker und -Knagge – werden alle in der Werkstatt hergestellt. Die Ankerplatte ist so groß auszulegen, daß das Randmaß a = 100 mm nicht unterschreitet, damit alle vorkommenden Baumaßtoleranzen aufzufangen sind. Mit Rücksicht auf die Verformung der einbetonierten Ankerplatte sollte sie mind. 30 mm dick sein.

Nach Bild IV.9 sind bauseits lediglich die genannten Einbauteile gleichzeitig mit der Fundamentschalung einzubauen, wobei z. B. an

Bild IV.9 a – g. Montagetechnik „gelenkige Zentrierleisten-Stützenfüße". **a** Einbau Ankerplatte in Betonier-Schalung; **b** Beispiel „Aufmaß-Tabelle"; **c, d, g** Montage-Einspannung gelenkiger Fußpunkt; **e** Montage-Einspannung gelenkiger Fußpunkt, mit vergrößerter Lastverteilerplatte; **f** Montage-Einspannung gelenkiger Fußpunkt, Zentrierleiste als Lastverteilerplatte

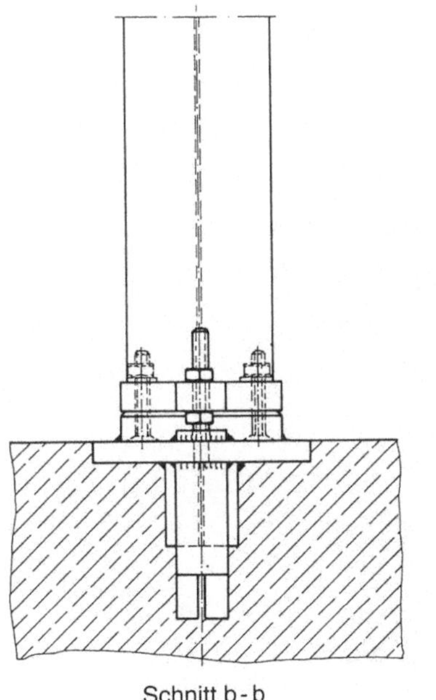

Aufmaßtabelle

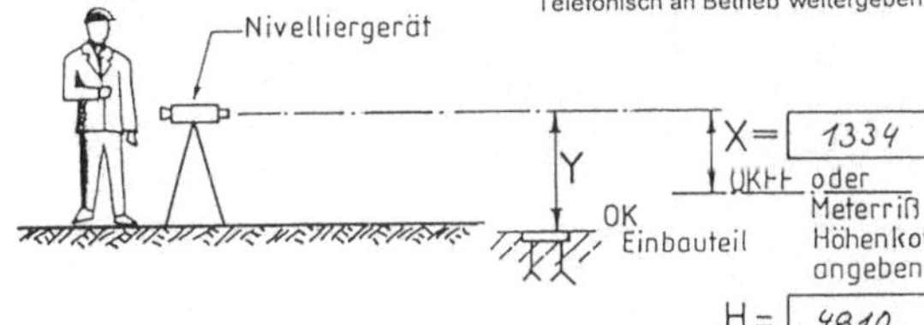

Achse	Maß Y	Kote	Achse	Maß Y	Kote	Achse	Maß Y	Kote
A/1	1131	5013	B/1	1067	5077	C/1	1065	507_
/2	1137	5007	/2	1070	5074	/2	106_	
/3	1133	5011	/3	1070	5074	/3		
/4	1137	5007	/4	1069	5075			
/5	1134	5010	/5	_068	507_			
/6	1131	5013						
/7								

b

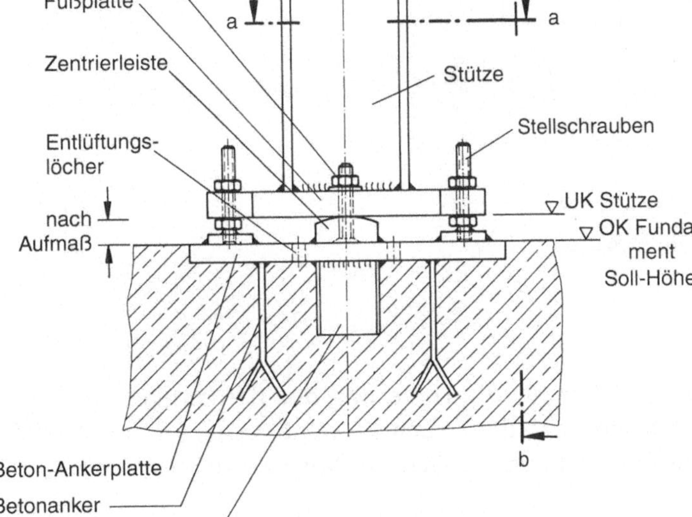

c

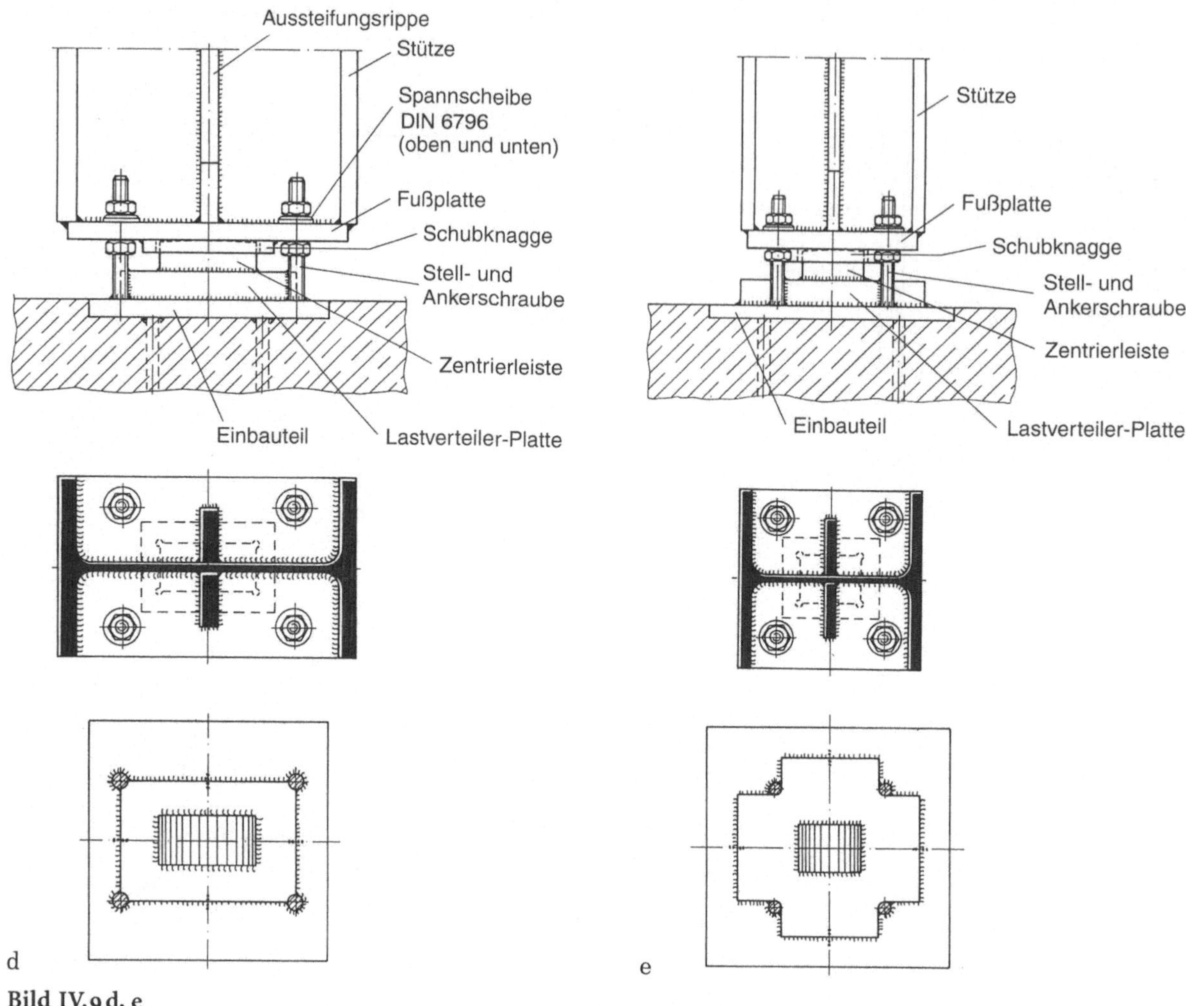

Bild IV.9 d, e

Nagellöcher für die Halterung der Betonankerplatte zu denken ist, die natürlich vor allem auch für eine sichere waagerechte Justierung der Platte – und damit später der Stütze – zu sorgen hat.

Fertigung und Montage. Auf der Beton-Ankerplatte werden die beiden Stützenachsen angerissen und mit dem Körner markiert. Danach sind im Achsmittelpunkt die baumaßbedingten Höhendifferenzen mit Hilfe eines Nivelliergeräts auszumessen (Bild IV.9 b). Der Richtmeister trägt das genaue Aufmaß in eine Tabelle ein, die daraufhin von der Konstruktion in Form der Sollhöhe für die Fertigung der Zentrierleiste, z. B. nach Bild IV.9 c, ausgewertet wird.

Diese Methode der Werkstattfertigung erweist sich auch insofern als rationell, weil die Herstellung nicht unnötig unterbrochen wird. Der Aufmaßausgleich erfolgt terminlich unabhängig von der übrigen Stützenfußfertigung.

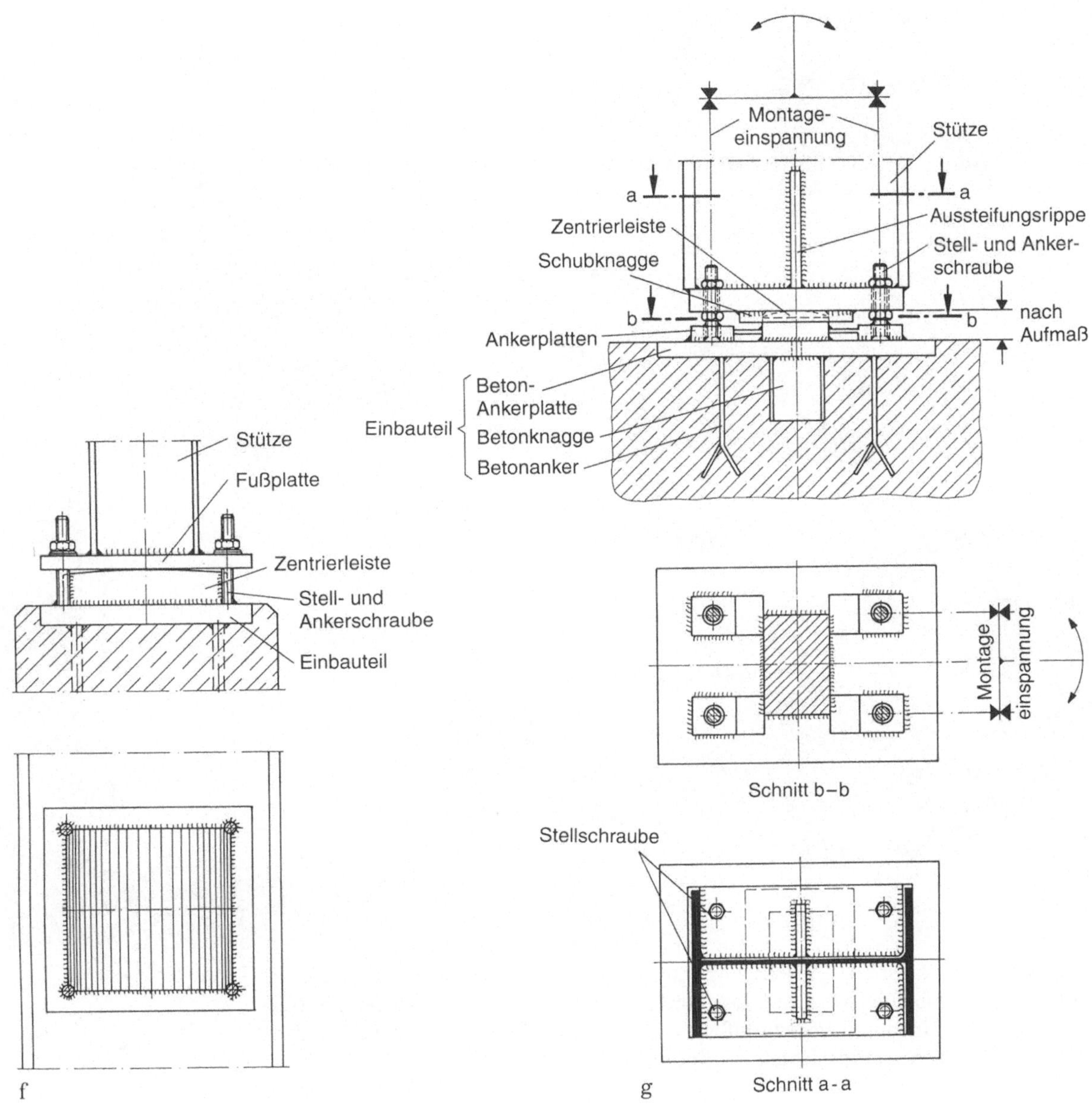

Bild IV.9 f, g

Die maßgefertigten Zentrierleisten mit ihren Anker- und Stellschrauben können frühzeitig, noch vor Aufsetzen der Stützen, achsgerecht ausgerichtet, geheftet und festgeschweißt werden. Und mit diesem Arbeitsgang ist bereits jetzt für eine achs- und höhengenaue Stützenausrichtung gesorgt, so daß die weitere Stützen- und Tragwerksmontage zügig, d. h. ohne unnötige Unterbrechungen durchgeführt werden kann.

Bild IV.9 c – g zeigt Ausführungsvarianten für „Gelenkige Zentrierleisten-Stützenfüße". Diese Stützenfußtechnik kann sowohl für Einzelstützen wie für Zweigelenkrahmen eingesetzt werden.

Bild IV.10 a – d. Baustellen-Ausführung „gelenkige Zentrierleisten-Stützenfüße"
(Bild IV.9). **a** Einbauteil wird Aufmaß- und Achsmaß gerecht einbetoniert; **b** Zentrierleiste mit Einbauteil verschweißen; **c** Stütze mit Hilfe obere Stellschrauben einjustieren; **d** Fertig ausgerichteter Fußpunkt

Die unter- und oberhalb der Stützenfußplatte (Bild IV.9 c – e) sichtbaren Muttern übernehmen das Kippmoment aus der Windlast auf die freistehende Stütze und dienen zur Einspannung und Justierung. Damit der fertige Stützenfuß aber seine Gelenkfunktion erfüllen kann, werden hier federnde Spannscheiben untergelegt, deren Charakteristik auf die effektive statische Belastung nach Tragwerksmontage ausgelegt ist (s. a. Bild IV.10 und IV.11).

1.2.3
Teileingespannter Stützenfuß (Bild IV.12)

Diese Stützenfußbauart ist kein echtes Gelenk; sie wird als teilweise eingespannt bezeichnet. Ist statisch ein bestimmter Schlankheitsgrad der

Bild IV.11. Montagezustand: eingespannte Stützen ausgerichtet

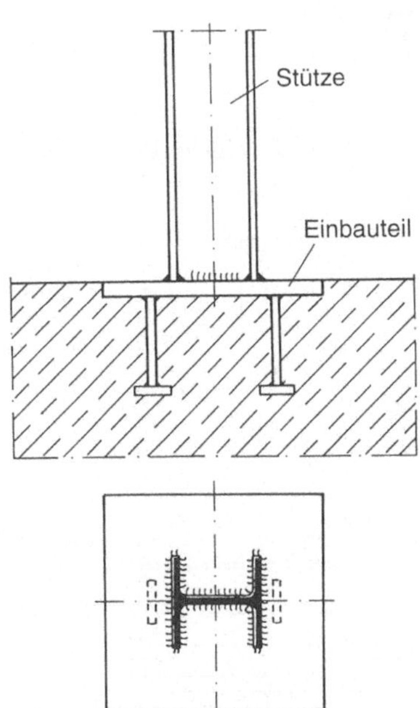

Bild IV.12. Teileingespannter Stützenfuß

Stütze nachgewiesen, kann sie aber als praktisch gelenkig betrachtet werden. Diese Bauart hat allerdings gewisse Nachteile:

- aufgrund teilweiser Einspannung sind größere Fundamente als bei gelenkiger Fußausbildung erforderlich;
- die Stützen können erst nach Ausmessen der Höhe der Betonankerplatten genau abgelängt werden, das kann zu Werkstattengpässen führen;
- die Stützen müssen mit dem Autokran eingehoben, am Seil ausgerichtet und bis zum Abschluß der Heftschweißung von ihm festgehalten werden.

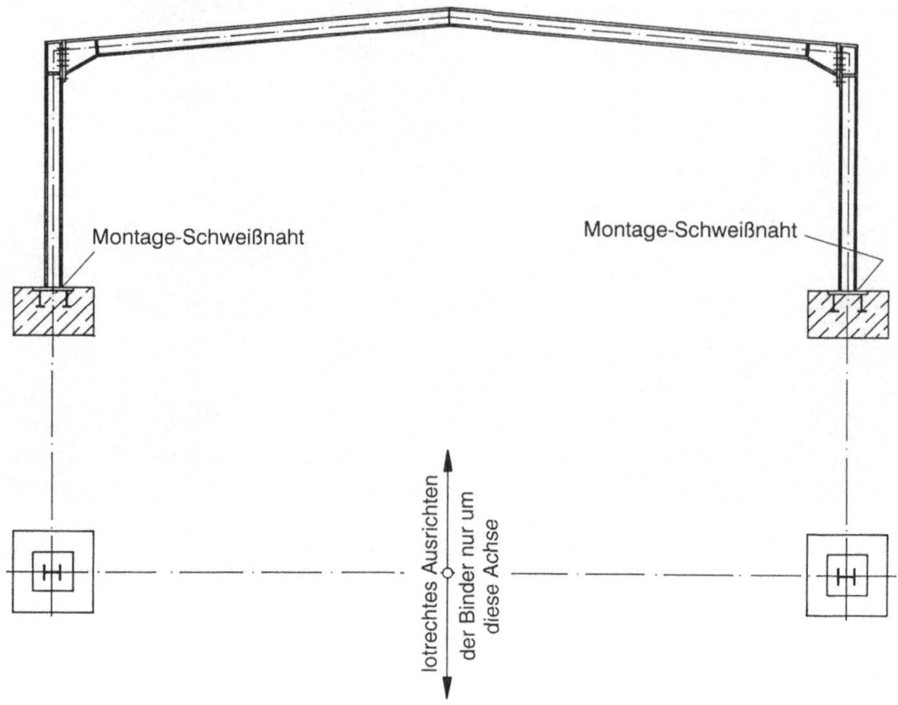

Bild IV.13. Zweigelenk-Rahmen mit teil-eingespannten Stützenfüßen

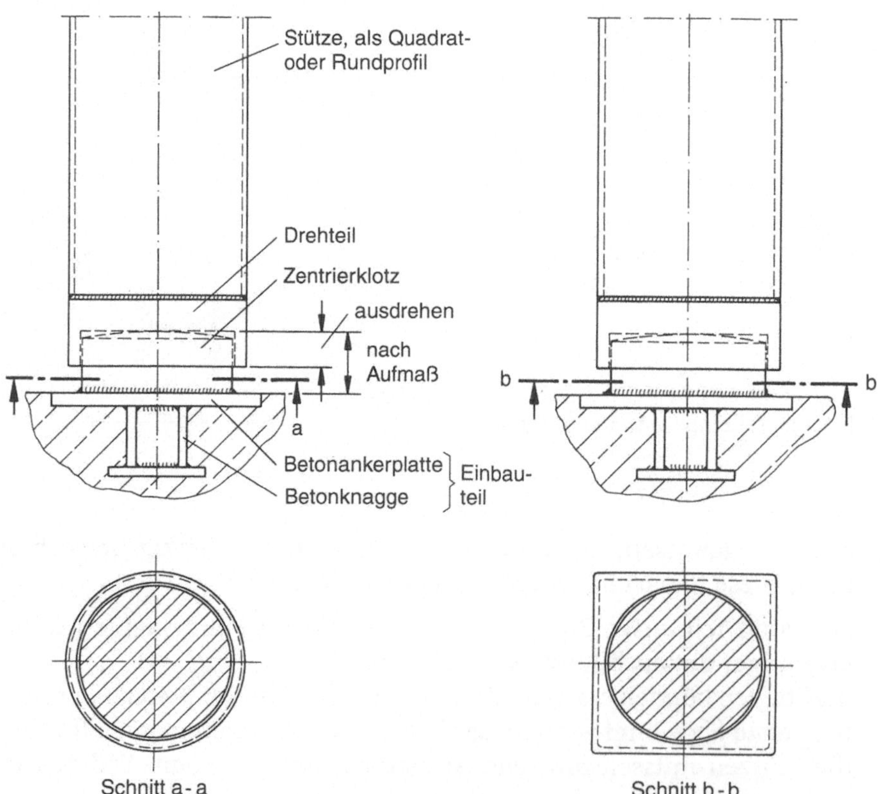

Bild IV.14. Allseitig gelenkiger Hohlprofil-Stützenfuß ohne Montageeinspannung

Es empfiehlt sich also in jedem Fall ein Wirtschaftlichkeitsvergleich mit der Gelenkbauart nach Bild IV.9 c – g.

1.2.4
Teil-eingespannte Zweigelenkrahmen (Bild IV.13)

Bei leichten Hallenkonstruktionen aus zusammengeschraubten Zweigelenkrahmen kann sich der teileingespannte Stützenfuß nach Bild IV.12 durchaus als vorteilhaft erweisen. Nach der Schraubmontage auf dem Boden wird der gesamte Zweigelenkrahmen per Autokran aufgerichtet, und muß dann nur noch in einer Achse ausgelotet werden.

1.2.5
Allseitig gelenkiger Hohlprofil-Stützenfuß (Bild IV.14)

Die Einbau- und Aufmaßtechnik für den Hohlprofil-Stützenfuß entspricht sinngemäß der zuvor (z.B. Bild IV.9 a – g) für Gelenkstützen beschriebenen Methode. Das Drehteil und der Zentrierklotz nach Bild IV.14 übertragen nur Druck- und Schubkräfte; Montageeinspannung und Zugverankerung der Stütze sind bei dieser Ausführung nicht gegeben.

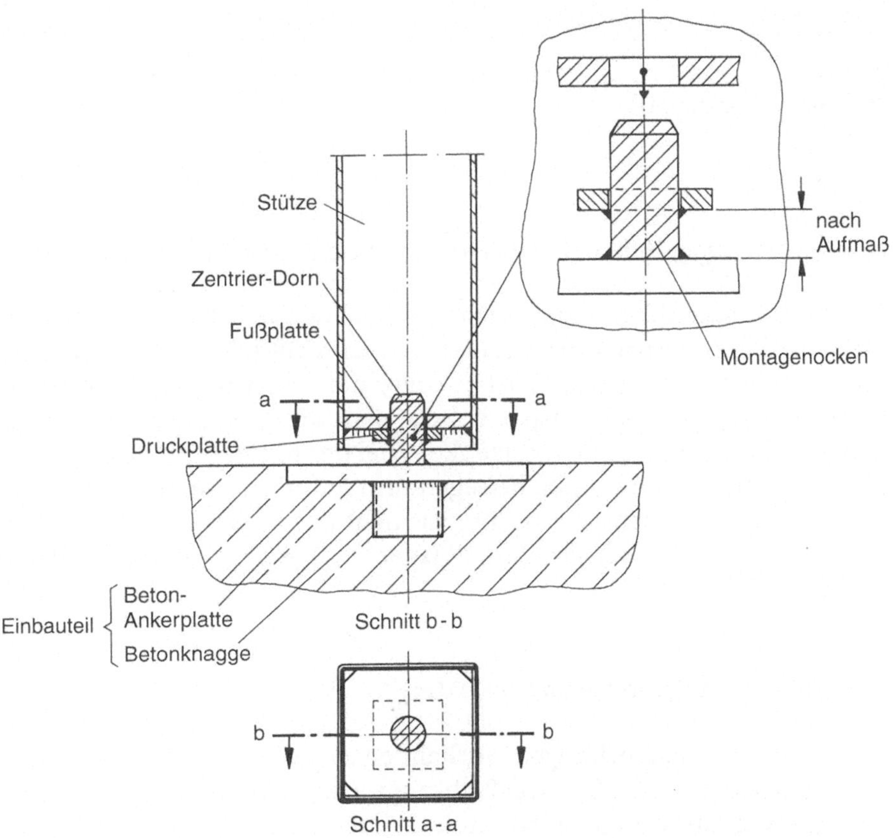

Bild IV.15. Allseitig gelenkiger Hohlprofil-Stützenfuß mit Montagehalterung

Bild IV.16. Fassaden-Rundrohrstützen baustellen-geschweißt auf einbetonierte Stahl-Einbauteile (H-Bahn-Station Uni Dortmund)

1.2.6
Allseitig gelenkiger Hohlprofil-Stützenfuß mit Montagehalterung (Bild IV.15)

Der Vorteil gegenüber der einfacheren Lösung nach Bild IV.14 besteht darin, daß der Zentrierdorn für eine bereits recht präzise ausgerichtete Montageeinspannung sorgt. Dabei sollte der Dorn in der Fußplatten-bohrung ein gewisses Lochspiel haben: Wird diese max. 0,3 mm größer gebohrt, dann läßt sich der Stützenkopf bei der Montage der Dachträger noch um etwa 5 mm seitlich bewegen und auf diese Weise präzise aus-richten. Diese Stützenverankerung ist nicht auf Zug belastbar. Der üb-liche Höhenausgleich nach Aufmaß ist sehr einfach zu bewerkstelligen, Beispiel s. Bild IV.15.

1.2.7
Stützenfuß für Aufstockungen (Bild IV.17)

Nachträgliche Aufstockungen vorhandener Gebäude um eines oder mehr Stockwerke mit Hilfe von Stahltragwerken sind in der Praxis nicht selten. Dazu müssen die Stützenfüße auf den vorhandenen Stahlbeton-decken verankert werden.

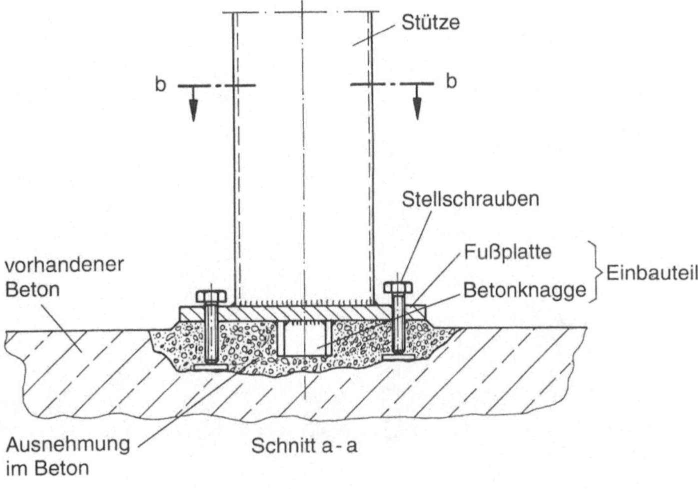

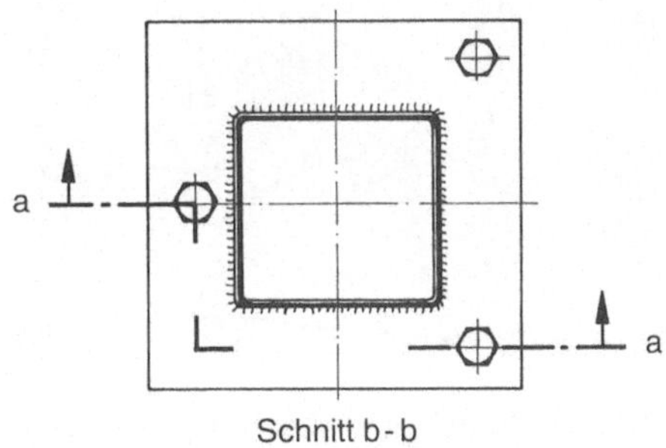

Bild IV.17. Stützenfuß-Verankerung für vorhandene Betondecken – für nachträgliche Aufstockungen

Bild IV.17 zeigt die übliche Technik. Zunächst wird der alte Betonboden im Bereich der Stützenfüße aufgestemmt und ausgenommen. Dann wird das Einbauteil des Stützenfußes eingesetzt und mit seinen drei Stellschrauben waagerecht ausgerichtet, bevor der Mörtelverguß erfolgt. Wenn die Fußplatte eher groß und schwer ausgelegt wird, verrutscht sie nicht so leicht. Nach Aushärtung werden die Stützen achsrichtig aufgestellt und angeschweißt. Die Statik der Lasteinleitung in Fundament oder Betondecke verhält sich ähnlich wie zu Bild IV.8 beschrieben (Anwendungsbeispiel s. Bild IV.18).

1.2.8
Außenstehende Hallenstütze mit Gelenkfuß (Bild IV.19 und IV.20)

Diese Lösung wird nicht nur als Gestaltungselement des Hallenbaus eingesetzt, sondern erweist sich bei der Montage auch als äußerst rationell. Die Stützenfuß-Böcke zur gelenkigen Auflagerung der außenstehenden Hallenstützen werden nach Aufmaß gefertigt und vor Ort achsgenau auf die zuvor einbetonierten Einbauteile aufgeschweißt. Danach werden die

Bild IV.18. Die Füße der Rohrbogen dieses 800 m²-Bogendaches sind zwecks einfacherer Montage gelenkig und einjustierbar gelagert (Entwicklungszentrum Ruhr-Uni, Bochum)

vormontierten Stützen, sie bilden mit den zugehörigen Riegeln einen Zweigelenkrahmen, auf die Zentrierleisten der Stützenfuß-Böcke abgesetzt und mit den Ankerschrauben festgezogen.

Auf diese Weise kann Rahmen für Rahmen ohne zusätzliche Hilfsabstützung, etwa durch Windverbände, montiert werden, sobald der statische Nachweis auch für den Montagezustand im Lastfall erbracht ist.

1.2.9
Kreisrunder Allgelenkfuß (Bild IV.21)

Bei dieser allseitig gelenkigen Kreisrund-Stützenfußausbildung wird die Stütze bereits mit vorgefertigtem Fuß (inkl. angeschraubter Zentrierplatte) geliefert. Dieser wird vor Ort auf die Betonankerplatte abgesetzt und direkt mit ihr verschweißt. Die Achskorrektur der Stütze erfolgt anschließend über die drei Stell- und Ankerschrauben, die jeweils mit einem Feder- sowie einem Kunststoffdichtring unterlegt sind.

Die Dichtscheiben schützen die Plattenzwischenräume vor Feuchte und die Federscheiben gewährleisten, da federnd, die Gelenkfunktion der Stütze. Dieser runde Stützenfuß kann sich natürlich auch optisch

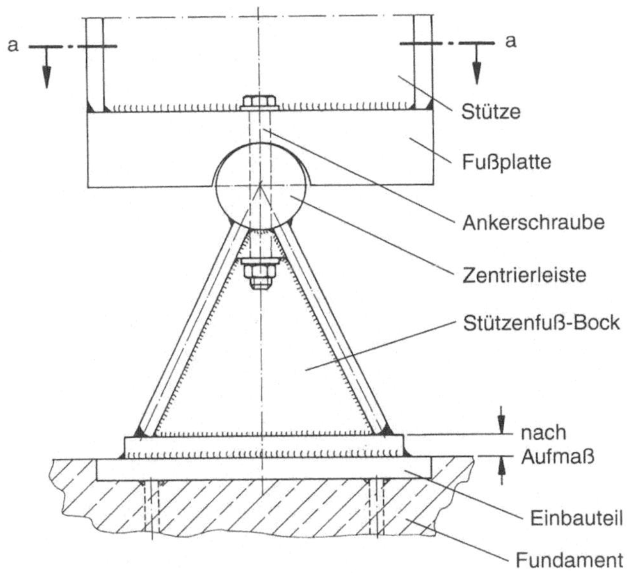

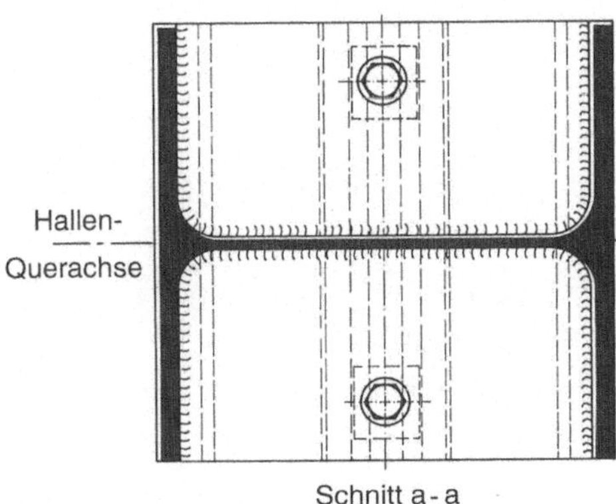

Bild IV.19

Bild IV.20

Bild IV.19 und VI.20. Außen-Hallenstützen-Konstruktion mit gelenkigen Stützenfüßen (Lagerhalle Parfümerie Beker, Düsseldorf)

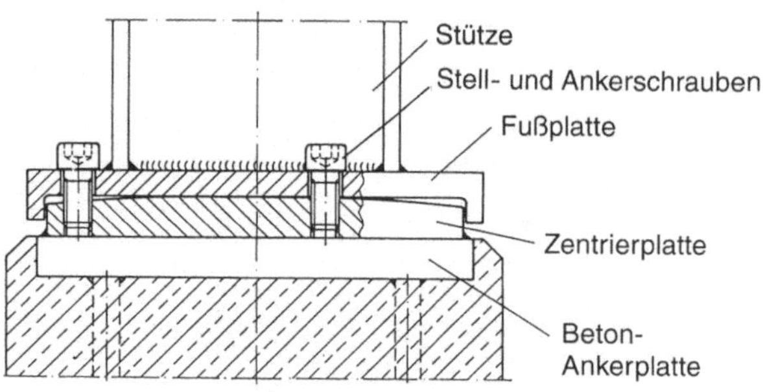

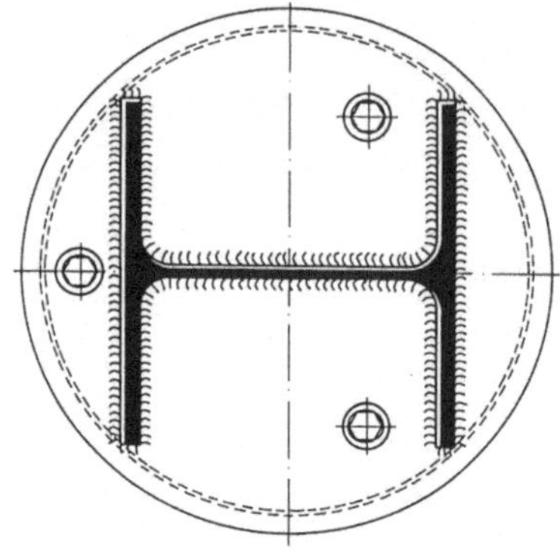

Bild IV.21. Allseitig gelenkiger Rund-Stützenfuß

sehen lassen, was dem Architekten besonders bei Außenstützen mit sichtbar auf die Fundamente geschraubten Stützenfüßen wichtig sein dürfte. Fuß- und Zentrierplatte sind Drehteile. Dank der Deckelform der Fußplatte werden sämtliche Stützenkräfte einwandfrei abgeleitet.

2
Horizontale und vertikale Aussteifungen

Technikgeschichtlich wurden Stabtragwerke wohl aus den uralten Erfahrungen mit Fachwerkhäusern entwickelt. Die Tragwerksstäbe sind so miteinander verbunden, daß ihr Verband Tragsicherheit gegenüber den äußeren und inneren Krafteinwirkungen gewährleistet. Für die Anordnung der Stäbe für die Tragwerksaussteifung gibt es natürlich eine schier unerschöpfliche Auswahl an Möglichkeiten. Auf jeden Fall ist die Fachwerks- oder Verbandsauslegung eine wichtige Voraussetzung für eine bautechnisch einwandfreie und wirtschaftlich optimale Bauwerkslösung, z. B. für Hallenkonstruktionen, wie sie im folgenden betrachtet werden.

Für eine gute Stahlbaulösung sind aber vor dem eigentlichen Entwurf einige Grundfragen zu klären, die bereits mit der Gründung zusammenhängen:

a) Wie ist die Bodentragfähigkeit im Bereich der Gründungsfundamente zu bewerten?

b) Ist ein Bodengutachten zweckmäßig?

c) Liegt das Baugrundstück in einem Problemgebiet, in dem etwa mit Bodensenkungen, z. B. durch Bergschäden zu rechnen ist?

Wenn beispielsweise die letzte Frage bejaht werden muß, dann ist es sinnvoll, evtl. zu erwartende Probleme rechtzeitig zu diskutieren: nämlich so, daß die Kooperation zwischen dem Architekten und dem Tragwerksplaner (das ist der Statiker, der für die Statik verantwortlich ist) im Idealfall schon vor Entwurfsbeginn auf der Grundlage eines Bodengutachtens beginnen kann. Soviel Zeit sollte eingeräumt werden, denn eine „vergessene" oder falsche Einschätzung der Bodenverhältnisse kann zu grundfalschen, zumindest aber unnötig teuren Gründungs- und Aussteifungsmaßnahmen führen. Bei der Verbindung zwischen Tragwerk und Fundament sind grundsätzlich

- gelenkförmige und
- eingespannte Verankerungsglieder

zu unterscheiden. Diese Grundentscheidung ist wiederum maßgebend für die Fundamentbelastung sowie die erforderlichen Aussteifungsmaß- nahmen innerhalb des Tragwerks: Das sind die drei Grundkomponen- ten, die im folgenden näher betrachtet werden.

Für die horizontalen und vertikalen Aussteifungen kommen infrage:

- Zug- und Druckstäbe,
- steife Rahmenecken,
- biegesteife Stäbe.

Ein Grundsatz der Tragwerkskonstruktion:
Die Abtragung der auf das Tragwerk wirkenden Kräfte in das Fundament sollte auf direktestem und kürzestem Wege erfolgen.

2.1
Hallenaussteifung in Längsrichtung

Beim Entwurf einer Hallenkonstruktion ist zunächst festzulegen, wo Horizontal- und wo Vertikalverbände (Bild IV.22 a – g) angeordnet wer- den sollen. Diese Aussteifungsverbände haben die Aufgabe, über die Fundamente Krafteinwirkungen abzuleiten, z. B. Windlasten auf die beiden Giebelwände oder etwa Bremskräfte eines Hallenlaufkrans.

Die Grundregel besagt: Lastableitungswege möglichst kurz halten! In diesem Zusammenhang muß überlegt werden, ob ein Hallenfeld mit Längsverband ausreicht oder ob mehrere Verbände erforderlich sind. Das hängt vor allem von der Gesamtlänge der Halle ab:

Bei Hallenlängen bis ca. 100 m reicht erfahrungsgemäß die Aussteifung eines einzigen Verbandsfelds aus.

Dafür sollte unbedingt ein Mittelfeld ausgewählt werden. Nach dem Grundsatz der „zwängungsarmen Konstruktion" kann das Tragwerk Längenausdehnungen infolge von Temperaturschwankungen dann un- gehindert beidseitig ausgleichen.

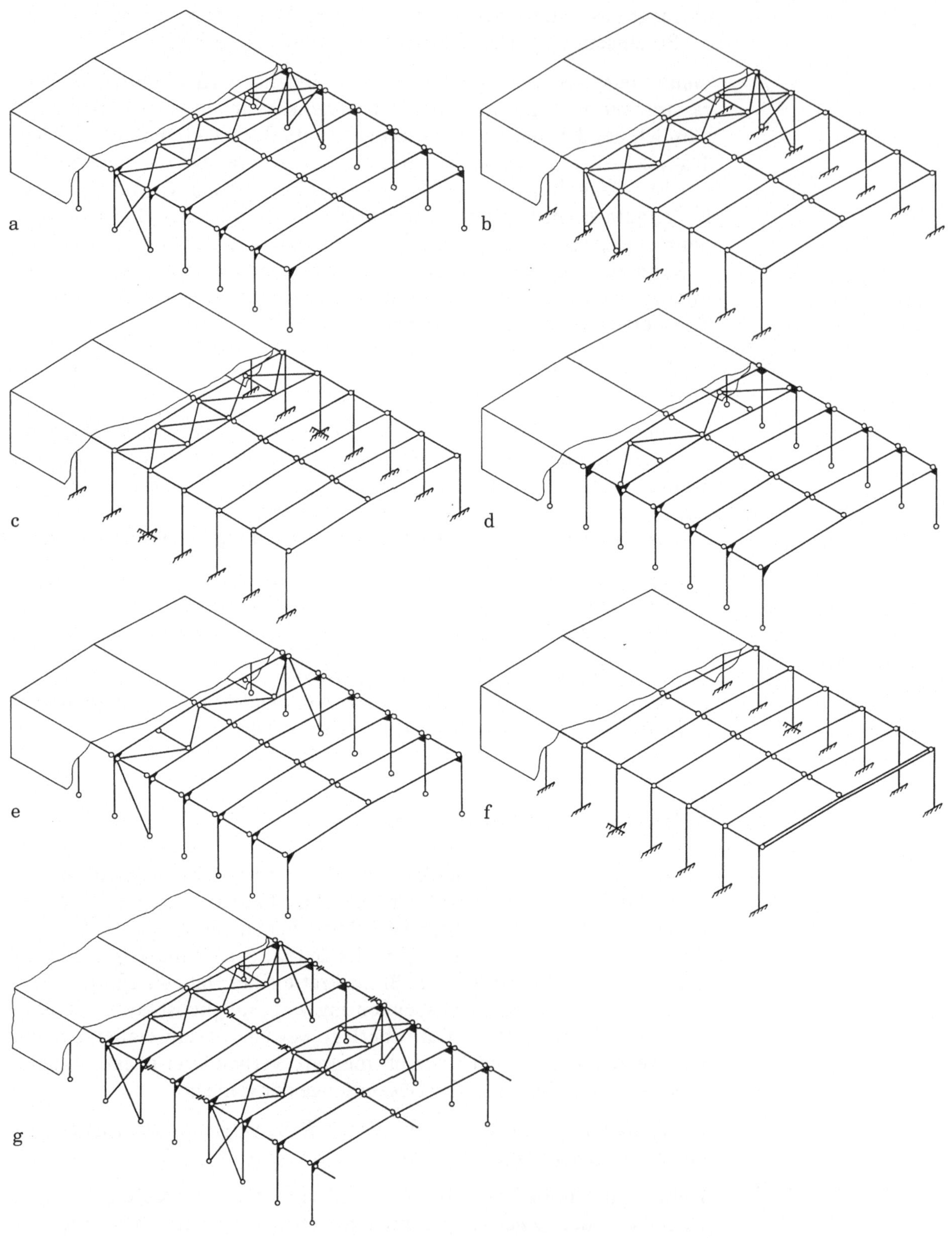

Wenn die Längsstabilität bei zunehmender Hallenlänge die *Anordnung mehrerer Aussteifungsfelder* erfordert, ist folgendes zu beachten:

- Aussteifungsfelder im Mittelbereich, nicht in den Endfeldern an den Giebelseiten anordnen (Bild IV.22 g).
- Funktionierende Universal-Dehnungsfugen zwischen den Verbandsfeldern vorsehen, um Spannungsausgleich (Temperaturdehnungen, Setzungen) zu ermöglichen.

Einschränkungen: Die beschriebene Verbandsanordnung in der Mitte der Hallenkonstruktion hat aber auch gewisse Nachteile, die Regelabweichungen begründen können.

Die Windlasten, die an den Giebelwänden angreifen, müssen über mehrere Felder hinweg die halbe Hallenlänge durchlaufen, bevor sie über die Mittelverbände abgeleitet werden können. Dadurch werden die betroffenen Pfetten und Traufenriegel zusätzlich beansprucht, mit dem Nachteil größerer Stahlprofile und höheren Eigengewichts. Um den beschriebenen Weg der Kräfte zu verkürzen, können die Verbände alternativ in den beiden Giebelwandfeldern angeordnet werden, so daß die Windkräfte in Längsrichtung ohne Umwege abgeleitet werden. Bei Laufkranbetrieb dagegen wären Giebelverbände ungünstig, da die Kranbremskräfte vor allem im Mittelbereich der Hallen auftreten.

Weiterer Nachteil von Giebelverbänden: Zwischen ihnen ist die Hallenkonstruktion wie in einem Korsett eingespannt. Die „Temperaturarbeit" des Tragwerks muß dann entweder durch Dehnfugen oder durch eine stärkere Auslegung aufgefangen werden – beides steigert die Kosten!

Kostenvergleiche zu der oben angerissenen Fragestellung haben ergeben: zentrale Aussteifungsverbände bieten bei den meisten Hallenkonstruktionen nicht nur die wirtschaftlich, sondern auch fachlich beste Lösung.

Muß ein Vertikalverband aus baulichen Gründen entfallen, dann kann an seiner Stelle eine im Fundament fest eingespannte Stütze vorgesehen werden (Bild IV.22 c). Ist dagegen ein Einspannfundament nicht möglich, so kann der Vertikalverband nach (Bild IV.22 d) konstruktiv durch ein Portalfeld (Zweigelenkrahmen) mit gelenkigen Stützen(füßen) ersetzt werden.

Bei kleineren Hallen kann auf die Anordnung teurer Horizontalverbände verzichtet werden, wenn ersatzweise die beiden Giebeldachträger als horizontale Riegel verstärkt ausgeführt werden (Bild IV.22 f). Eine auf

Bild IV.22 a – g. Alternativen der Verbands-Anordnung für die horizontale und vertikale Aussteifung von Hallenkonstruktionen. **a** Zugverbände bei Zweigelenkrahmen (alle Stabverbindungen gelenkig); **b** Zugverbände bei einseitig eingespannten Stützen; **c** Horizontale Zugverbände bei zwei allseitig eingespannnten Stützen; **d** Zug- und Druckverbände mit biegesteifen Rahmen- oder Portalfeldern; **e** Zug- und Druckverband-Anordnung; **f** Allseitig *und* einseitig eingespannte Stützen plus Giebelwand-Riegelverstärkung anstelle von Verbänden; **g** Verbände in Hallenmitte angeordnet

diese Weise reduzierte Anzahl der Bauteile verringert natürlich auch die Werkstatt- und Montagekosten.

2.2
Hallenaussteifung in Querrichtung

Die Aussteifung einer Hallenkonstruktion in Querrichtung geschieht in der Regel mit Hilfe von biegesteifen Rahmenecken für Portale (Zweigelenkrahmen), s. Bild IV.22 a, d und e. Dabei werden die Horizontallasten (Wind, Kranbetrieb) anteilig von allen Rahmen über ihre gelenkig ausgebildeten Stützenfüße abgeleitet.

Alternativlösung: Sämtliche Stützen eingespannt ausbilden, so daß die Horizontallasten über ihre Biegebeanspruchung in die Fundamente abgeleitet werden. Hierbei sind die Dachträger nur noch gelenkig mit den Stützen verbunden, so daß auf die teureren Rahmeneckverbindungen verzichtet werden kann.

Von diesen Kostenvorteilen abgesehen, behält die Konstruktion mit eingespannten Stützen natürlich ihre Nachteile:

- Fundamente für Einspannstützen müssen aufgrund größerer Lastaufnahmen massiver und damit teurer ausgelegt werden.
- Im Falle nachträglicher Fundamentsetzungen (Bergsenkungen!) kommt es zu unkontrollierbaren Stützenauslenkungen mit der Gefahr von Bauwerksverwerfungen oder gar -beschädigungen.
- Verglichen mit der Gelenkfußlösung (Zweigelenkrahmen) erhöht sich das Tragwerksgewicht um 5 – 10 %.
- Hinzu kommen höhere Montage- und Ausrichtkosten, bedingt durch die zuvor beschriebenen, umständlicheren Köcherfundamente.

Fazit: Zweigelenkrahmen-Konstruktionen erweisen sich in der Regel als wirtschaftlichste Lösung der Queraussteifung.

2.3
Zugbeanspruchte Verbände

Verbandsstäbe, die nur Zugkräfte zu übertragen haben, häufig Rundstähle, kommen mit dem geringsten Materialaufwand aus (Bild IV.23 a). Ihr Gewicht kann noch weiter minimiert werden, wenn dafür höhere Werkstoffgüten, z. B. St 52 eingesetzt werden.

Bei der Auslegung der Verbandsfelder ist darauf zu achten, daß sie weder zu groß noch zu klein gewählt werden. Die Maximalstablänge sollte in der Regel 6 m betragen. Andererseits sollten die Felder nur so groß gewählt werden, daß das Durchhängen der Rundstäbe mit deren Spannschlössern (Bild IV.23 b) noch in etwa auszugleichen ist. Längere Stäbe können manchmal auch an der Dachkonstruktion (Pfetten oder Trapezbleche) abgehängt werden.

Der bekannte Knotenblechanschluß nach Bild IV.23 b ist nicht mehr ganz aktuell und wird zunehmend z. B. durch die kostengünstigeren

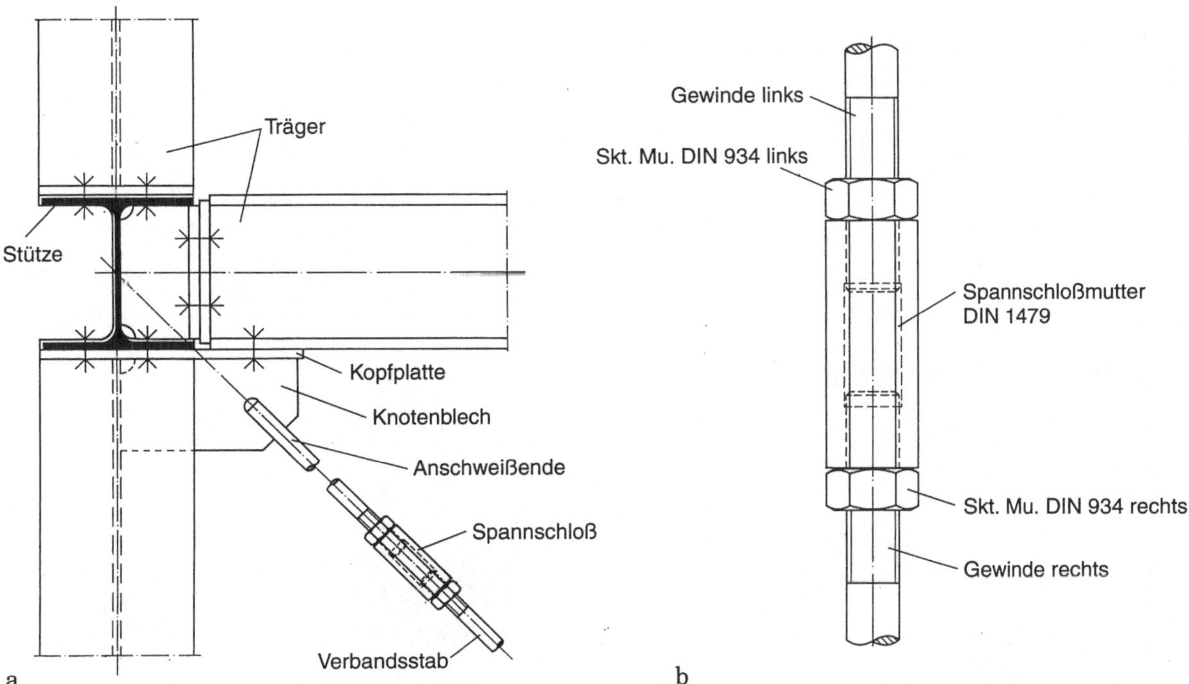

Bild IV.23 a, b. Veralteter Zugstab-Anschluß über Knotenblech und Spannschloß

Anschlußtechniken (mit gleichzeitiger Spannmöglichkeit für Horizontalverbände) gemäß Bild IV.24–IV. 26 ersetzt.

Bild IV.27 zeigt die auch optisch moderne Konstruktion eines Vertikalverbands zwischen zwei Hohlprofilstützen. Aus architektonischen Gründen wird hier auf ein Spannschloß verzichtet. Bei der Montageschweißung muß allerdings besonders auf ein maßgenaues Heften der vier Zugstangen geachtet werden; das Schrumpfen der Baustellen-Schweißnähte allein bewirkt noch keine Vorspannung.

In Bild IV.24 ergibt sich aus der konstruktiven Vereinfachung ein kleiner, aber tolerierbarer Versatz der Systemlinien; dieser ist zwar im Statiknachweis zu berücksichtigen, erfordert aber in der Regel noch keine Profilverstärkung.

Bild IV.28 zeigt dagegen eine Anschlußlösung, bei der sich die beiden Zugstangen genau im Knotenpunkt überschneiden. Auch hier ist es immer noch kostengünstiger, wenn die erforderlichen Formkörper aus dem Vollen gefräst und dann mit dem Steg und den Stützenflanschen verschweißt werden.

Wenn ein Ausrichten oder Nachspannen der Verbandsstäbe *nich*t möglich ist (mittels Spannschloß, Abhängung usw.), dann werden als Stabprofile auch ungleichschenklige Winkelstähle eingesetzt.

Bild IV.24–29. Alternativ-Lösungen für Verbandsanschlüsse. Bilder s. S. 102–103

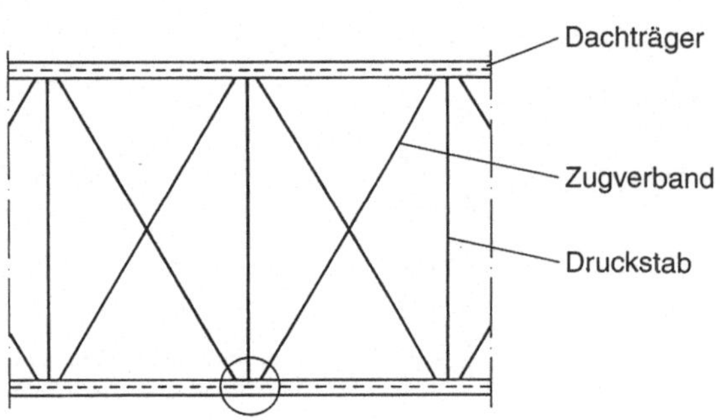
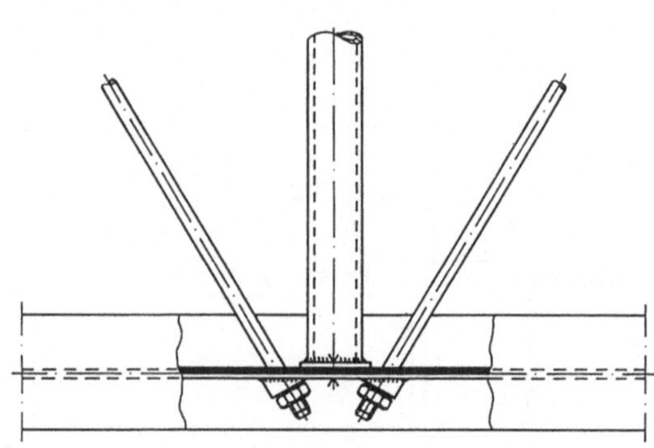

Bild IV.24. Dachverband-Knotenpunkt

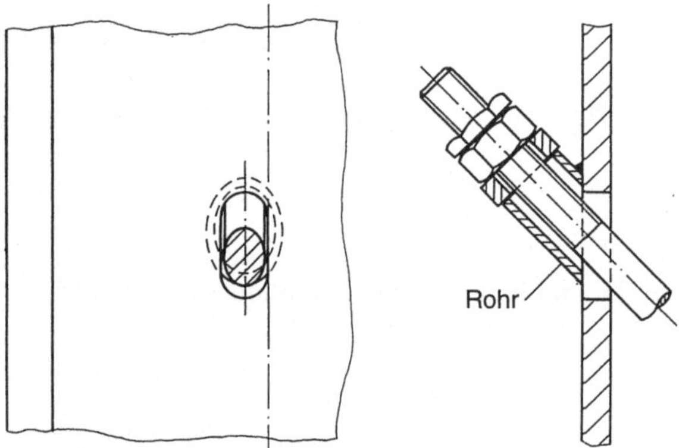
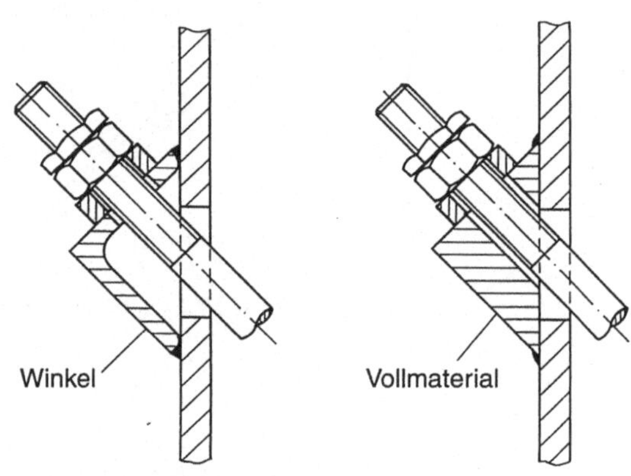

Bild IV.25. Gestaltung Zugstab-Anschlüsse

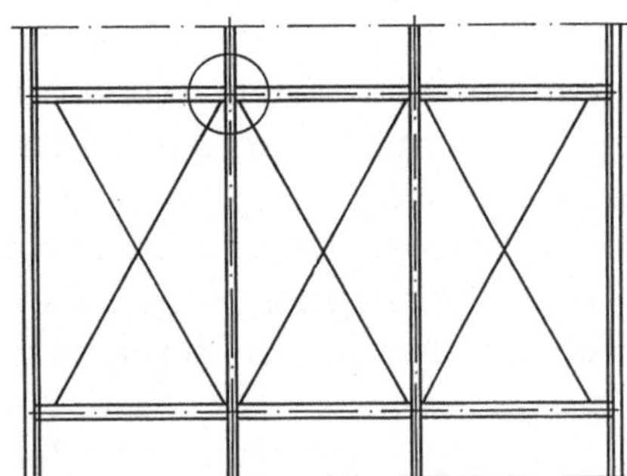
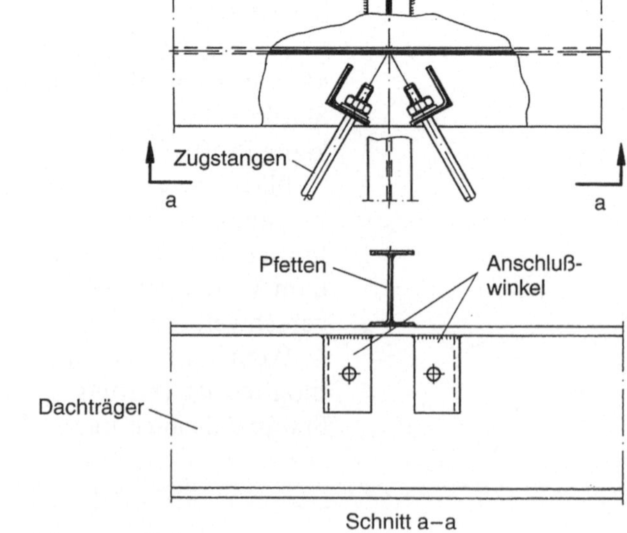

Bild IV.26. Vereinfachter Dachverband-Anschluß ohne Pfettenstühlchen

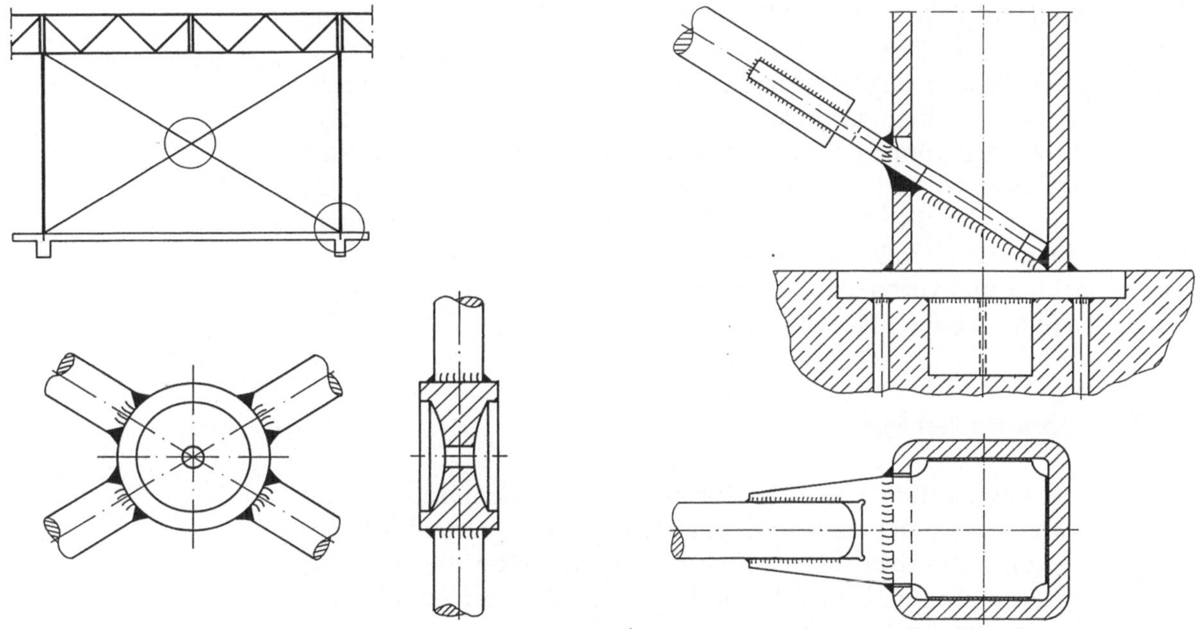

Bild IV.27. Längswand-Verband für Hohlprofil-Stützen (nicht vorspannbar)

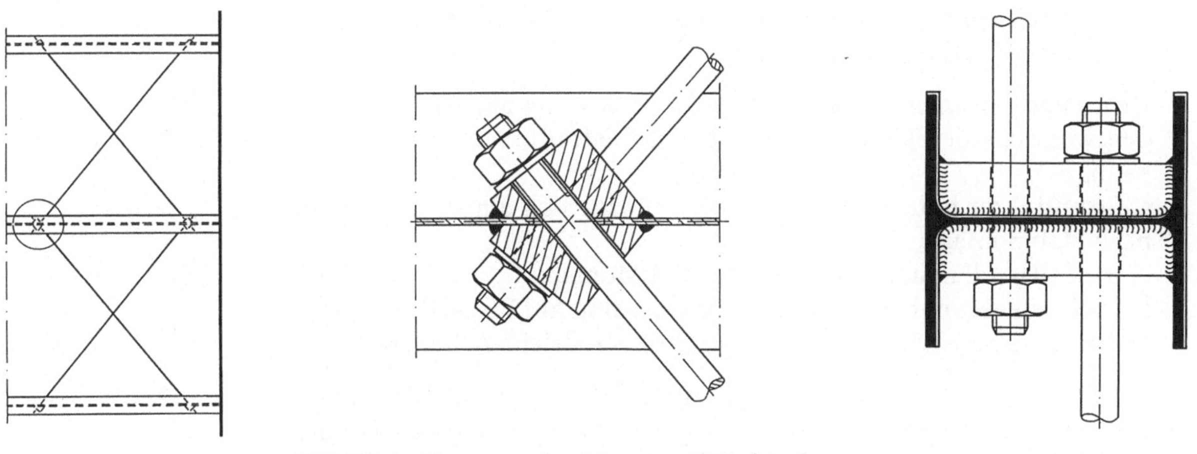

Bild IV.28. Knotenpunkte Längswand-Verbände

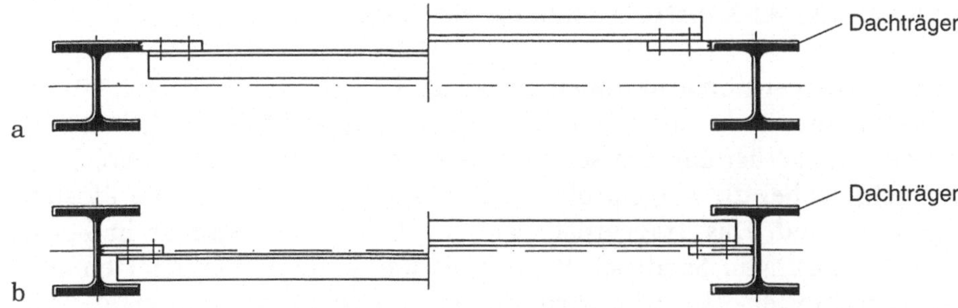

Bild IV.29. Dachverband-Auslegung für eine einfache Dachhaut-Auflagerung

Dachverband-Anschlüsse. Im Hinblick auf eine einfache Dacheindeckung kreuzweise verlegter Verbände (Bild IV.29) ist vorab die Frage der Konstruktion der Auflagerung zu bedenken. Bild IV.26 zeigt eine Konstruktion mit der die Pfetten- und Dachverband-Anschlüsse an die Träger vereinfacht werden können. Unter Verzicht auf Pfettenstühlchen werden die Pfetten, ohne vorherige Anarbeitung, auf der Baustelle direkt mit den Obergurten der Dachträger verschweißt. Der separate Zugstangenanschluß im oberen Bereich der Dachträger macht unabhängig vom Verbandsanschluß und vermeidet Behinderungen einer einfachen Auflagerung der Pfetten und der Dachhaut.

2.4
Druckbeanspruchte Verbände

Druckstäbe müssen stärker als Zugstäbe ausgelegt werden, sind also mit höherem Materialeinsatz und höherem Metergewicht verbunden. Oft sind Hohlprofile für druckbeanspruchte Verbandsstäbe die optimale Lösung. Hierbei ist natürlich besonders auf die Problematik der Durchbiegung bzw. Knickgefahr bei Überschreitung eines bestimmten Längen-Querschnitt-Verhältnisses (Schlankheitsgrad) zu achten. Ist die Durchbiegung eines Hohlprofils aufgrund eines zu geringen Widerstandsmoments zu groß, werden oft I-Profile gewählt.

Andererseits haben Druckstäbe aber auch eine Reihe von Vorteilen, die sich in der Praxis auszahlen:

- Druckstäbe können sowohl auf Druck wie auf Zug beansprucht werden, wodurch die Gliederzahl oft auf etwa die Hälfte reduziert werden kann;
- aufgrund ihrer hohen Eigenstabilität erübrigt sich ein Nachspannen nach Stabmontage;
- einfache Handhabung bei Transport und Montage.
- bei Schraubverbindung sorgen in der Werkstatt auf Fixmaß gefertigte Stäbe für sichere Baustellenmontage ohne Nachricht-Arbeiten.

Fazit: Mit Druck-/Zugbeanspruchten Horizontal- und Vertikalstäben kommt man beim Kostenvergleich häufig auf die wirtschaftlich bessere Konstruktionslösung.

3
Pfosten-Riegel-Konstruktionen für Fassaden

Pfosten-Riegel-Konstruktionen dienen als Traggerüst für Fenster, Türen, Verglasungswände oder andere Fassadengestaltungen. Aufgebaut ist dieses Traggerüst aus den senkrechten Pfosten und den waagerechten Riegeln, wobei die Riegelprofile in der Regel filigraner als die Pfosten gestaltet sind. Das Traggerüst trägt die Gebäudeaußenhaut in Form von Verglasungen, Sandwich-Elementen oder anderen Plattenarten und -dekors. Pfosten-Riegel-Konstruktionen werden als montagefertige Flächenelemente individuell für eine bestimmte Baufunktion hergestellt.

Als Stahlbau-Profile kommen sowohl Leichtbau-Hohlprofile als auch Walzprofile, z. B. I-Stähle, zum Einsatz.

Statisch hat die Pfosten-Riegel-Konstruktion außer dem hohen Eigengewicht der Fassadenelemente, etwa bei dicken, mehrschichtigen Verglasungen, noch die Windlasten zu übernehmen, die auf die Außenhaut einwirken und diese über die Tragwerkskonstruktion der Stützen oder Wandträger abzugeben.

Eine dauerhafte Dichtigkeit der Gebäudeaußenhaut gegen Regen, Wind und Wetter nimmt u. a. mit zunehmender Elastizität der Pfosten-Riegel-Konstruktion ab, denn eine zu große Durchbiegung der Pfosten und Riegel – die Windbelastung ist leicht zu unterschätzen – führt an den Stoßstellen der Verglasung auf die Dauer leicht zu Undichtigkeiten. Daher ist eine ausreichende Profilbemessung aufgrund statischer Nachweise wichtig. Für den Korrosionsschutz auf der Fassadeninnenseite reicht eine Farbbeschichtung nach vorheriger Strahlentrostung aus.

3.1
Hohlprofil-Steckanschlüsse

Im Konstruktionsbüro sind die Baustellenstöße für den Zusammenbau der Flächenelemente vor allem unter wirtschaftlichen Gesichtspunkten festzulegen. Nämlich so, daß möglichst große, aber transportfähige Teile der Pfosten-Riegel-Konstruktion komplett in der Werkstatt vorgefertigt und einbaufertig zusammengeschweißt werden können. Diese Flächenelemente werden mit Steckanschlüssen zwischen Pfosten und Riegeln, Bild IV.30 zeigt verschiedene Beispiele, vor Ort zur fertigen Wandunterkonstruktion zusammengefügt.

Diese mit Schrauben gesicherten Steckanschlüsse bestehen jeweils aus dem festgeschweißten „Knochen" und dem passenden Hohlprofil mit Ausklinkung. Von der jederzeitigen Demontierbarkeit abgesehen, hat die Steckkonstruktion großflächiger Bauteile folgende Vorteile:

- elementierte, großflächige aber noch transportable Bauteile reduzieren die Montagekosten;
- weitgehende Vorfertigung in der Werkstatt macht wetterunabhängig und fördert den zügigen Montageablauf auf der Baustelle;
- Standardisierung der Bauteile reduziert den Fertigungsaufwand und die Fehlerquellen;
- Verringerung der Planungs- und Zeichenarbeit im Konstruktionsbüro durch standardisierte Flächenelemente und Anschlußtechniken.

3.2
Verbindung von Fassaden- und Tragkonstruktionen

Die Pfosten-Riegel- oder Fassadenunterkonstruktion ruht auf dem eigentlichen Gebäudetragwerk. Bild IV.32 und IV.34 zeigen Anwendungsbeispiele und Bild IV.31 und IV.33 Beispiele für die Verbindungs-

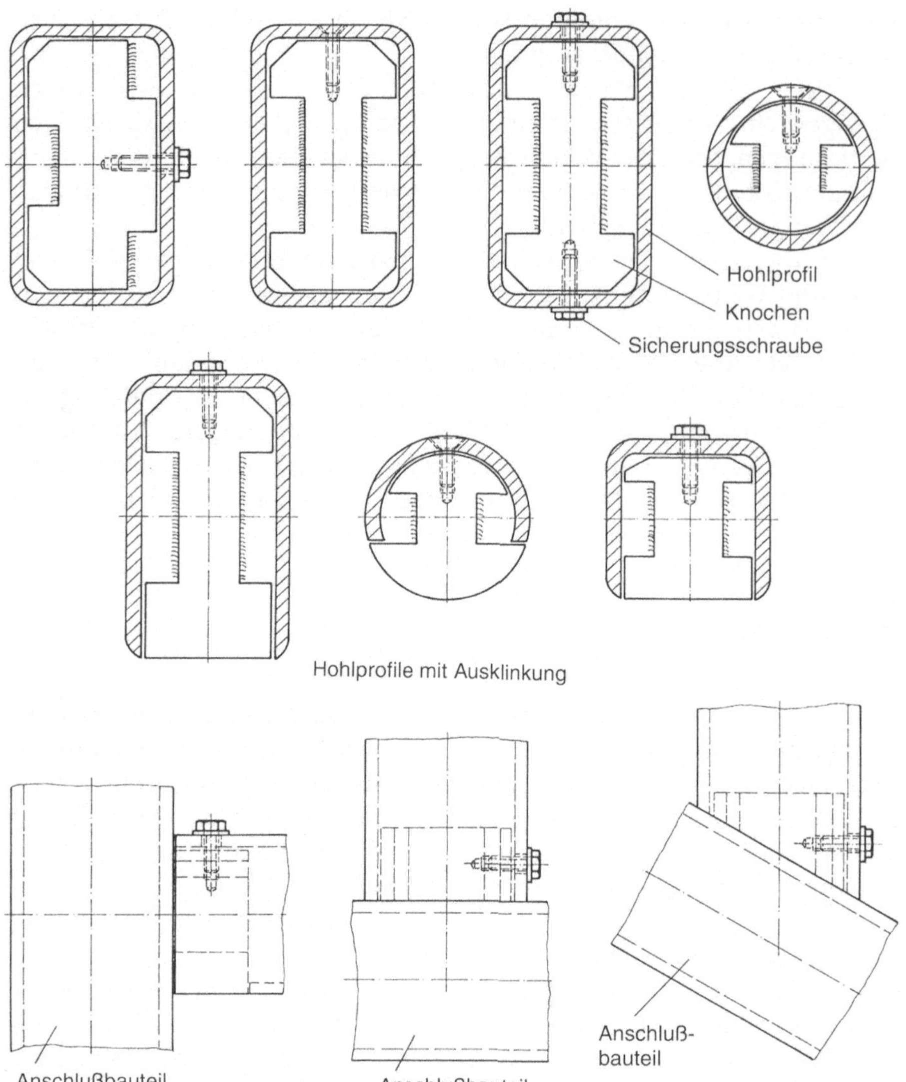

Bild IV.30. Steckanschlüsse für Hohlprofil-„Pfosten-Riegel-Konstruktionen"

technik zwischen den beiden genannten Ebenen des Fassadenaufbaus. Dabei werden folgende Grundanforderungen gestellt:

- Übertragung der Windkräfte in die Stützen oder Riegel der Tragwerkskonstruktion;
- Aufnahme des auf dem Tragwerk ruhenden Eigengewichts der Fassadenverkleidung und -unterkonstruktion; eindeutige senkrechte Ableitung dieser Lasten, entweder über das Tragwerk oder direkt in die Fundamente;
- Möglichkeit der Ausrichtung der Verbindungskonstruktion in Längs- und Querrichtung.

Letzteres wird in Bild IV.31 über Distanz-Schraub-Konsolen ermöglicht. Die Verbindungskonstruktion wird bereits in der Werkstatt auf das

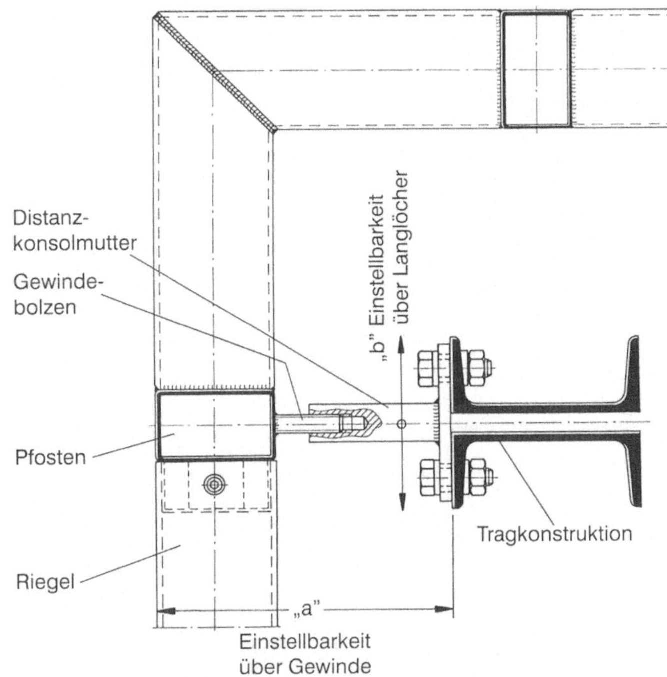

Bild IV.31. Verstellbarer Pfosten-Riegel-Wandanschluß ▶

Bild IV.32. Beispiel Pfosten-Riegel-Konstruktion für Brauerei-Neubau Dortmund; Unterstützung der Tragkonstruktion durch mehrteilige Fachwerkträger ▼

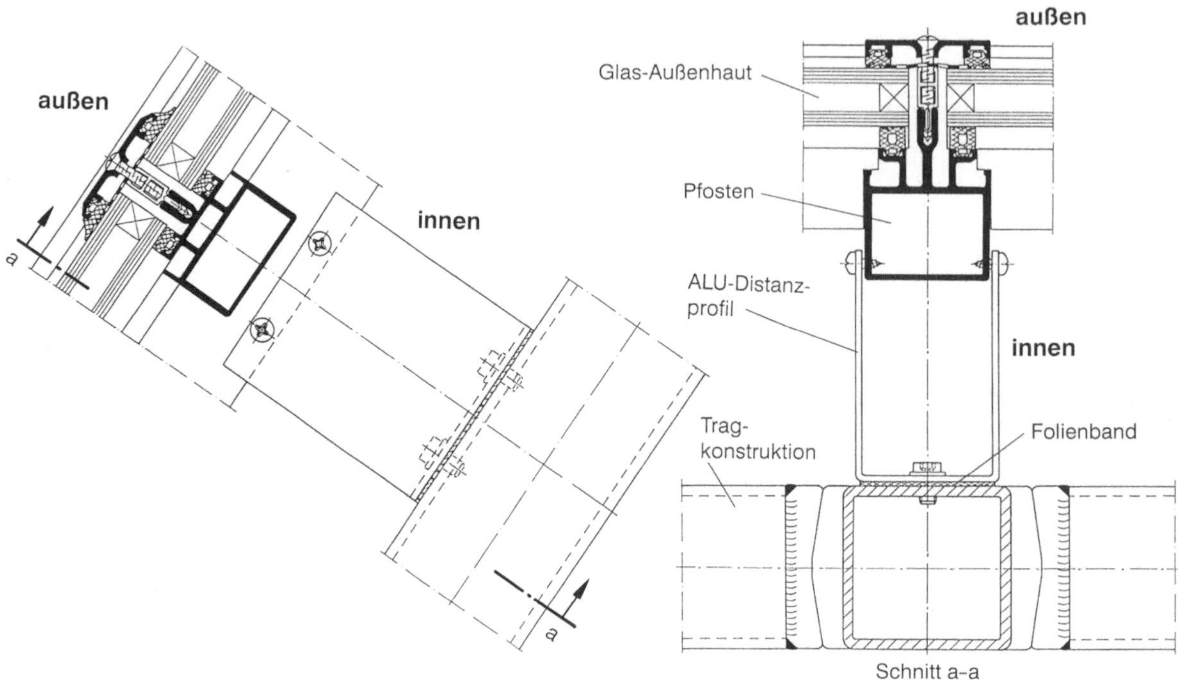

Bild IV.33. Distanz-Tragkonstruktion für Glasfassade

Bild IV.34. Pfosten-Riegel-Fassade für Baumarkt in Bautzen, Sachsen-Anhalt

theoretisch erforderliche Maß *a* voreingestellt und vormontiert angeliefert. Wird auf der Baustelle eine Querausrichtung erforderlich, kann das Maß *a* durch Verdrehen der Distanzmutter (um jeweils 180°) nachgestellt werden. Dies geschieht in Längsrichtung. Parallel zur Wand ist das gleiche über Langlöcher der Konsolflansche möglich.

Der Maßausgleich über die erwähnte Langloch-Schraubverbindung wird darüber hinaus auch noch für den Temperatur-Dehnungs-Ausgleich der fertigen Fassade genutzt. Dazu werden die Schrauben nur handfest angezogen und extra, z.B. durch Kontermuttern, gegen Lösen gesichert.

3.2.1
Beispiel Glasdach (Bild IV.33)

Die gläserne Außenhaut der aufgeständerten Glasdachfassade liegt aus Gründen einer architektonisch noch transparenteren Gestaltung nicht direkt auf der Tragkonstruktion, sondern ist mit ihr über ein Distanzprofil aus Aluminium verbunden. Außer zur Distanzhaltung dient das Aluprofil zusätzlich zum Ausgleich unvermeidbarer Montagetoleranzen.

Maßabweichungen werden durch entsprechendes Verschieben der Fassadenpfosten in der U-Profil-Öffnung aufgefangen. Die Fixierung dieser beiden Profile nach Ausrichtung erfolgt mit Hilfe selbstschneidender Schrauben (Bild IV.33). In der Verbindungsfläche sollen Folienbänder zwischen Stahltragwerk und Aluprofil eventuelle Kontaktkorrosion verhindern.

3.2.2
Montagestöße für Glasfassaden

Bild IV.35 zeigt die Eckgestaltung mit Hilfe einer Hohlprofil-Steckverbindung, die mit Innensechskantschrauben von oben gesichert wird. Die Flachstähle zur Eckauflage der Verglasungen werden bereits in der Werkstatt angeschweißt; auf der Baustelle brauchen die vorgefertigten Fassadenbauteile nur noch montiert zu werden. Besonderheit dieser Konstruktion: eine einzige 45°-Klemmleiste.

Bei der in Bild IV.36 gezeigten Verbindung einer Außenecke ist die Verglasung der Außenseiten dagegen über zwei 90°-Klemmleisten mit dem Eckpfosten verbunden.

Auch der in Bild IV.37 gezeigte Riegelmontagestoß (Vertikalschnitt durch die Längswand) zeigt eine Steckverbindung. Soll die Riegeloberseite ganz glatt gestaltet werden, dann können alternativ zur gezeigten Kopfschraube für die Stoßsicherung auch Senkkopfschrauben verwendet werden. Die Unterseite des Riegelstoßes – um auf dieses Fertigungsdetail hinzuweisen – ist ohnehin ähnlich glatt gestaltet wie der weitere Riegel, der aus einem Vierkant-Hohlprofil hergestellt worden ist. Durch Fräsfeinbearbeitung im Stoßbereich wird der geschlossene Umriß des Hohlprofils auch hier optisch nicht unterbrochen (Beispiel s. Bild IV.38).

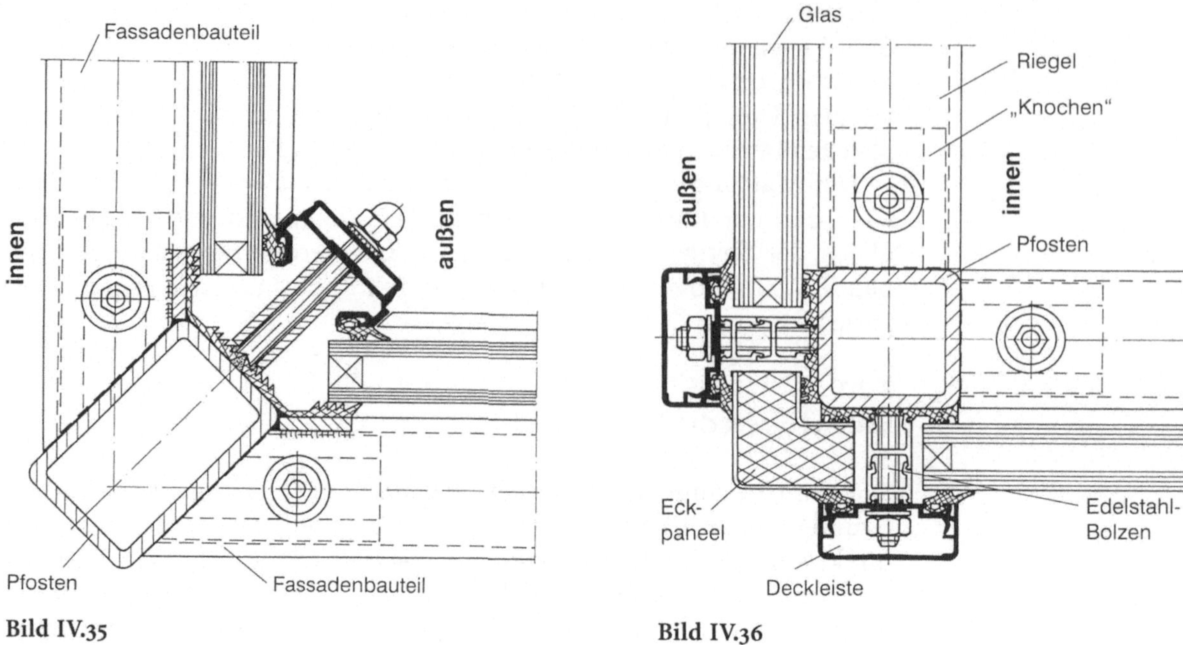

Bild IV.35

Bild IV.36

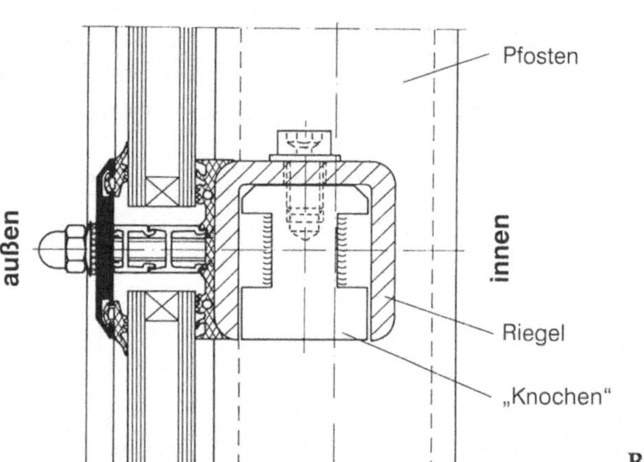

Bild IV.37

Bild IV.35–37. Montagestoß-Lösungen Glasfassaden für Innen-Ecke (Horizontal-Schnitt) – Außen-Ecke (Horizontal-Schnitt) – Längswand (Vertikalschnitt)

4
Befestigung von Wandverkleidungen

Die Außenhaut der Gebäude, also Wandverkleidungen oder Paneele, sind im Lauf einer langen baugeschichtlichen Entwicklung tendentiell immer leichter, dabei aber gleichzeitig immer energiebewußter ausgelegt worden. Wenn man sich historische Fabrik- oder Zechengebäude oder auch alte Fachwerkhäuser ansieht, dann fällt im Vergleich zu unseren modernen Bauweisen auf, daß die Wände früher meist mit Ziegelsteinen aus-

Bild IV.38. Beispielhaft: zweischalige Leichtmetall-Fassade, Altenheim Dortmund-Körne

gemauert oder auf andere Art massiv ausgefacht waren. Dabei wurden Tragwerk und Auskleidung früher in der Regel möglichst dauerhaft in- und miteinander verbunden, während Wandverkleidung und Unterkonstruktion heute eher funktionell getrennt betrachtet werden.

Die Befestigung moderner Wandverkleidungen richtet sich zunächst nach der Art des Baustoffs, der für die außen sichtbare Wandfläche ausgewählt wurde. Entscheidende Kriterien für die Auswahl der Wandverkleidung sind Fragen der architektonischen Gestaltung, aber auch baustatische und -physikalische Gesichtspunkte. Die aktuelle Rangfolge hängt im konkreten Fall vor allem davon ab, ob es um repräsentative öffentliche Gebäude oder eher um Zweck- oder Industriebauten geht.

Für eine traditionelle halbsteinstarke Ausmauerung z.B. durfte die Feld- oder Gefachgröße der Stahlunterkonstruktion aus Stielen und Riegeln eine Fläche von etwa 16 m² nicht wesentlich überschreiten. Nach heutigen Maßstäben ist das doch meist zu aufwendig. Im aktuellen Wirtschafts- und Industriehallenbau werden deshalb fast nur noch vorgefertigte Wandbauteile eingesetzt, z.B. fabrikgegossene Betonplatten oder Sandwichelemente. Letztere sind mehrschichtig, etwa aus einem Kunststoffkern zwischen äußeren Blechschalen aufgebaut. Moderne Verkleidungselemente bauen entschieden leichter und können deshalb wesentlich größer ausgelegt werden.

4.1
Wandkonstruktionen für Sandwichelemente

Als Sandwichelemente bezeichnet man aus verschiedenen Baustoffen mehrschichtig aufgebaute Verkleidungsplatten, die in puncto statische, bauphysikalische und Leichtbaueigenschaften optimiert sind. Außerdem sollen sie einfach an der Stahlunterkonstruktion zu befestigen sein.

Bild IV.39 zeigt ein Beispiel für die Befestigung von Sandwichelementen an den Hauptstützen einer Hallenlängswand über Edelstahlbolzen. Bezüglich der optimalen Verbindungstechnik stellte sich die Frage: Gewindebolzen in der Werkstatt aufschweißen oder erst bei Montage einschrauben?

Erstere Lösung hat sich als problematisch erwiesen, weil die vorstehenden Schweißbolzen beim Transport der Stützen, beim Auf- und Abladen zu leicht verbiegen oder gar abbrechen. Obwohl sie aufwendiger ist, empfiehlt sich hier die sicherere Schraublösung. Die werkstattgefertigten Gewindesacklöcher in der Stütze haben etwa 500 mm Abstand und werden bis zum Verschrauben auf der Baustelle mittels Plastikstopfen vor Verschmutzung geschützt. Mit dem Festschrauben der Sandwichplatten werden gleichzeitig die Dichtungen der Alufugenleiste angepreßt. Die Schraubenköpfe werden außerdem noch mit einer Abdeckleiste, hier gleichfalls aus Aluminium, geschützt und unsichtbar abgedeckt.

4.2
Wandkonstruktionen für Betonplatten

Bild IV.40 a, b zeigt die Befestigung von vorgefertigten Leichtbetonplatten an den Hauptstützen: einmal an einer Längswand und einmal an einer Giebelwand.

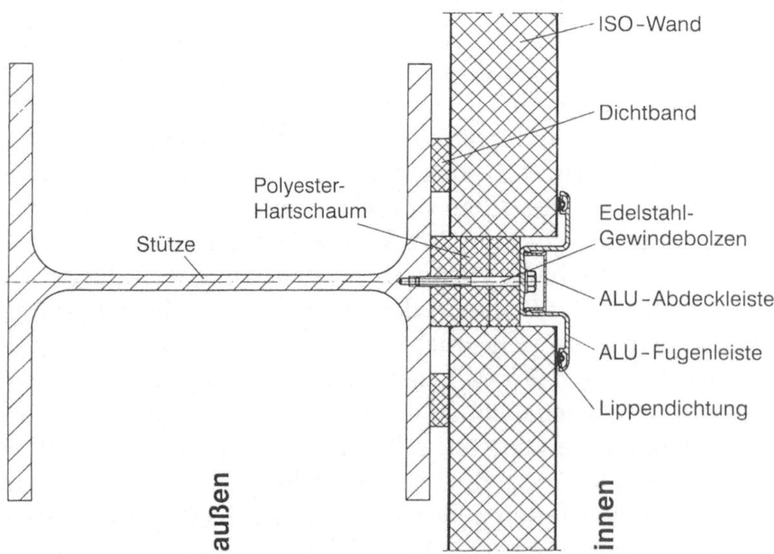

Bild IV.39. Sandwichelement-Befestigung an Längswand-Hallenstütze

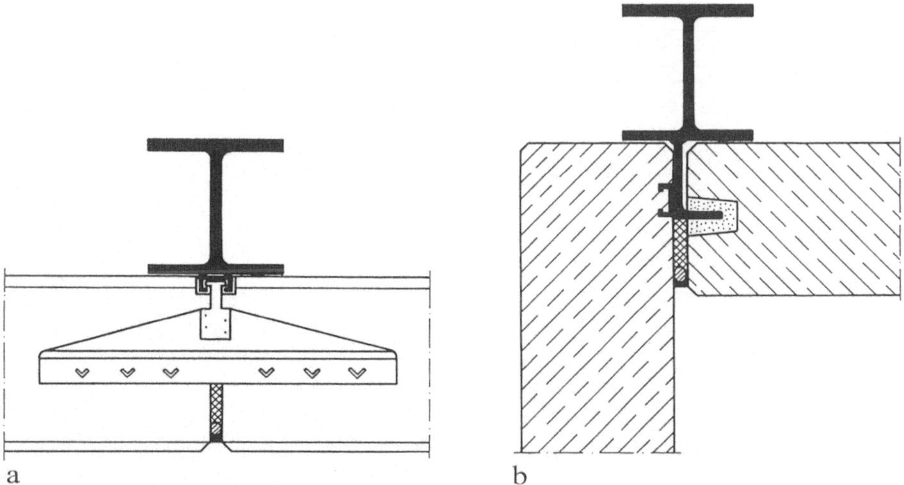

Bild IV.40 a, b. Befestigung von Betonwand-Fertigelementen an Längswandstütze
(**a**) und Giebelwand-Eckstütze (**b**)

Die kraftschlüssige Verbindung zwischen Tragwerksstützen und
Betonplatte erfolgt besonders rationell mit Hilfe sog. „Halfen"-Schienen.
Nach Anweisung des Herstellers werden diese Schienen in bestimmten
Abständen in der Werkstatt auf die Stützen geschweißt. Die zugehörigen
Verbindungselemente sind auf der Baustelle nur noch in die Schienen
einzuhaken, bevor sie über Spezialnägel mit den Betonplatten verbun-
den werden.

Bei prinzipiell gleicher Verbindungstechnik, wie beschrieben, besteht
der Unterschied zwischen Bild IV.40 a und IV.40 b lediglich darin, daß
bei der Befestigung der Giebelwand Winkelstahlprofile auf die Stütze
aufgeschweißt werden. Dieses Profil greift mit einem Schenkel in eine
entsprechende Ausnehmung der Betonplatte ein, mit der sie nach Montage vergossen werden.

5
Auslegung von Kranbahnträgern

Seine wohl extremste statische und dynamische Belastung erfährt
das Traggerüst von Industriebauten oft von innen, aus dem Betrieb
von im Halleninneren verkehrenden Lastkranen. Die daraus resultie-
renden Belastungen, zusammengesetzt aus der eigentlichen Traglast
sowie den Anfahr- und Bremskräften müssen auf geeignete, vor allem
sichere Weise über Laufflächen durch Kranbahnträger oder entsprechend gestaltete Schienen in die Tragwerkskonstruktion abgeleitet
werden.

Zu den häufigsten Kranbauarten zählen Brückenkrane, Hängekrane
sowie Einschienen- oder Laufkatzen-Krane, wie sie in Bild IV.41 a – c
zur Betrachtung der wichtigsten Kranbahnträger, speziell der Auslegung
ihrer Auflager und Schienen- bzw. Trägerstöße wiedergeben ist.

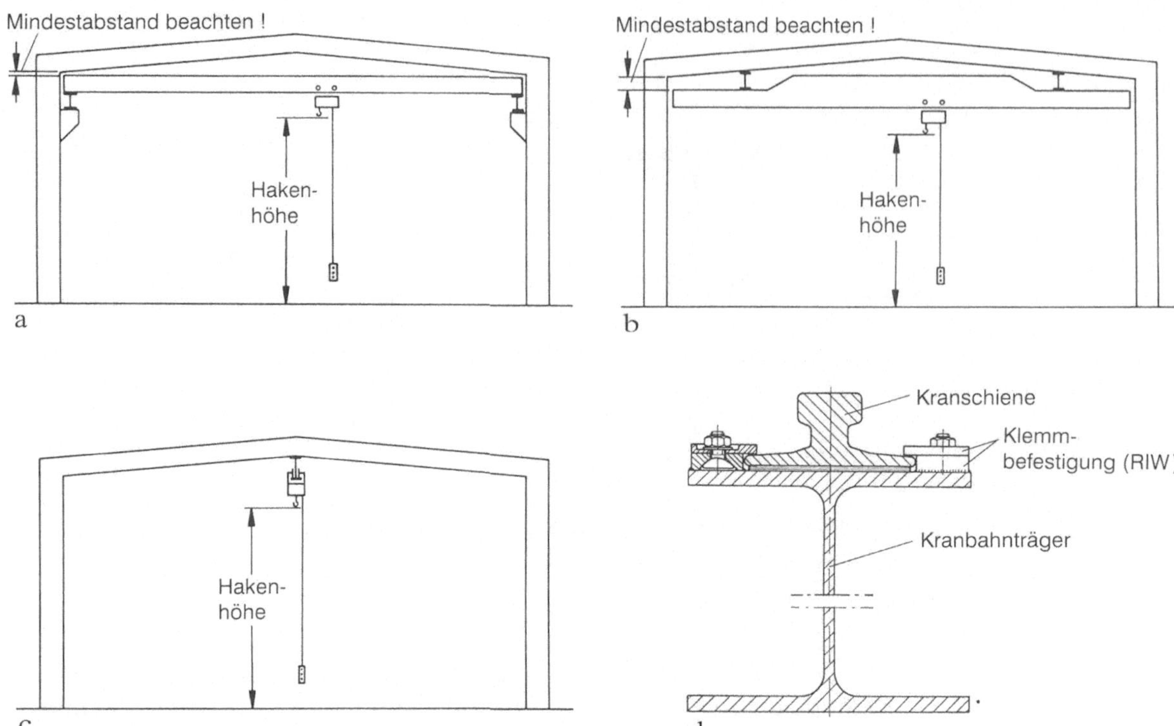

Bild IV.41a – d. Kranbahn-Bauarten für Brückenkran – Hängekran – Laufkatzkran

Kranbahnen für Brückenkrane

Beim Brückenkran nach Bild IV.41a sind die beiden Kranbahnen unter Nutzung der gesamten Hallenbreite rechts und links auf Konsolen an den Hallenstützen gelagert, über die sämtliche Kräfte und Lasten abgetragen werden. Der Brückenkran ist dadurch charakterisiert, daß er oben *auf* den Schienen fährt.

Bei der Grundauslegung einer Halle, der Festlegung in Länge, Breite und Höhe, ist der geplante Kranbetrieb oft das entscheidende Kriterium. Also muß bei der Tragwerksplanung von der Tragfähigkeit, der Spannweite und der Hakenhöhe des beabsichtigten Krans ausgegangen werden. Außerdem sind bei der Auslegung der Kranbahnträger noch die einschlägigen Unfallverhütungsvorschriften (UVV) zu berücksichtigen.

Soll man die Kranbahnträger als Ein- oder Mehrfeldträger auslegen? Der Einfeldträger, also Kranbahnteilstücke, die an jedem Auflager geteilt (mit einem Schienenstoß) sind, ist nach wie vor die problemlosere Lösung. Mehrfeldträger sparen Konstruktionsgewicht, sind aber nur in Gebieten zu empfehlen, wo nicht mit größeren Senkungen (z.B. durch Bergbau) zu rechnen ist. Eine Möglichkeit, die Kranträger nachträglich auszurichten, sollte in jedem Fall eingeplant werden – ob bei Ein- oder Mehrfeldträgern.

Das Detailbild zu Bild IV.41a: „Kranschiene Form A nach DIN 536" zeigt (Bild IV.41d) eine *Schienenlösung für starken Kranbetrieb mit* *höheren Laste*n. Damit die Schiene einfacher ausgewechselt werden kann, ist eine lösbare Schraub-Klemmverbindung des breiten Fußflansches vorgesehen. Zur Verschleißminderung sowie zur Dämpfung der Fahrgeräusche kann der Schienenfuß außerdem noch mit Kunststoffbahnen (z. B. Neopren) unterlegt werden.

Kranbahnen für Hängekrane

Bild IV.41b zeigt einen Hängekran; der im Gegensatz zum Brückenkran *unte*r den Schienen hängt. Außerdem ruhen die Kranträger nicht auf Konsolstützen, sondern sie sind als abgehängte Träger ausgebildet, die an der Dach- oder Deckenkonstruktion hängen. Konstruktionsbedingt kann die frei verfügbare Hakenhöhe des Krans hier gegenüber Bild IV.41a etwas eingeschränkt sein, andererseits verringern sich aber auch die Bauhöhe des Hängekranträgers sowie sein Eigengewicht aufgrund der kleineren Auflagerspannweite. Eventuell nachteilig: Ableitung der Kranbelastungen nicht direkt in die Hallenstützen, sondern über den Umweg durch die Dachkonstruktion, was sich möglicherweise negativ auf die Dauerdichtigkeit der Dachhaut auswirken kann.

Kranbahnen für Laufkatzkrane

Bild IV.41c zeigt einen Einschienen-Katzbahnträger, der am Dachtragwerk aufgehängt ist. Die Nutzlast wird über die Katzlaufräder zunächst vom Unterflansch des Kranbahnträgers aufgenommen, der je nach Tragfähigkeit aus einem I-Profil mit geneigten Flanschen besteht oder aus zwei T-Profilen, die über ein Stegblech zu einem I-Sonderprofil zusammengeschweißt sind.

Welche Krananlage für welchen Zweck?

Bei Katzbahnen nach Bild IV.41c ist der Kranhaken im Gegensatz zu großen Brückenkränen zwar nur in Längs- und nicht in Querrichtung verfahrbar. Aber reicht das nicht vielfach aus? Wer kostenbewußt planen muß, kann bei der Grundkonzeption der Kranausrüstung einer Fertigungshalle schon überlegen, ob er nicht anstelle eines hallenüberspannenden, aber auch weniger flexiblen Brücken- oder Hängekrans mit vielleicht mehreren, kostengünstigen kleinen Katzbahnanlagen auskommt. Das setzt oft nur voraus, daß die Anordnung der Arbeitsplätze, der gesamte Arbeitsablauf und die Lastverbindungswege, kurz, die Fertigungsorganisation darauf abgestimmt wird. Beispielhaft kann man sich die arbeitsplatzspezifische Ausrüstung ganzer Hallen mit kleinen Katzbahnanlagen in der Automobilindustrie ansehen.

5.1
Neue Steckverbindung für Brückenkranträger

Die bekannte Technik der Verlegung von Kranbahnträgern ist aufgrund der, angesichts der großen Abmessungen, doch recht hohen Genauigkeitsanforderungen mit typischerweise folgendem, verhältnismäßig hohem Montageaufwand verbunden:

a) Einrüsten der Auflagerbereiche;
b) Kranbahnträger anheben und auf Auflager absetzen;
c) Höhenausrichtung Träger, z. B. mit Ausgleichsfuttern;
d) Schienen in Längsachse und nach Spurmaß ausrichten;
e) Schraubstöße der Kranbahnträger mit den Auflagern verbinden bzw. „verschlossern";
f) anpassende Nachbearbeitung der Schienenstoßübergänge.

Es stellte sich also dringend die Frage nach einer alternativen Anschlußkonstruktion der Kranbahn, die die Montage vereinfacht und rationalisiert. Und zwar zeichnet sich die folgende Lösung im Grunde dadurch aus, daß aufwendige Schraubverbindungen durch vereinfachende Steckverbindungen abgelöst werden. Bild IV.42 dokumentiert, daß die Alternativlösung längst anhand ausgeführter, und zwar durchaus größerer Brückenkrananlagen, erprobt werden konnte. Anhand der Zeichnungen (Bild IV.43 und IV.44) werden Konstruktion, Herstellung und Montage nachfolgend erläutert.

Bild IV.42. Kranbahnanlage

5.1.1
Werkstattfertigung von Kranträger

Die Baustellenauflager (Bild IV.43) können entweder in Beton mit eingegossener Ankerplatte oder als geschweißte Stahlkonsole vorbereitet sein. Sobald die Achsmaße der Auflager festliegen, kann mit der Werkstattfertigung der kompletten Kranbahn begonnen werden.

In einer speziellen Zusammenbauvorrichtung werden jeweils drei Kranträger zu zwei kompletten Auflagern nach Bild IV.43 montiert und abgeheftet. Dazu werden die Schienen stirnseitig zunächst sauber bearbeitet, so daß die Laufflächenstöße ohne Kantenvorsprünge sauber in Kontakt kommen. Nach dem Abheften werden die Trägerenden mit Schlagzahlen für die spätere Montage eindeutig signiert und anschließend zum endgültigen Abschweißen aus der Vorrichtung genommen. Die Vorteile dieser Vorfertigungsmethode sind:

- die Vorzeichnerarbeit entfällt weitgehend;
- einfacher und sicherer Zusammenbau von jeweils drei Kranbahnträgern in der Zusammenbauvorrichtung;
- rationelle Vormontage der kompletten Kranbahn in der Werkstatt; das schließt teure Fehlerquellen und Paßungenauigkeiten auf der Baustelle aus.

5.1.2
Werkstattvorbereitung der Kranträgermontage

Vor Ort werden die Mittelpunkte der Auflager mit Achskreuzen angezeichnet und zur Ankerplatten- oder Konsolenvorderseite hin sichtbar mit dem Körner markiert. Im Mittelpunkt der Auflagerkreuze wird sodann jeweils mit dem Nivelliergerät die Höhenlage ermittelt und in eine Aufmaßtabelle (s. a. Bild IV.9 a) eingetragen. Entsprechend diesem Aufmaß können jetzt die Kippleisten maßgenau gefräst und mit dem Aufnahmeblech für die Steckzapfen verschweißt werden. Eine abschließende Signierung sichert später die lagerichtige Montage dieser Einbauteile.

5.1.3
Kranträgermontage vor Ort

Vor Ort angekommen, werden die Kranbahnträger per Autokran vom mitfahrenden Lkw abgeladen und anschließend, über Führungsleinen dirigiert, in die Auflagerpositionen eingehoben. Zuvor, noch am Boden, wird jeweils eines der Trägerenden mit einem Aufnahmeblech nach Bild IV.43 ausgerüstet, indem man es auf den Zapfen steckt und mit einem Montagesplint sichert. In Auflagerposition wird der Kranbahnstoß jetzt mit Hilfe der Steckverbindung in folgenden Montageschritten fertiggestellt.

Während sich das eine Trägerende mit der zuvor an das „Aufnahmeblech" angeschweißten „Kippleiste" in der „Schubkranz"-Öffnung zentriert, wird der Zapfen des zweiten Trägers ebenfalls in das noch freie

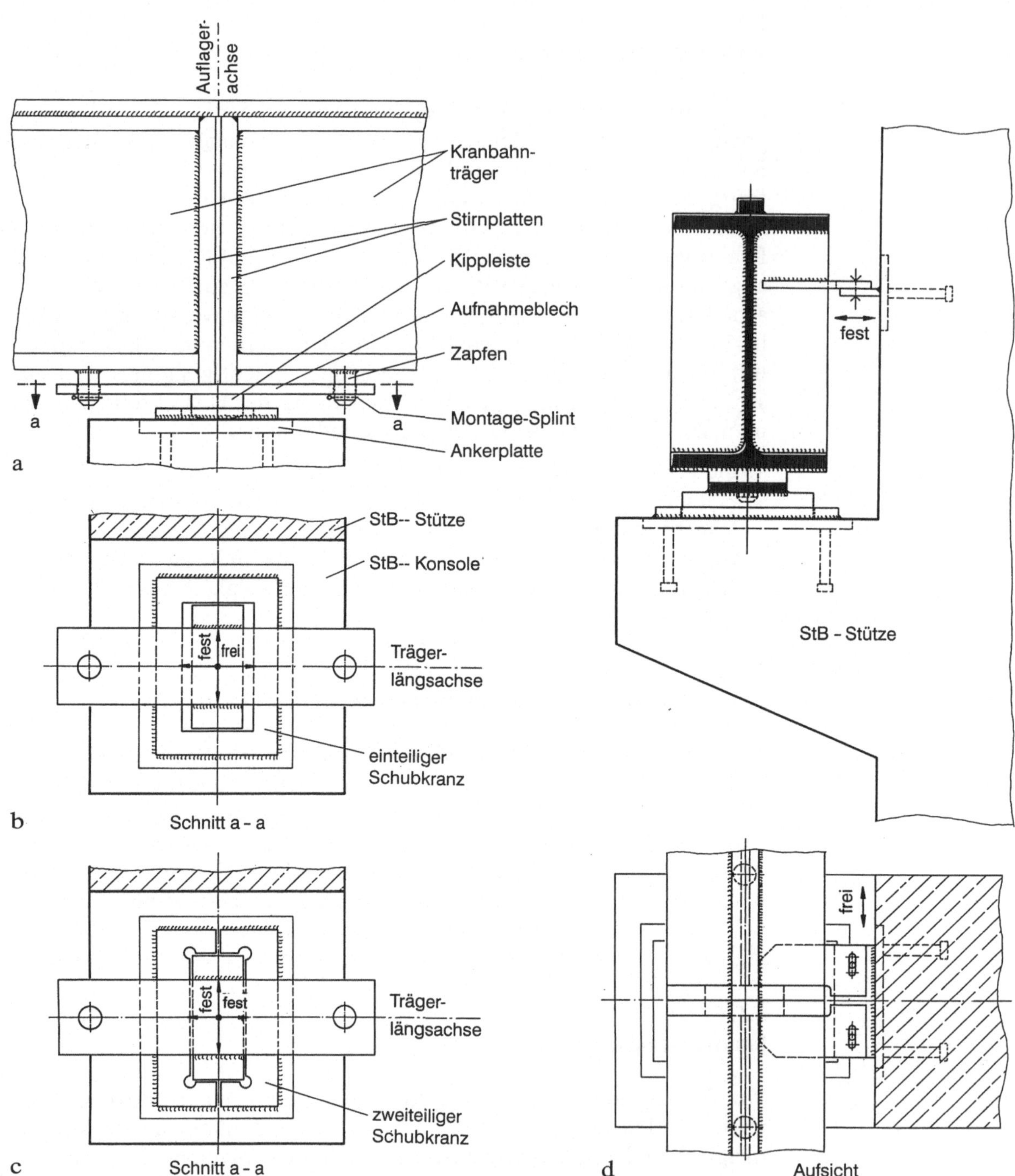

Bild IV.43 a – d. Neue Lösungen für die Stoßausbildung von Kranbahnträger.
b als Loslager, **c** als Festlager; **d** Kranbahnträger-Auflager mit seitlicher Halterung

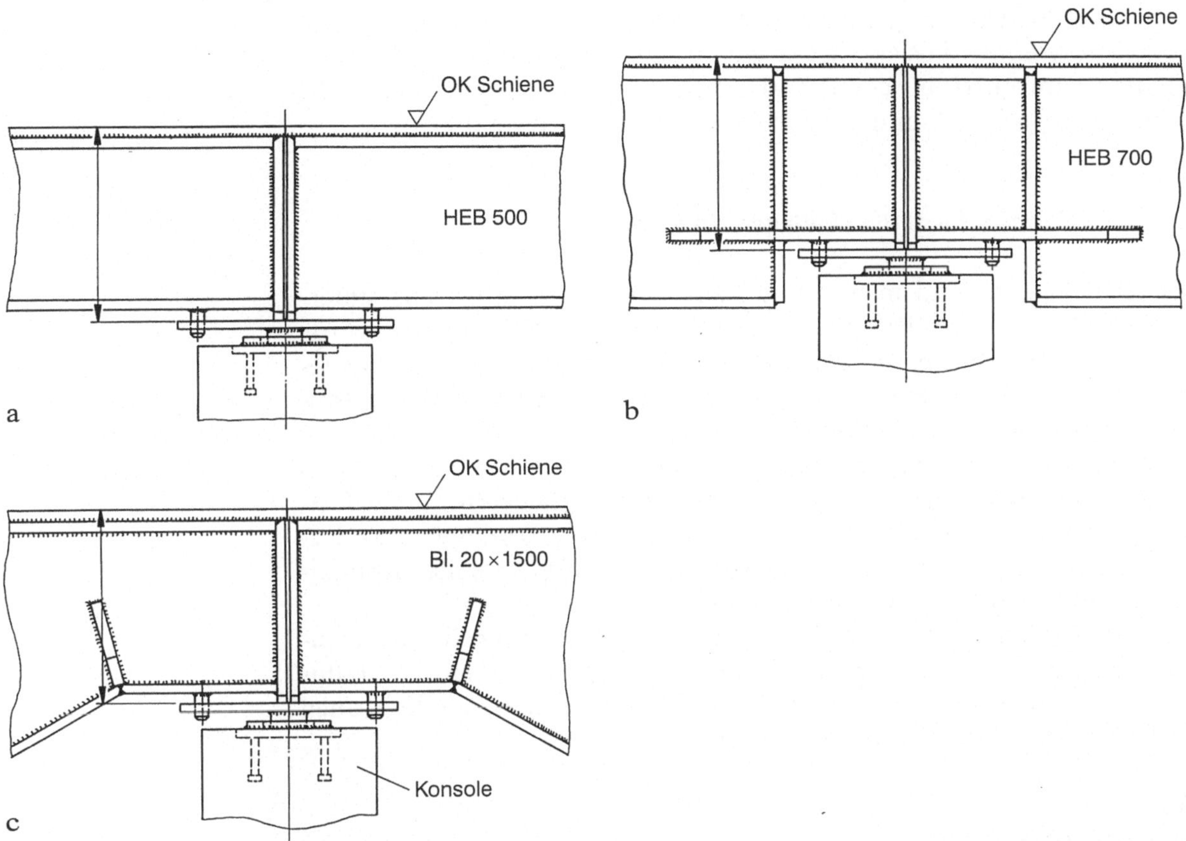

Bild IV.44a–c. Stoß-Gestaltung mit „verjüngter" Verbindung von Kranbahnträgern unterschiedlicher Profilhöhe

Loch des Aufnahmeblechs eingerastet. Damit ist der einzelne Kranbahnstoß bereits lagerichtig justiert. Nachdem die gesamte Kranbahn auf diese Weise zusammengesteckt ist, werden die einzelnen Stöße mit einem „Seitenanschlag" nach Bild IV.43d zusätzlich an jeder Stütze horizontal gesichert, z. B. von einem Hubwagen aus. Ohne oft langwierige nachträgliche Ausricht- und Anpaßarbeiten ist die gesamte Kranbahn jetzt endgültig fertiggestellt und gesichert.

5.1.4
Statische Betrachtung Kranbahnträger (Bild IV.43)

Die senkrechten Belastungen werden von den Stirnplatten der Trägerstöße (Bild IV.43a) über die Konsol- bzw. Ankerplatten in die Stützen abgeleitet. Quer zur Kranbahn wirkende Horizontalkräfte werden gleichfalls von der Stütz- oder Tragwerkskonstruktion aufgenommen.

Die Brems- und Anfahrkräfte in Schienenlängsrichtung werden im Stoßbereich über die Steckzapfen auf das Aufnahmeblech übertragen. Während die normalen Trägerstöße als Loslager ausgeführt sind, wird in Kranbahnmitte ein Festlager nach Bild IV.43c eingerichtet, das die genannten Schienenlängskräfte übernimmt. Dieses Festlager besteht, abweichend von den Loslagern, aus einem „2teiligen Schubkranz" dessen Hälften zum Abschluß der Kranträgermontage auf Kontakt gegen die Kippleiste geschoben und mit der Ankerplatte verschweißt werden.

5.1.5
Was tun bei unterschiedlichen Auflagerabständen?

Es gibt Fälle, da sind in ein- und demselben Kranbahnstrang unterschiedliche Auflager- bzw. Stützabstände zu überbrücken. Dies würde Träger mit verschieden hohen Widerstandsmomenten bzw. verschiedener Profilhöhe voraussetzen. Die wohl rationellste Lösung dieses Konstruktionsproblems ist in Bild IV.44 angedeutet.

Dort, wo das geringste Widerstandsmoment erforderlich ist, wird nach Bild IV.44a zunächst die statisch geringstmögliche Profilhöhe festgelegt. Wo aufgrund größerer Stützweiten Profilverstärkungen erforderlich sind, wird nach Bild IV.44b oder IV.44c verfahren, um die Minimalhöhe „OK Schiene" beibehalten zu können.

Diese Lösung hat den Vorteil, daß die Halle bei gleicher „lichter Krandurchfahrthöhe" nicht insgesamt höher ausgelegt werden muß. So reduziert man nicht nur die Kosten der Stahlkonstruktion, sondern auch höhere Folgekosten, z. B für die Hallenheizung.

5.2
Träger für Hängekrane

Für Hängekrane bietet sich das bewährte Prinzip des „Gerber-Trägers" nach Bild IV.46 an, das hier allerdings mit neuen Abhängungs- und Stoßausbildungen im Hinblick auf eine einfachere Montage weiterentwickelt wurde.

Für die Aufhängung der Hängekranbahn, etwa an der Dachkonstruktion, wurde ein Klemmschuh (Bild IV.47a, b) als Spezialstahlgußteil entwickelt, das einfach auf den Oberflansch des Trägers aufgeschoben, verkeilt und durch Sonderschrauben mit der Dachkonstruktion verbunden wird.

Nach Bild IV.46 erfordert dieser „Gerber-Träger" ein gelenkiges „Zwischenträger"-Stück. Für diese Gelenkträgerstöße wurde eine Steckkonstruktion entwickelt (Bild IV.48), die erlaubt, den Hängekranträger lagesicher ohne Verschraubung oder weitere Ausrichtung zu montieren. Bei der Konstruktion dieses Gelenkstoßes, ebenso wie bei der neuen Abhängung, wurde natürlich ausreichender Freiraum für die Kranlaufräder berücksichtigt.

Die Laufräder des Hängekrans rollen im Unterflansch des Kranträgers ab; deshalb ist für ausreichende Ebenheit auch der Stoßübergänge zu sorgen. Um Kantenvorsprünge zu vermeiden, werden die Kranträger in der Werkstatt komplett vormontiert, sinngemäß wie in Abschn. 5.1 „Werkstattfertigung" beschrieben. Unebenheiten im Stoßbereich der Laufflächen aufgrund von Walztoleranzen der Träger werden jetzt erkannt und ausgeglichen. Bevor man die Kranbahn zum endgültigen

Bild IV.45. Kranbahn-Auflager

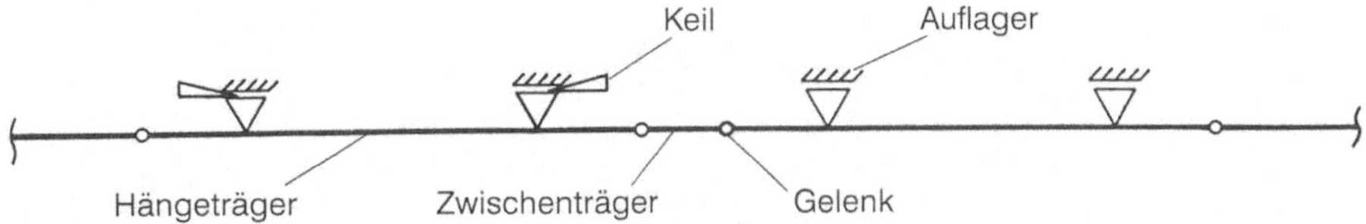

Bild IV.46. Kranbahn-Anordnung als Hängeträger – Statik des „Gerber-Trägers"

Abschweißen und für den Transport demontiert, werden die Teile zusammengehörender Trägerstöße natürlich unverwechselbar signiert.

5.2.1
Hängekran-Aufhängung für Stahlbetonträger (Bild IV.49)

Für Stahlbetondachträger braucht man eine spezielle Aufhängekonstruktion. Wie in Bild IV.49 a genauer gezeigt, muß bereits in den Stahlbetonträger eine Stahlhülse für die obere Verschraubung einbetoniert werden. Ein Ausrichten dieser Verschraubung wird zunächst durch größere Durchgangsbohrungen in den Stegblechen gewährt. Kraftschlüssigkeit wird dann durch Unterlegscheiben mit exzentrischer Bohrung erreicht, die nach dem Ausrichten an dem Stegblech festgeschweißt werden. Wo größere Bautoleranzen der Betonträger auszugleichen sind, müssen evtl. die Bohrungen im Stegblech nach örtlichem Aufmaß festgelegt werden.

Bei der unteren Klemmverschraubung für die Hängekranschiene ermöglichen Langlöcher eine Ausrichtung in der Längsachse. Durch entsprechende Einstellung der Distanz- bzw. Klemmleiste können Fest-

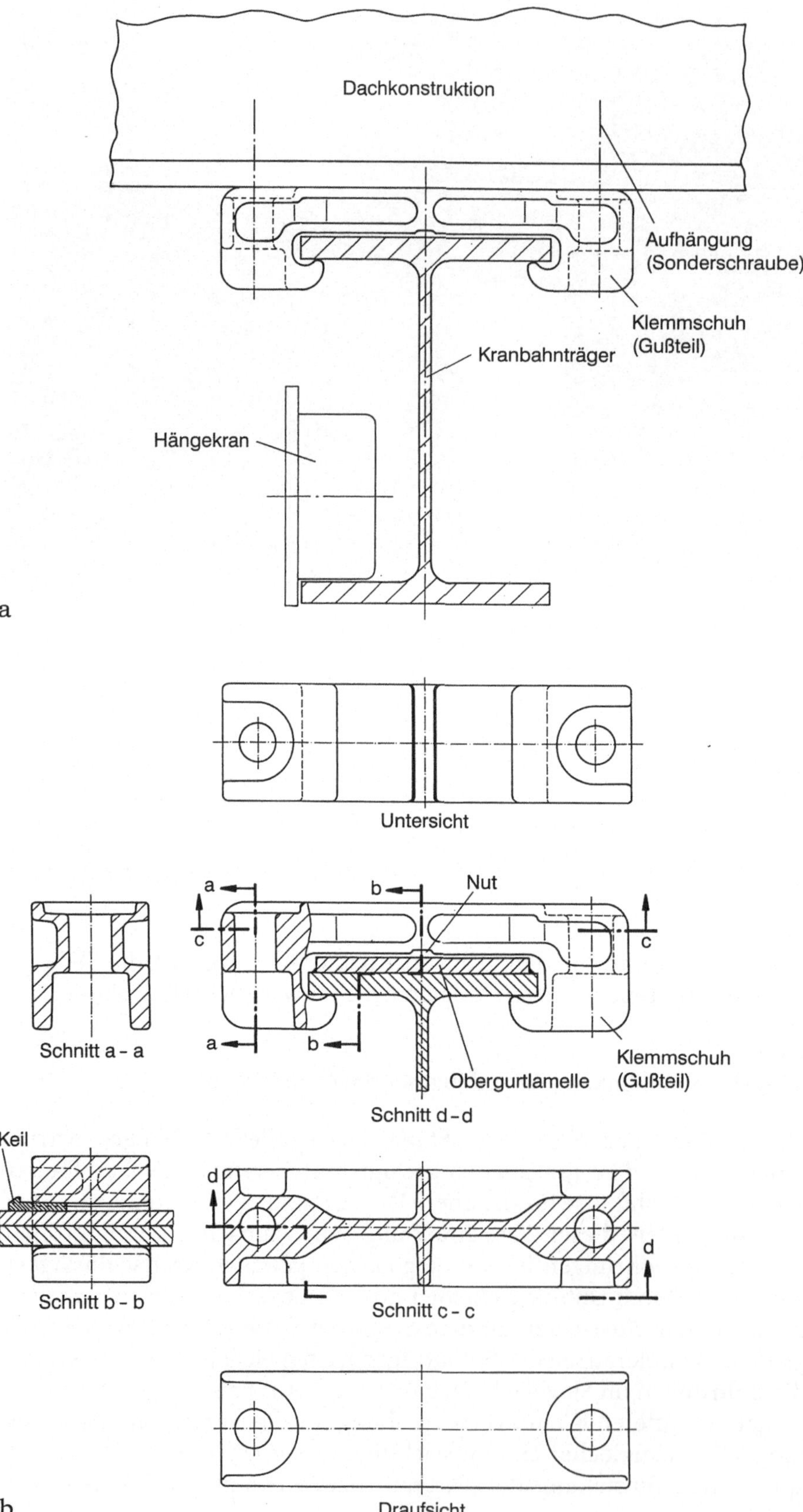

Dachkonstruktion
Aufhängung
(Sonderschraube)
Klemmschuh
(Gußteil)
Kranbahnträger
Hängekran
a
Untersicht
a
b
Nut
c
c
Schnitt a - a
a
b
Klemmschuh
(Gußteil)
Obergurtlamelle
Schnitt d - d
Keil
d
d
Schnitt b - b
Schnitt c - c
b
Draufsicht

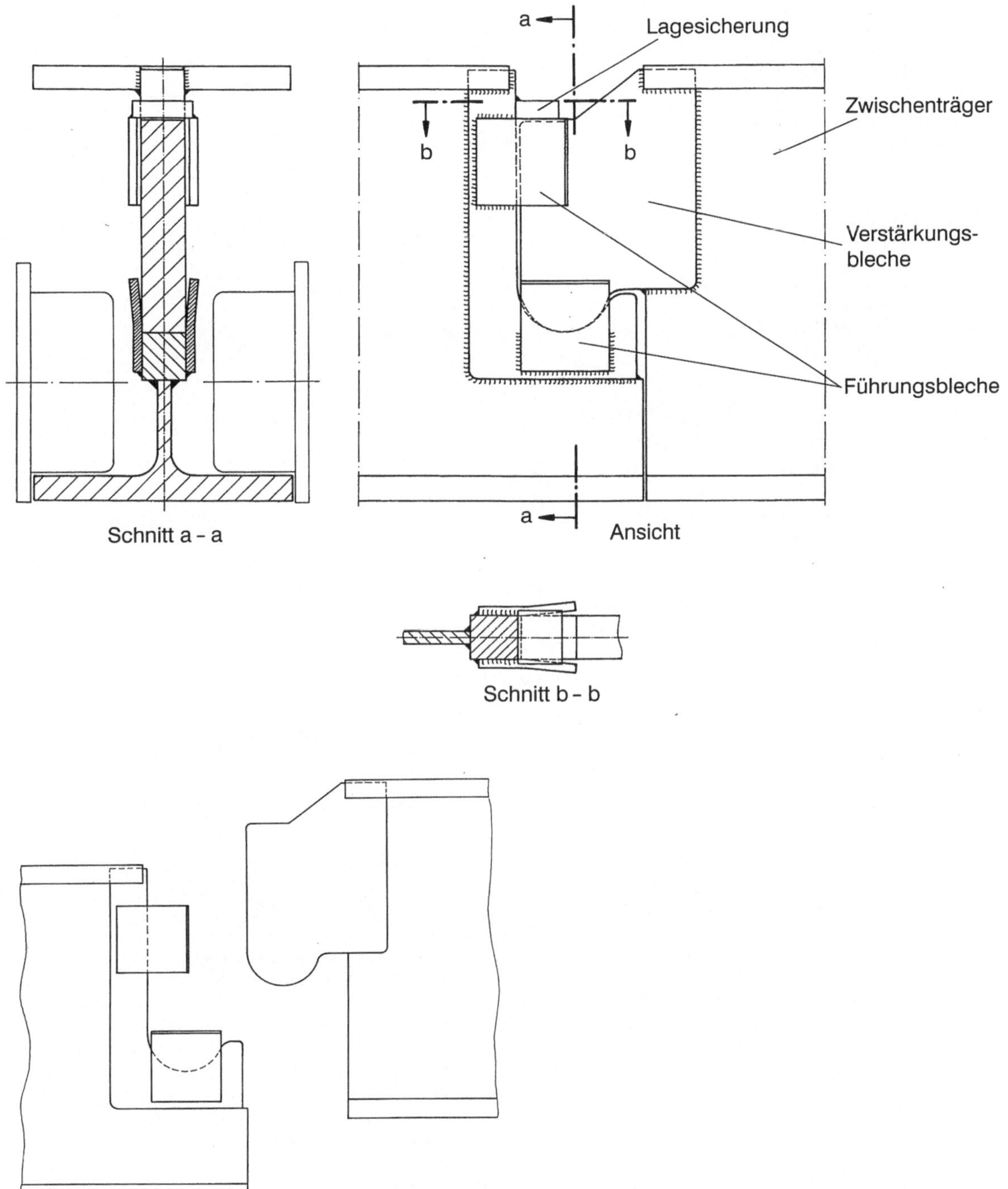

Bild IV.48. Steckkonstruktion für Hängekran-Trägerstöße

Bild IV.47 a, b. Träger-Aufhängung für Hängekrane über speziellen Stahlguß-Klemmschuh

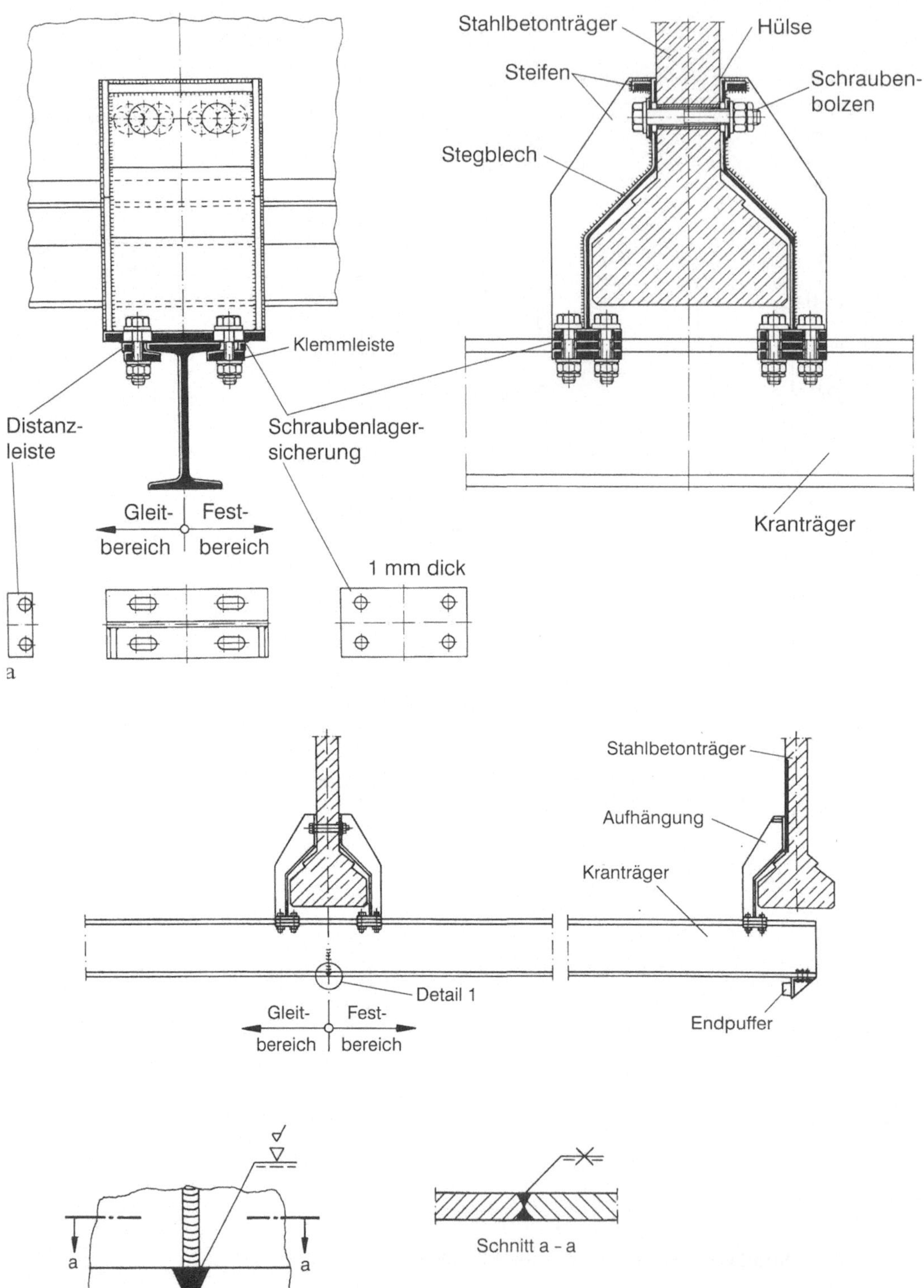

Bild IV.49 a, b. Befestigung von Hängekranbahn an Dachträgern aus Stahlbeton

bzw. Gleitlager nach Bild IV.49b je nach den statischen Erfordernissen festgelegt werden.

Wie die Details der Schweißnaht in Bild IV.49b andeuten, werden sämtliche Kranbahnstöße auf besondere Weise verschweißt: nämlich erst ab Trägermitte bis einschl. unterer Flansch. Um ebene Laufradflächen zu gewährleisten, müssen die Innenseiten des Unterflansches im Schweißnahtbereich besonders sorgfältig eben nachgeschliffen werden.

5.2.2
Stahlbeton-Deckenunterzüge für nachträglichen Hängekran-Einbau (Bild IV.50)

Für die nachträgliche Aufhängung der Hängekranbahn mußten zunächst die Stahlbeton-Deckenunterzüge entsprechend der einschlägigen

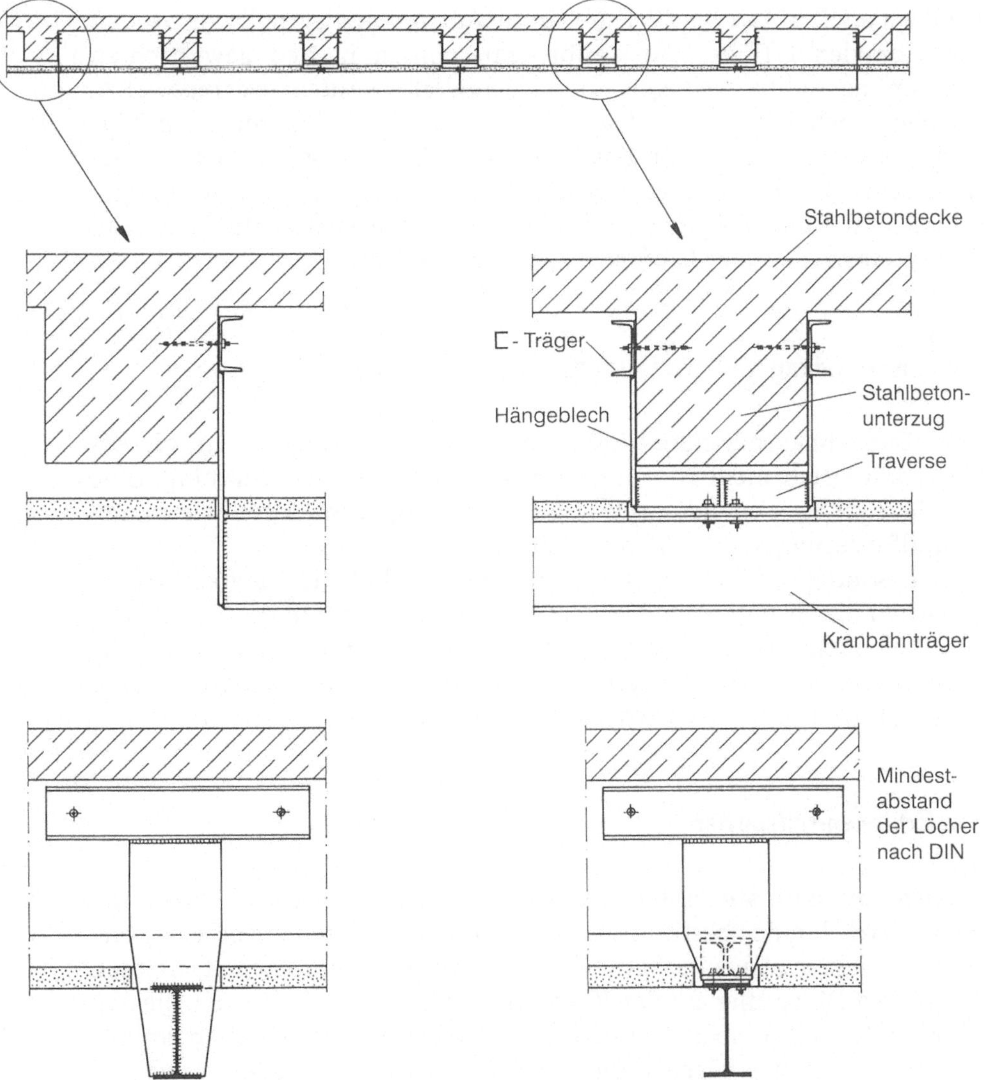

Bild IV.50. Lösung für nachträglichen Hängekranbahn-Einbau an Stahlbeton-Deckenunterzügen

DIN-Vorschriften in entsprechenden Abständen mit Aufhängebohrungen versehen werden. Für eine möglichst gleichmäßige Lasteinleitung in die Betonunterzüge ist der Kranbahnträger mit der Traverse gelenkig verschraubt. Langlöcher gewährleisten das notwendige Ausrichten der Kranbahn. Die Kranbahnstöße wurden auch hier nach der Erläuterung gemäß Bild IV.49b verschweißt. Für eine, trotz nachträglichen Einbaus, auch optisch abgerundete Hallenlösung sorgte der abschließende Einzug einer Zwischendecke, die die Unterzüge einschl. der Aufhängekonstruktion verdeckt.

5.3
Katzbahnträger: Stöße und Auflager

Katzbahn- oder Einschienenbahnträger tragen auf ihrem Unterflansch ein oder mehrere Laufkatzen. Hierbei lassen sich nicht nur geradlinige, sondern auch in Kurven verlegte Kranbahnen realisieren. Dazu werden die schmalen I-Träger auf Kaltbiegemaschinen in den gewünschten Krümmungsradius gebogen. Im Normalfall werden warmgewalzte I-Träger nach DIN 1025 mit geneigten Flanschen eingesetzt. Aufhängung und Trägerstöße für Katzbahnträger können grundsätzlich wie in Abschn. 5.2 (Hängekrane) geschildert ausgelegt werden. Aufhängekonstruktion und Trägerstöße sind so auszulegen, daß sie die Lauf- und Bewegungsfreiheit der Laufkatzen nicht behindern.

5.3.1
Klemmverbindung für Untertagekatzbahn (Bild IV.51)

Die Katzbahnaufhängung und Stoßausbildung erfolgten in diesem Anwendungsfall nicht von ungefähr als reine Klemmverbindung. Eine absolut funken- und daher schweißfreie Montagetechnik gehörte zu den Grundforderungen des Auftraggebers, eines Bergwerks.

Die Sonderaufhängung ist so ausgebildet, daß die Katzbahnträger zwischen die vorhandenen Deckenträger geschoben und dann mit Stell- und Ankerschrauben justiert und verspannt werden kann. Ein evtl. seitliches Ausweichen der Trägerunterflansche im Stoßbereich wird durch eine Nut- und Federblechsicherung verhindert.

5.4
Kranschienen-Hilfspuffer

Manchmal muß aus unterschiedlichsten betrieblichen Gründen die Befahrbarkeit eines bestimmten Teils von Krananlagen zuverlässig verhindert werden. Auch im Sinne der Unfallverhütungsvorschrift müssen bei Bedarf Hilfspuffer auf den Kranschienen angebracht werden, die den Kran im Notfall stoppen. Das bedeutet, solche Hilfspuffer sollten einfach montiert, zwischengelagert und bei Bedarf jederzeit wieder verwendet werden können.

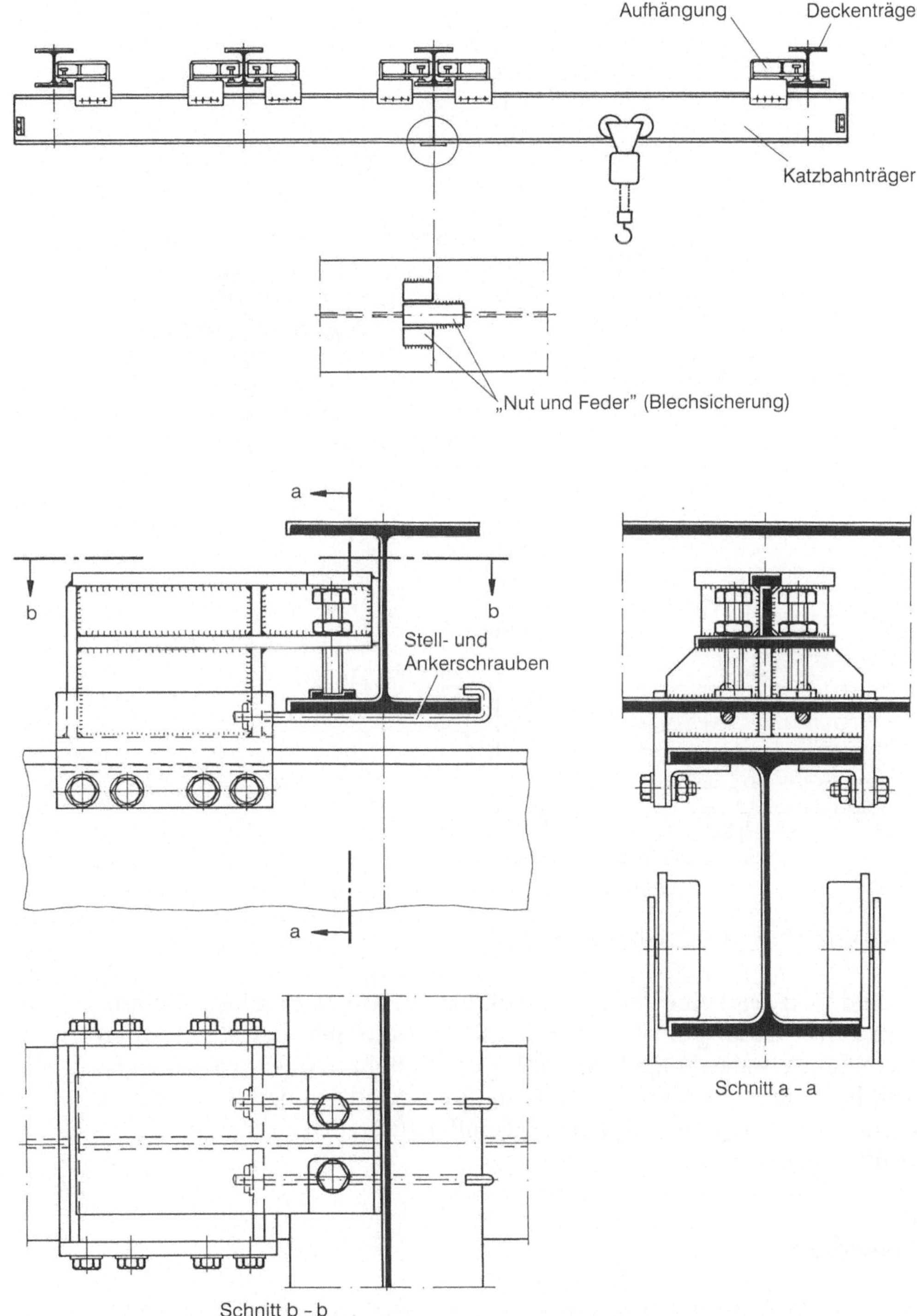

Bild IV.51. Klemmverbindung für Untertage-Katzbahn (ohne Schweißen)

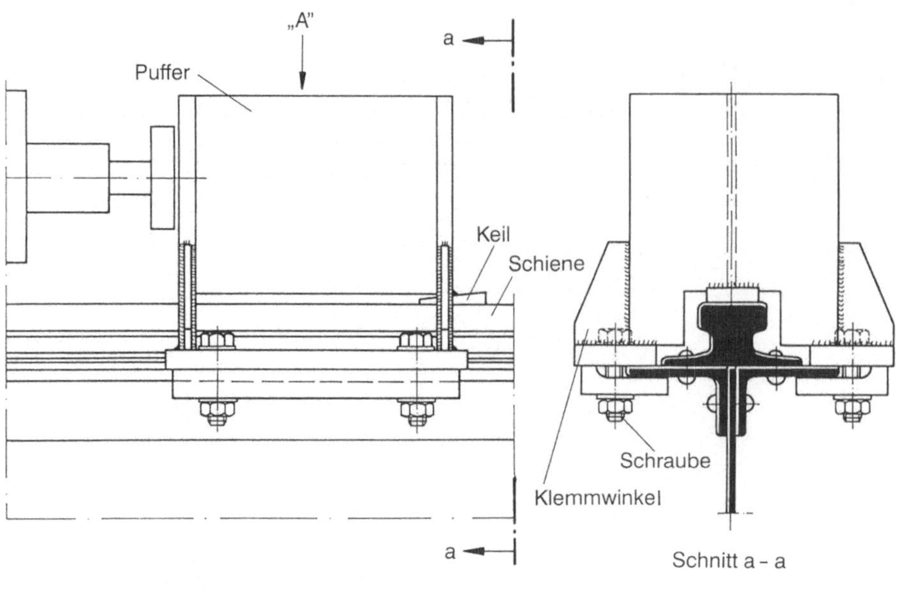

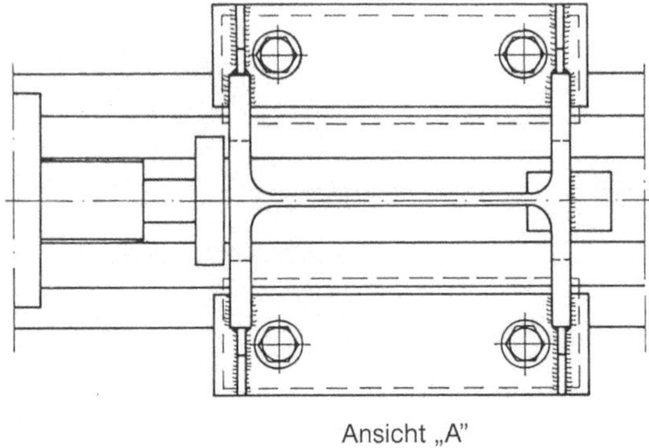

Bild IV.52. Lösbarer Kranschienen-Hilfspuffer

Bild IV.52 zeigt eine Pufferkonstruktion, die mit einer reinen Klemm-schraubverbindung am Obergurt des Kranbahnträgers befestigt werden kann. Eine etwaige Trägerbearbeitung durch Bohren oder Schweißen ist also hier nicht erforderlich. Um hohe Bremskräfte in der Stoprichtung aufnehmen zu können, wird der Hilfspuffer zusätzlich auf der Schienen-lauffläche verkeilt.

6
Trägerbau

Als Hauptbauteile des Traggerüsts eines Bauwerks werden Träger so an-geordnet, daß sie hauptsächlich nur senkrecht zur Längsachse wirkende Belastungen aufzunehmen haben, also auf Biegung beansprucht werden.

Das verbreitetste Trägerprofil ist der warmgewalzte I-Träger, der ab Handelslager in schmaler, mittelbreiter oder breiter Ausführung erhält-lich ist. Reicht die Tragfähigkeit der handelsüblichen DIN-Träger in ein-zelnen Anwendungsfällen nicht mehr aus, können sie beispielsweise durch das Aufschweißen von Gurt- oder Steglamellen verstärkt werden. Sollte auch solch eine Verstärkung nicht mehr ausreichen, bleiben nur maßgeschneiderte Trägerschweißkonstruktionen: belastungsgerecht entweder als Vollwand- oder als Fachwerkträger gestaltet.

Norm- oder maßgeschweißte Träger?
Ausgehend von der gleichen Tragfähigkeit haben maßgeschneiderte Trägerschweißkonstruktionen verglichen mit gewalzten Normträgern:

- geringeres Eigengewicht,
- aber höhere Herstellungskosten.

Zwar liegen die Herstellungskosten der Schweißträger selbstverständlich höher, aber neben dem Kostengesichtpunkt hat das Qualitätsargument zumindest gleiche Wertigkeit. Besonders auch deshalb, weil der obige Zusammenhang unter den heutigen Fertigungsbedingungen nur noch eingeschränkte Bedeutung hat. Höhere Herstellungskosten sind inzwischen durch den rationellen Einsatz etwa vollautomatischer Roboterschweißanlagen vollständig aufzufangen. Damit sich die hohen Investitionskosten einer solchen Automatisierung rentieren, müssen die Anlagen natürlich möglichst lückenlos ausgelastet werden.

Ein Weg zur kontinuierlichen Serienfertigung im Stahlbau ist die Entwicklung etwa einbaufertiger Fachwerkträger, z. B. mit montagegerechten Steckverbindungen (s. hierzu auch Teil V „Baukastensysteme". Ihre Wirtschaftlichkeits-Bilanz, sowohl was ihre Fertigung wie ihre einfache und praktikable Handhabung angeht, gibt inzwischen häufig den Ausschlag zugunsten des Stahlbaus „aus und mit dem Schnellbaukasten".

6.1
Gelenkige Anschlüsse

Bild IV.53 und IV.54 zeigen verschiedene konstruktive Ausführungen von Steckverbindungen für I-Träger, die statisch natürlich als Gelenkverbindungen zu betrachten sind. Die Besonderheit dieser Steckverbindungslösungen ist der vergleichsweise geringe Aufwand. In der Werkstatt sind lediglich die Kopfplatten mit den I-Trägern bzw. als Gegenstück die Knaggen und Anschläge mit den Stützen zu verschweißen. So vorbearbeitet, ist die Baustellenmontage noch schneller und kostensparender vollzogen. Einfach den „Schwalbenschwanz" der Kopfplatte senkrecht in die passend ausgefräste Nut der Knagge einrasten lassen. Das zuvor übliche Verschlossern der Verbindung (Löcher aufdornen, Schrauben einziehen und anziehen usw.), wofür meist noch ein Baustellengerüst erforderlich war, kann bei der Steckverbindung oft entfallen. Unter günstigen Umständen kann der Träger mit Hilfe von Führungsleinen dabei nämlich sogar vom Boden aus dirigiert und montiert werden, denn die richtige Steckpassung erübrigt ein umständliches Aus- oder Nachrichten der Trägerlagerung.

Statisch dient die Trägerverbindung, eindeutig definiert, allein der vertikalen Lastaufnahme und -ableitung über das gelenkig ausgebildete

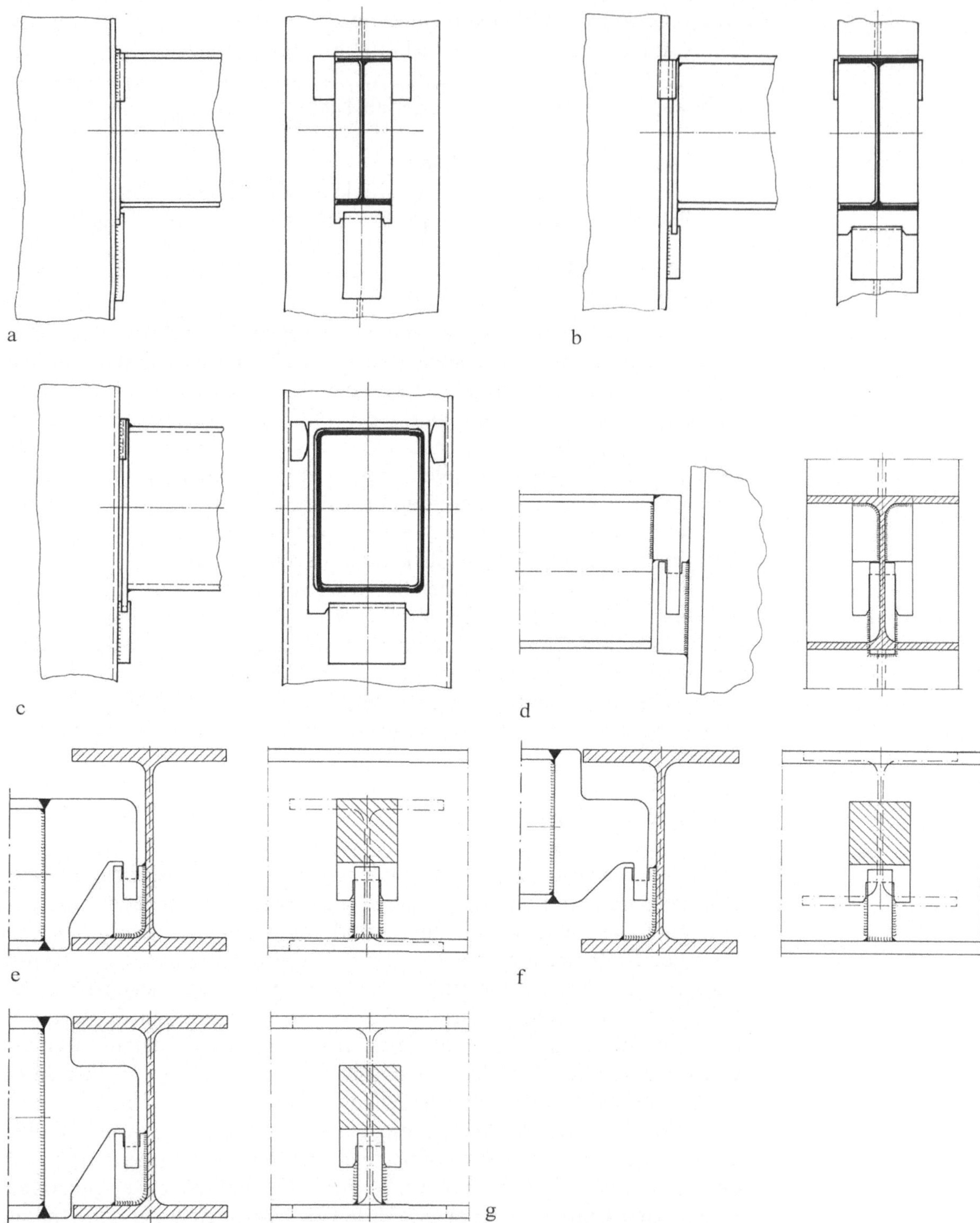

Bild IV.53 a – g. Träger-Steckverbindungen (statisch gelenkig). **a** Schmaler I-Träger mit Kipphalterung; **b** bündiger I-Träger mit Kipphalterung; **c** Rechteck-Hohlprofil-Träger mit Kipphalterung; **d** I-Träger ohne Kipphalterung; **e** Haupt- und Nebenträger-Verbindung (unten bündig); **f** Haupt- und Nebenträger-Verbindung (oben bündig); **g** Haupt- und Nebenträger-Verbindung (oben und unten bündig)

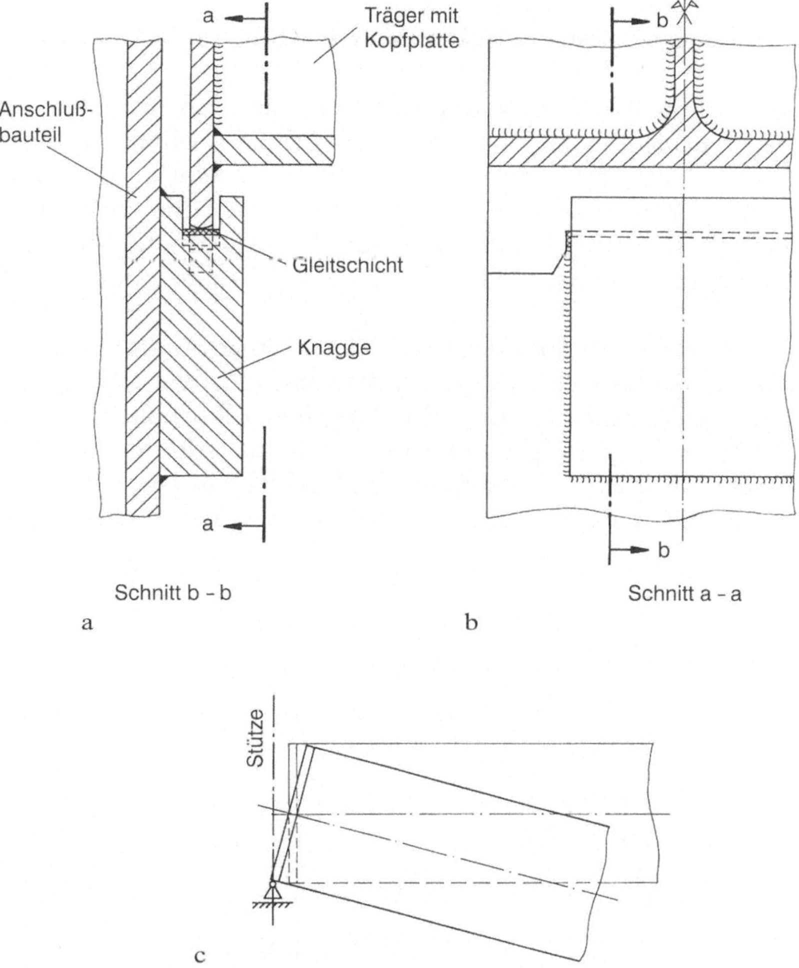

Bild IV.54. Ausbildung und Funktion eines gelenkigen Träger-Auflagers

Knaggenlager an der Stütze (Bild IV.54a, b). Als seitliche Montageführung und Kipphalterung sind im Bereich des Trägerobergurts seitliche Anschlagbleche angeschweißt (Bild IV.53a – c). Im Untergurt übernimmt die Kopfplatte die seitliche Halterung (Bild IV.54b).

Dagegen zeigt Bild IV.53d eine Konstruktionslösung ohne seitliche Kipphalterungsbleche. Die gleiche Lagesicherung wird hier durch die seitenstabile Verklammerung mit der schwalbenschwanzförmig ausgesparten Kopfplatte erreicht. Entsprechende Varianten solcher Steckverbindungen, hier aber für Haupt- und Nebenträgeranschlüsse, zeigt auch Bild IV.53e – g.

Was die statische Definition des Gelenkanschlusses angeht, wird in Bild IV.54c bewußt übertrieben. Die mögliche Auslenkung durch Biegebeanspruchung gezeigt, um deutlich zu machen, daß Gelenkverbindungen aufgrund ihrer (einachsigen) Auslenkmöglichkeit eindeutig nur senkrechte, nicht aber andere Belastungen an das übrige Tragwerk oder die Stützen weiterleiten.

6.1.1
Anwendungs-Beispiel: Gelenkanschluß für Hohlprofil-Fachwerkbinder

An dem in Bild IV.55 gezeigten Gelenkanschluß für einen Fachwerkträger aus Stahlbau-Hohlprofilen läßt sich beispielhaft aufführen, welch diverse Fülle von Gesichtspunkten für solch eine Konstruktion unter „echten" Wettbewerbsbedingungen heute eine Rolle spielt. Der Kundenwunsch spitzte sich nicht nur auf die rationellste Fertigungs- und Montagetechnik zu, sondern außerdem auf einen „unmöglich" kurzen Termin.

Erstens war im konkreten Fall ein gelenkiger Anschluß, der vor allem auf Vertikallasten ausgelegt ist, die funktionellere Lösung, außerdem wäre die übliche Schraubverbindung hier schon allein aus optischen Gründen unbefriedigend gewesen. Auch aus Gründen des Korrosionsschutzes war ein Anbohren oder Aufschlitzen der geschlossenen Hohlprofile, einer ihrer „natürlichen" Vorteile, selbstverständlich nicht er-

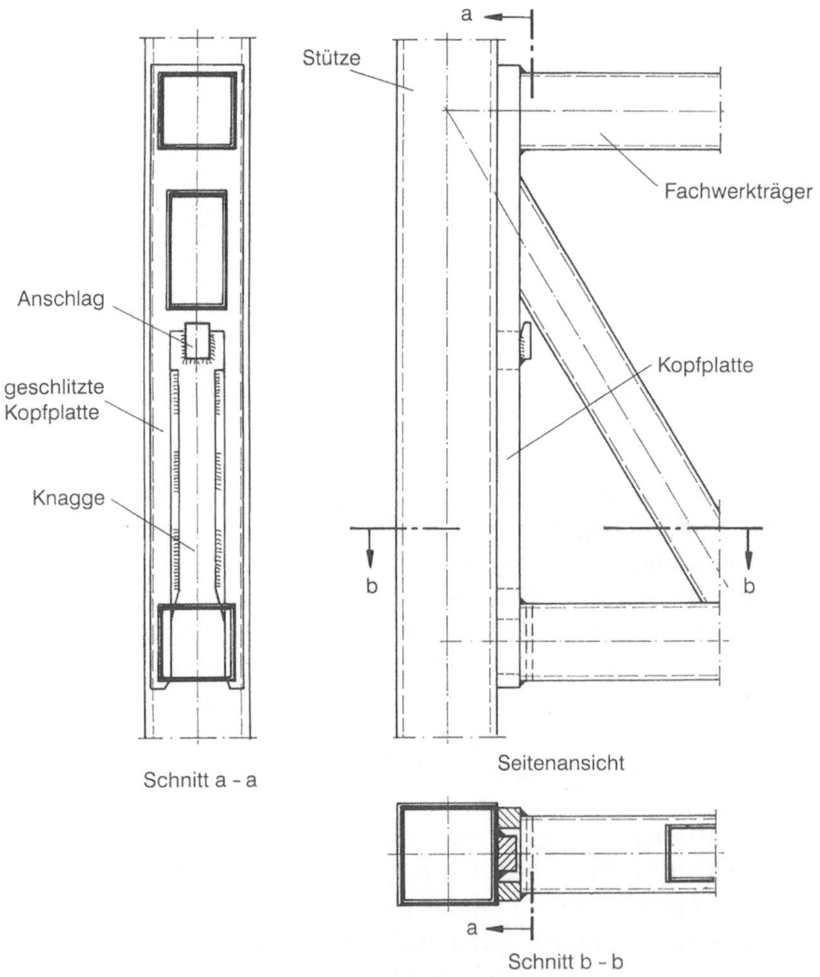

Bild IV.55. Steckverbindung für Hohlprofil-Fachwerkbinder, statisch gelenkig

Bild IV.56. Fachwerkbinder-Steckverbindung (gelenkig) an Betonstütze mit Stahl-Einbauteilen als Tragwerk für Schul-Neubau

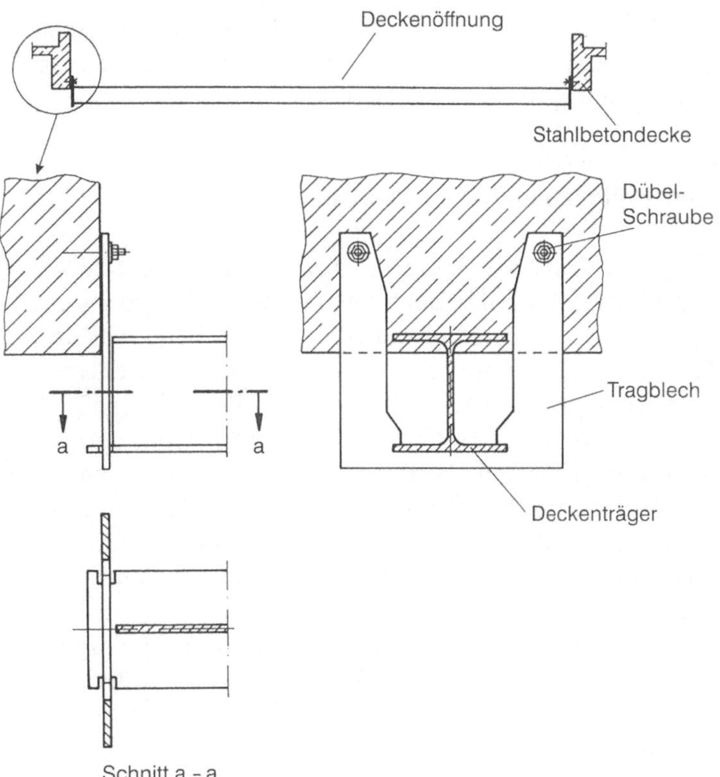

Bild IV.57. De- und remontierbarer I-Deckenträger-Anschluß

wünscht. Die vorgeschlagene Lösung sah deshalb eine gelenkige Steckverbindung vor, im Prinzip wie nach den zuvor besprochenen Beispielen (Bild IV.53 und IV.54).

Nach dem Schweißen wurde der Hohlprofil-Fachwerkträger in der Werkstatt stirnseitig mit einer Kopfplatte mit „Schwalbenschwanz"-Schlitz ausgerüstet und die Stütze erhielt eine entsprechend als Gegenstück ausgebildete Knagge mit Vertikalanschlag. Beim Montieren schiebt sich der Fachwerkträger mit seiner als Schwalbenschwanz ausgebildeten Kopfplatte klammerartig in das Knaggenauflager, bis auf den Anschlag. Die Knagge ist trichterförmig so gestaltet, daß sie gleichzeitig ein eventuelles seitliches Kippen oder Verdrehen des Trägers durch kräftige Führungen mit längerem Hebelarm verhindert.

Diese Steckverbindung ermöglichte auch in diesem konkreten Fall eine schnelle, einfache und kostensparende Montage der Träger vom Boden aus mit Hilfe von Führungsleinen. Da insgesamt mehr als 50 solcher gleichartiger Fachwerkträger zu montieren waren, summierte sich der Zeitgewinn zu einem Vorteil, der es ermöglichte, den sehr knapp bemessenen Fertigstellungstermin des Kunden noch zu unterbieten.

Bild IV.57 zeigt einen Deckenträgeranschluß für einen I-Träger, der als ebenfalls gelenkige und leicht de- und remontierbare Steckverbindung ausgelegt ist. Die klammerartig ausgenommenen Tragbleche werden an die gegebene Betondecke gedübelt. Dabei richtet sich die Form der Blechaussparung nach Größe und Umriß des I-Trägerprofils sowie nach dem bauaufsichtlich geforderten Mindestabstand der Dübelschrauben. Die Deckenträger werden stirnseitig laut Zeichnung so bearbeitet, daß sie auf einfachste Weise von oben nach unten in die Tragbleche eingehakt oder -gehängt werden können.

6.2
Biegesteife I-Träger-Steck-Verbindung

Lösbare I-Träger-Anschlüsse wurden traditionell als Schraubverbindung ausgeführt. Das galt bisher sowohl für gelenkige als auch für biegesteife Trägeranschlüsse. Hauptnachteil der Schraubverbindung: (zu) hohe Werkstatt- und Montagekosten angesichts der heutigen Kostenstruktur.

Bei der patentierten Träger-Steck-Verbindung (TSV) nach Bild IV.58 können die Kosten für Fertigung und Montage verglichen mit der Schraubtechnik um bis zu ein Drittel reduziert werden. Und zwar, indem man die Schraubverbindung mit ihren relativ hohen Genauigkeitsanforderungen durch einfachere Stecktechniken ersetzt. Dadurch entfällt das Bohren der Schraublöcher sowie ihr Verschrauben und Verschlossern auf der Baustelle.

Bei der TSV-Steckverbindungstechnik von I-Trägern werden einfach die Kopfplatten in die Konsolbleche der Hauptträger eingehakt. So erhält man einen biegesteifen Trägeranschluß, wobei die für die TSV-Fertigung erforderlichen Brennschneid- und Schweißarbeiten erstens nur stahlbauübliche Genauigkeiten voraussetzen und sich zweitens günstig automatisieren lassen.

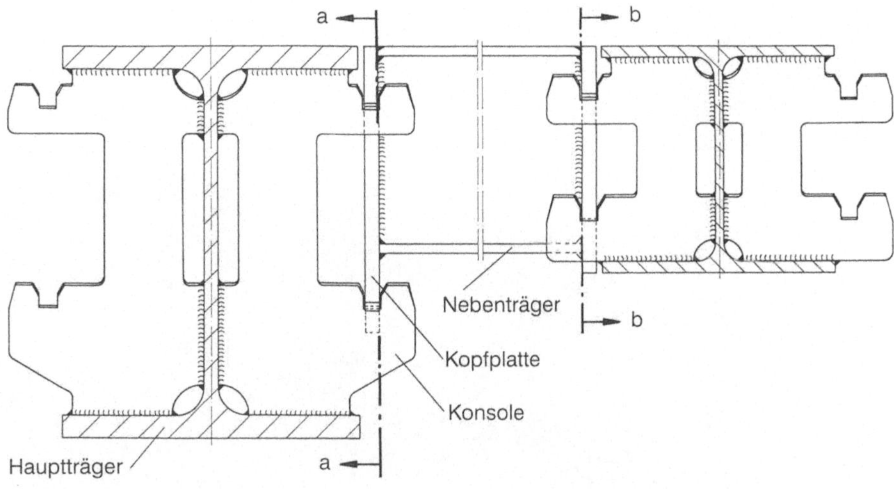

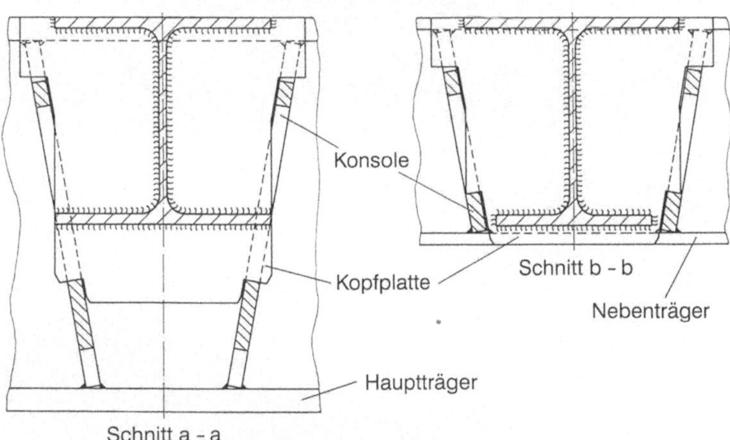

Bild IV.58. Biegesteife Träger-Steck-Verbindung (patentiertes TSV-System)

Durch die biegesteife Einspannung der TSV-Anschlüsse ergibt sich ein günstigeres Tragverhalten, mit dem Vorteil, daß die Haupt- und Nebenträger insgesamt kleiner ausgelegt werden können, was sich zu einer deutlichen Gewichts- und Kosteneinsparung addieren kann.

Zu guter letzt: wie schon die Zeichnung andeutet, können mit der TSV-Technik I-Profile unterschiedlichster Größen miteinander verbunden werden.

6.3
Biegesteife I-Träger-Eckverbindung

Mehrere, in einem Knotenpunkt zusammenlaufende I-Träger sollen sauber miteinander verbunden werden. Für die Lösung dieser Aufgabe gibt es in der Praxis viele unbefriedigende Lösungen. Zum Beispiel die Direktverschweißung im Knotenpunkt mit Hilfe von Aussteifungs-

a

b

Bild IV.59. a Gelenkige Träger-Steck-Verbindung, Beispiel Parkhaus Spielbank Dortmund-Hohensyburg; **b** Gelenkige Träger-Steck-Verbindung, Beispiel Parkhaus Berlin-Henningsdorf

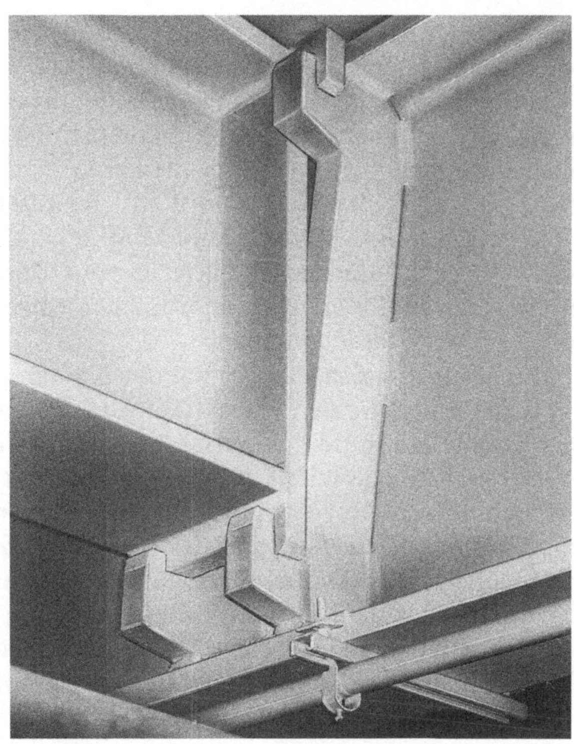

Bild IV.60. Gelenkige Träger-Steck-Verbindung, Beispiel Brauerei Berlin

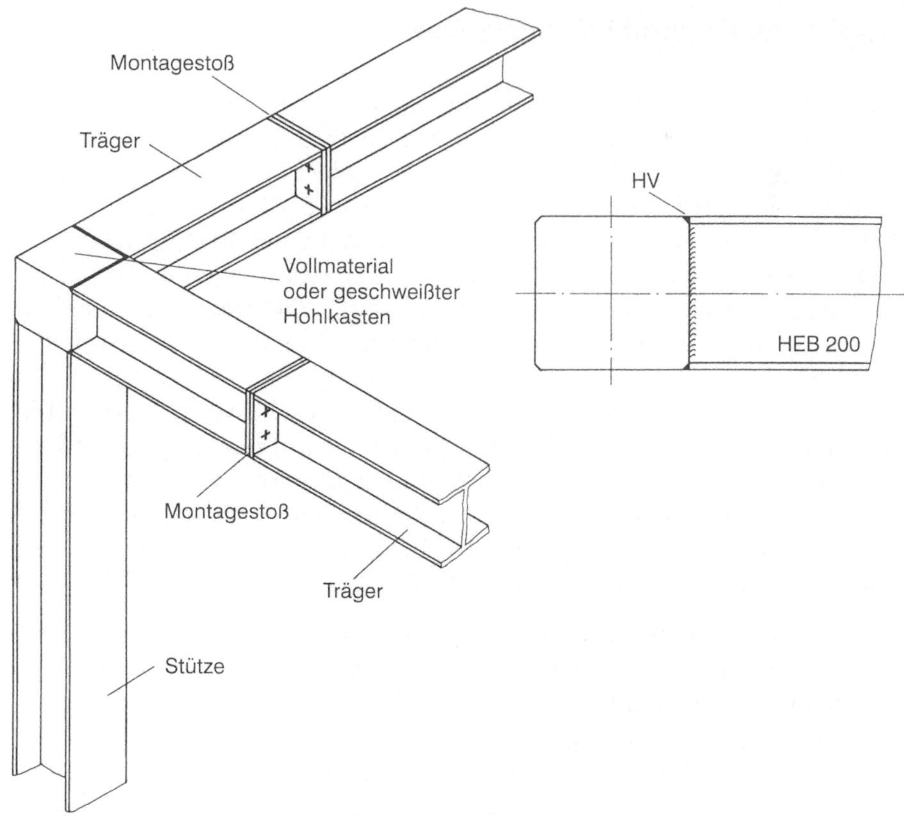

Bild IV.61. Biegesteife I-Träger-Eckverbindung

rippen, was nicht nur oft optisch unschön, sondern vor allem auch aufwendiger ist als man denkt.

Sind Schraubstöße aus transport- oder montagetechnischen Gründen unverzichtbar, dann sollten sie möglichst nicht direkt im Knoten angeordnet werden. Besonders bei kleineren Profilgrößen ist hier einfach nicht genügend Platz für eine ordentliche und rationelle Verschraubung oder Verschweißung. Wie in Bild IV.61 angedeutet, sollte man Schraub- oder Montagestöße besser entfernt vom Knoten in spannungsmäßig günstigeren Profilbereichen anordnen, wie sie vorab im Festigkeitsnachweis ermittelt werden können.

Zur weitgehenden Entzerrung der Knoten-Problematik wird in Bild IV.61 das Einschweißen eines Stahlwürfels vorgeschlagen, wie man ihn aus Blechteilen mittels Brennschneidtechnik leicht herstellen kann. So entsteht eine biegesteife Knotenecke, die sich aufgrund ihrer allseitigen Flächenbündigkeit vorzüglich für die moderne Tragwerksgestaltung eignet. Auch die Herstellung des Knotenwürfels selbst kann natürlich rationalisiert werden. Bei Blechwürfeln können die Produktionskosten durch Einsatz eines Schweißroboters um bis zu 70 % gesenkt werden. Die Würfelfertigung aus Voll- bzw. Stangenmaterial ist noch wesentlich einfacher. Im Hinblick auf die Materialkosten empfiehlt sich allerdings, eine Kantenlänge von etwa 160 mm nicht zu überschreiten.

7
Beispiele für Hohlprofil-Verbindungen

Das Stahlbau-Hohlprofil hat nicht nur im sog. Architekturbau, sondern auch im Bereich der Wirtschafts- und Industriebauten zunehmend an Bedeutung gewonnen. Vergleicht man das geschlossene, kreisförmige Stahlbau-Hohlprofil von seiner Form her mit dem klassischen, offenen Walzprofil, dann kann vom ersten Augenschein her der Eindruck gewonnen werden, daß das Hohlprofil einfacher zu verarbeiten ist. Diesen Eindruck sollte man jedoch nicht generalisieren. Oft erkennt man heikle Fragen der Verarbeitung erst beim praktischen Einstieg in die konstruktiven Details.

Dazu zählt beispielsweise die Tatsache, daß geschlossene Hohlprofile bzgl. der Anschluß- oder Verbindungskonstruktion nur von der Außenseite und nicht von innen zugänglich sind. Andererseits ist das Anbringen äußerer Verbindungsglieder aus architektonischer Sicht jedoch oft nicht erwünscht. Hier einige weitere Besonderheiten des Bauens mit Hohlprofilen, die der Konstrukteur speziell zu beachten hat:

- Bei außen angeordneten Hohlprofilen unbedingt für Dichtigkeit sorgen, weil eine Wasserfüllung bei Frost Hohlprofile sogar zum Aufplatzen bringen kann.
- Vor der Feuerverzinkung sind im Anschlußbereich ausreichend große Zu- und Ablauflöcher für überschüssige Zinkschmelze vorzusehen.
- Schweißungen von kaltverformten Hohlprofilen nur unter Beachtung der einschlägigen DIN-Vorschriften vornehmen!

Die folgenden Bilder IV.63, IV.66, IV.69, IV.73, IV.74, IV.80, IV.81 und IV.82 illustrieren einige Beispiele.

7.1
Biegesteifer Rundrohranschluß

Bild IV.62a zeigt eine Anschlußmöglichkeit für eingespannte Treppen- oder Bühnenrohrkonsolen. Dabei sind die Rohranschlüsse insbesondere unter Berücksichtigung der Ausbeulgefahr zu gestalten. Eine Rohrhalbschale wird bereichsweise herausgetrennt und vor dem Einschweißen der Steifen geviertelt. Auf diese Weise erhält man drei verschiedene Möglichkeiten für Stegblechanschlüsse mit einwandfreier Lasteinleitung in die Rohrwandung. Bild IV.62b macht hierzu die statischen Verhältnisse deutlich und zeigt, daß dieser eingespannte Rohranschluß nicht nur für vertikale, sondern auch für horizontale bzw. zum Rohr radial wirkende Belastungen günstig ist.

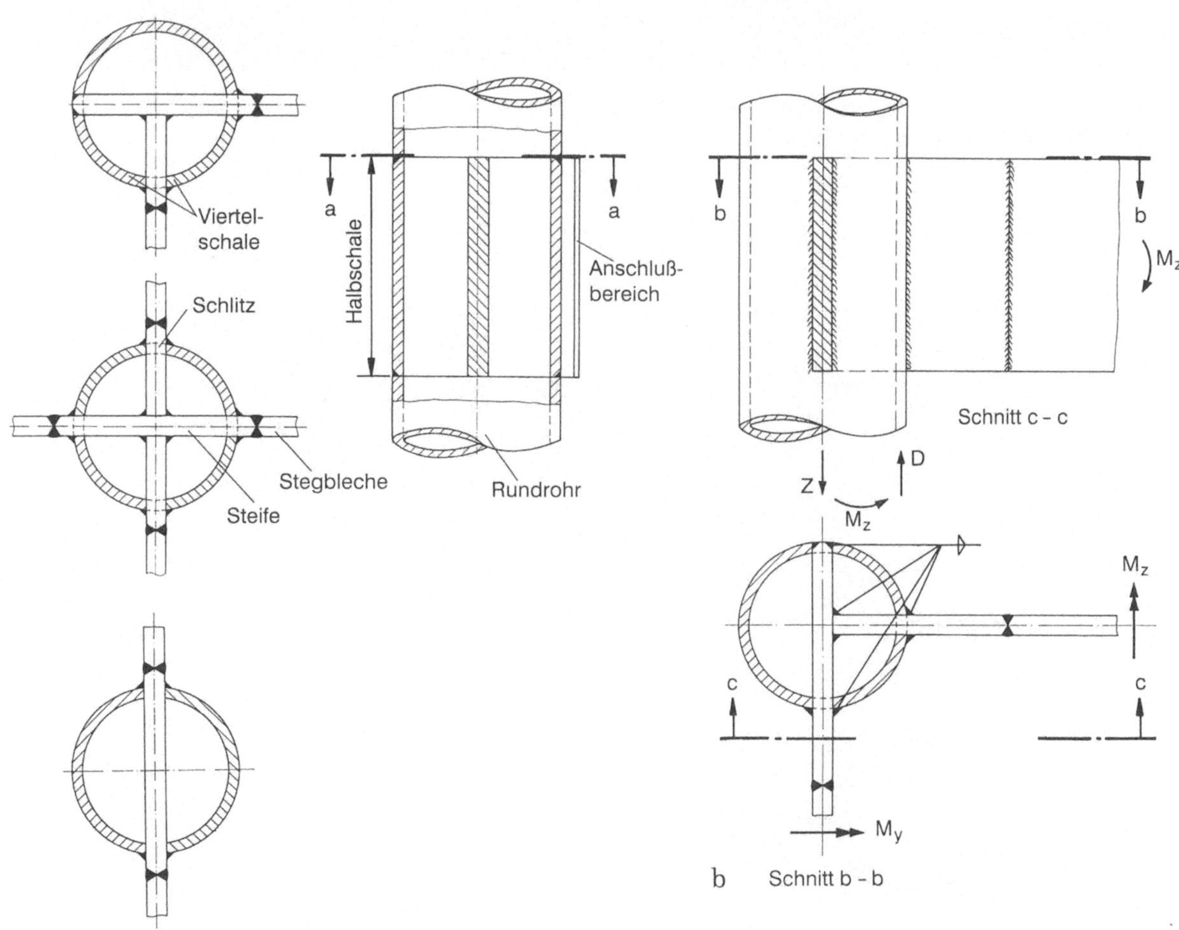

Bild IV.62a, b. Biegesteifer Rundrohr-Konsolanschluß und statische Beanspruchung

Bild IV.63. Biegesteifer Treppen-Konsolanschluß an Rohrstützen, Treppenanlage
S-Bahn-Haltestelle, Dortmunder Pylon

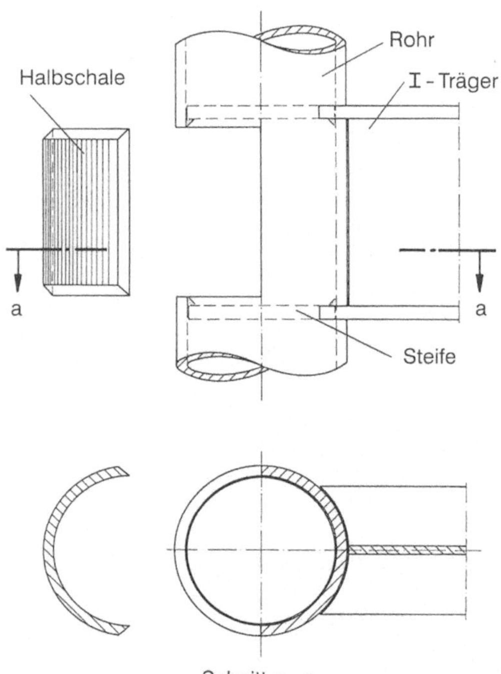

Bild IV.64. Biegesteifer I-Träger-Anschluß an Rundrohr

7.1.1
I-Träger-/Rohranschluß

Um eine einwandfreie Einspannung eines I-Trägers an ein ausbeul-
gefährdetes Rohr zu gewährleisten (Bild IV.64), muß das Rohr innen ausgesteift werden, hier z. B. durch das Einschweißen von runden Blech-
scheiben als Aussteifung. Um das Rohrinnere zugänglich zu machen,
wird mit dem Brennschneidgerät eine Halbschale ausgebrannt, die nach
Einschweißen der Innenversteifung wieder eingesetzt und verschweißt
wird. Von außen kann jetzt der I-Träger, dessen Ende der Rohrrundung
angepaßt ist, durch Kehlnähte kraftschlüssig mit dem Rundrohr verschweißt werden.

Das gleiche Prinzip der Rohraussteifung von innen wurde bei der
langen Rundrohrstütze einer über mehrere Etagen reichenden Wendeltreppe umgesetzt (Bild IV.65 und IV.66). Wie das verkleinerte Schema in
Bild IV.65 a rechts außen andeutet, sollen die I-Träger für die Treppen-
podeste hier in vier Ebenen statisch sicher, also biegefest eingespannt,

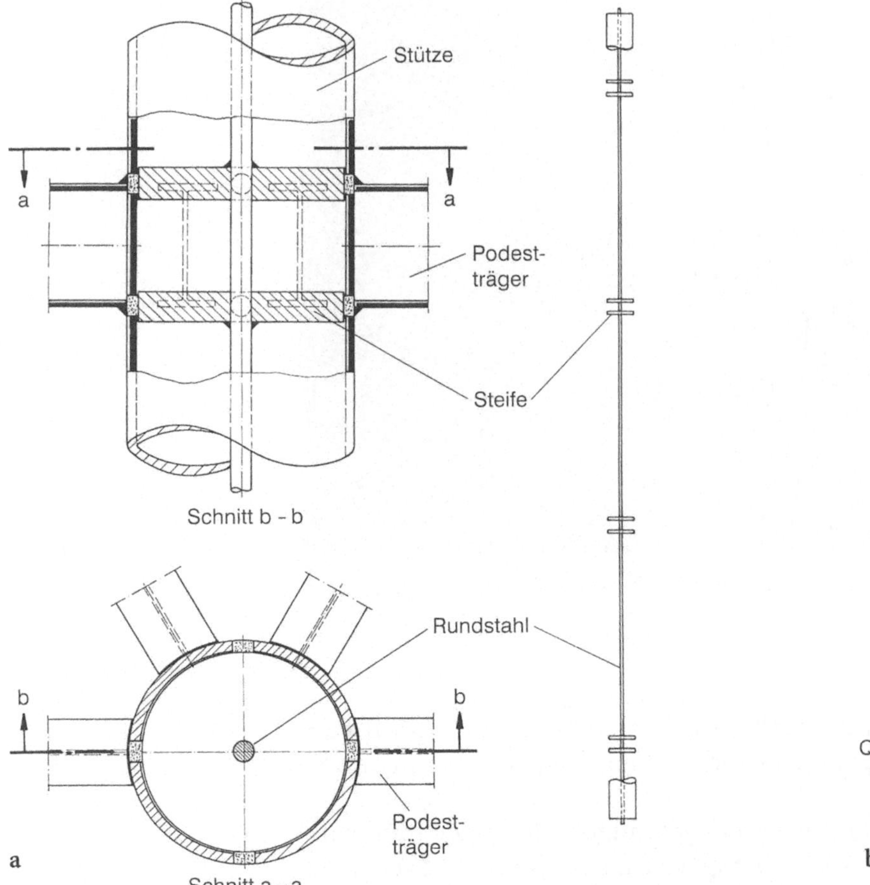

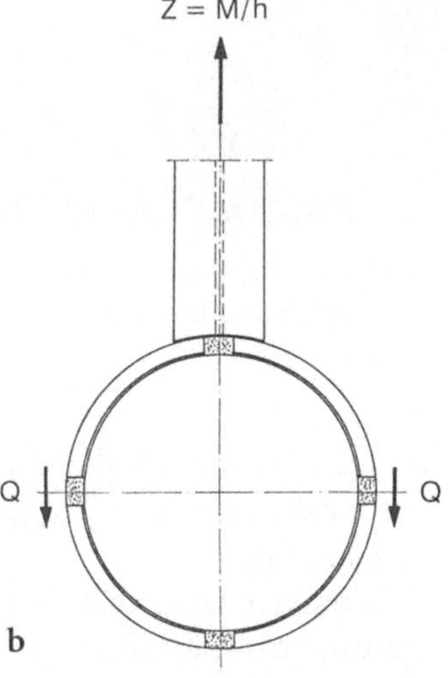

Bild IV.65 a, b. Loch-geschweißte Rundrohr-Aussteifung für die Rathaustreppe,
Bild IV.66 mit statischer Beanspruchung

Bild IV.66. Innenliegende Rundrohraussteifung für biegesteif geschweißten Konsolanschluß, Rathaus-Fluchttreppe

mit der zentralen Rohrstütze verschweißt werden. Links im Bild wird der Anschluß von vier I-Träger in derselben Höhenebene mit dem Zentralrohr gezeigt.

Zunächst wird das Tragrohr auf der jeweiligen Höhe der Innenaussteifung mit Radialbohrungen für die spätere Lochschweißung versehen. Die Aussteifungsscheiben werden in entsprechenden Abständen auf einem etwa 16 mm dicken Rundstahl aufgefädelt (Bild IV.65a, rechts) und heftgeschweißt, bevor das Ganze in das Tragrohr hineingeschoben, richtig positioniert und schließlich die genannten Innen- und Außenteile durch die Lochschweißung fest verbunden werden. Auf das in dieser Weise ausgesteifte Zentralrohr können jetzt von außen die I-Podestträger, und zwar als biegesteife Anschlüsse mittels Kehlnähten angeschweißt werden. Bild IV.65b zeigt hierzu die statische Beanspruchung, mit der im Anschlußquerschnitt des Tragrohrs zu rechnen ist.

7.2
Biegesteife Hohlprofil-/Rohrstöße

Bild IV.67 zeigt den klassischen Kopfplatten-Schraubstoß, hier als Konstruktions-Montagestoß. Diese Stoßausführung ist zwar statisch und funktionell in Ordnung, kommt oft jedoch aus optischen Gründen nicht in Frage oder die weit überstehenden Kopfplatten stören bei der Anbringung von Verkleidungen bzw. anderen Bauteilen. Die einfachste Alternative wäre ein geschweißter Stumpfstoß, der allerdings besser in der Werkstatt durchgeführt werden sollte, weil er unter Baustellenbedingungen oft zu großen Aufwand verursacht.

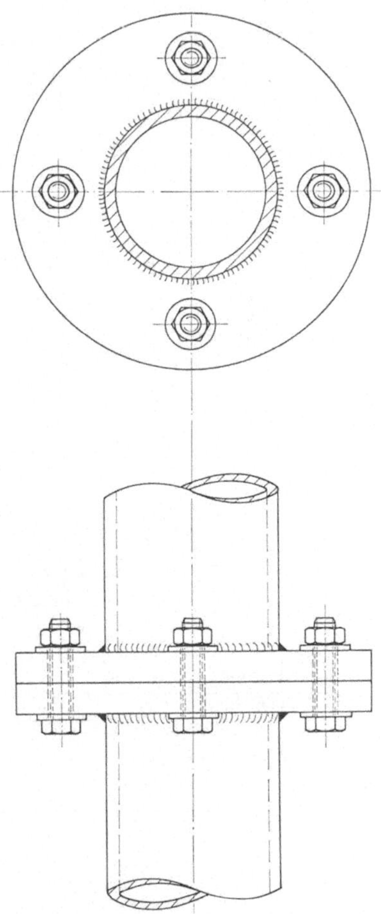

Bild IV.67. Klassische Lösung „Kopfplatten-Schraubstoß" für Rohre und Hohlprofile

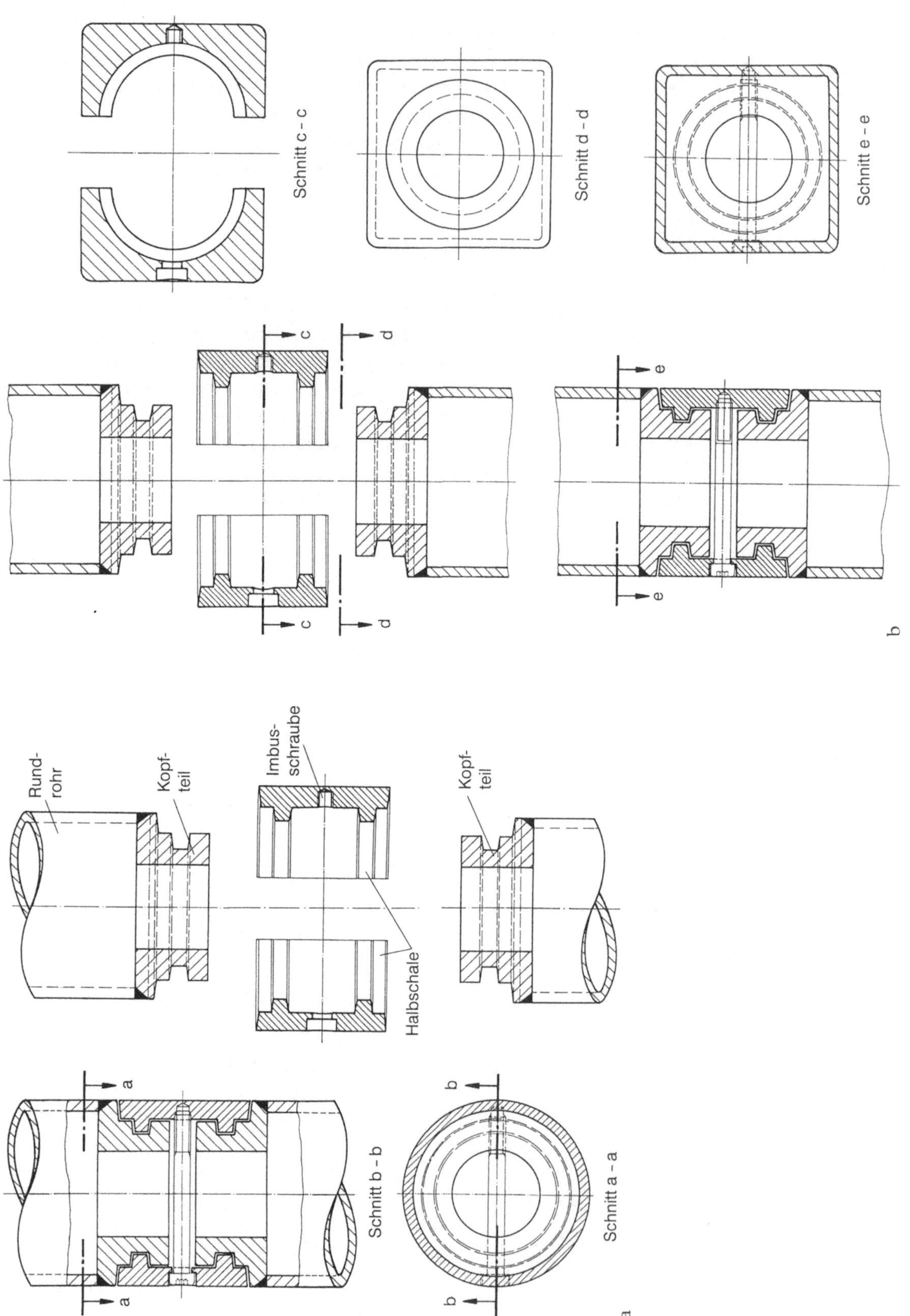

Schnitt c - c
Schnitt d - d
Schnitt e - e
c
d
c
d
e
e
b
Rund-
rohr
Kopf-
teil
Imbus-
schraube
Kopf-
teil
Halbschale
a
a
b
b
Schnitt b - b
Schnitt a - a
a

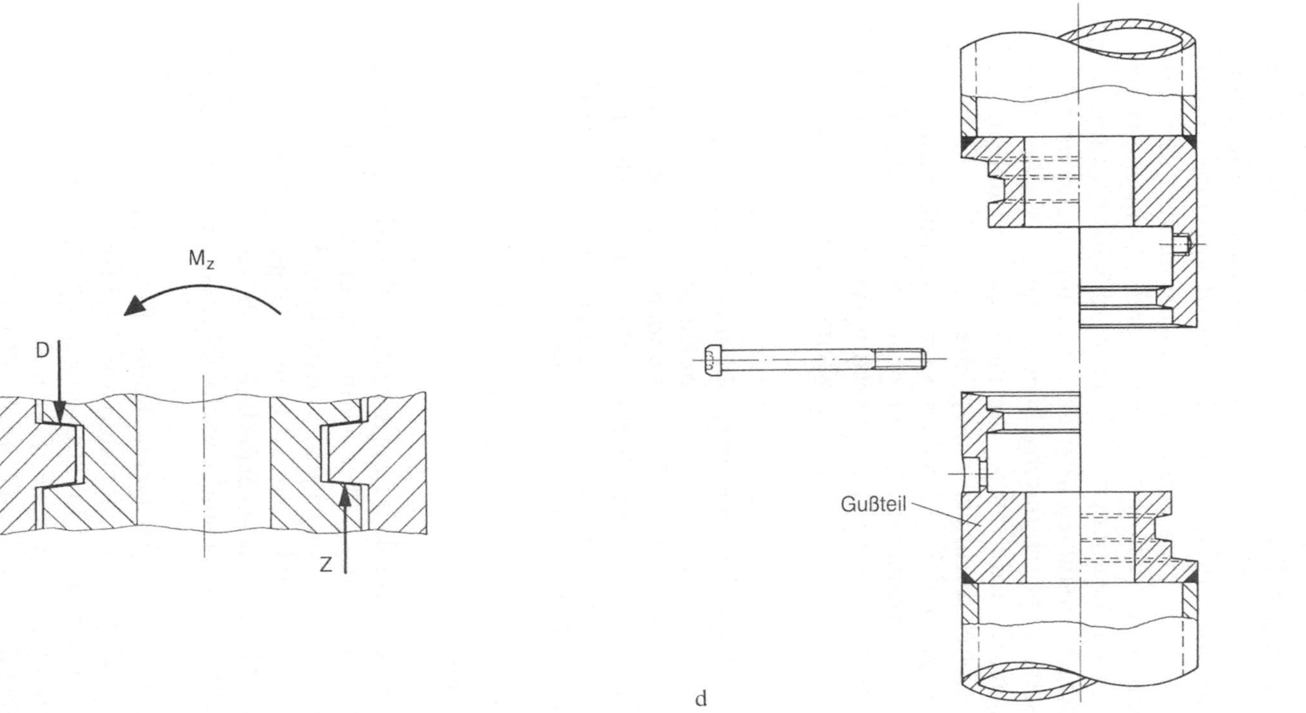

Bild IV.68 a–d. Alternativ-Klemmverbindungen für Rohre/Hohlprofile. **a** für Rundrohre; **b** für Vierkantrohre; **c** statische Beanspruchung; **d** Stahlguß-Verbindung

Speziell auf die Baustellenausführung von Rohr- und anderen Hohlprofilstößen ausgelegt, wurde eine lösbare, biegesteife Klemmverbindung entwickelt, deren verschiedene Entwicklungsstufen, jeweils nach praktischer Erprobung, immer wieder verbessert worden sind (Bild IV.68 a – d).

Diese Klemmverbindung soll in Bild IV.68 a zunächst anhand eines Rundrohrs erläutert werden. Die aus je zwei Drehteilen bestehende Klemmverbindung umfaßt erstens die an die Rohr-/Profilenden anzuschweißenden Kopfteile mit ihren keilförmigen Klemmnuten, die statisch auf die örtliche Beanspruchung auszulegen sind, und zweitens die beiden Klemmhalbschalen, die über eine Schraube zunächst zusammengehalten und nach dem Überstülpen über den Stoß angezogen werden. Auf diese Weise entstehen optisch durchgehend gestaltete, flächenbündige Stoßverbindungen, die jederzeit wieder zu lösen sind und innen nach wie vor Leitungsdurchführungen ermöglichen.

Wie Bild IV.68 b zeigt, sind in derselben Klemmtechnik nicht nur Rundrohre, sondern auch eckige Profile vorsprungsfrei zu verbinden. Bild IV.68 c zeigt hierzu die statischen Belastungsverhältnisse unter Biegemomenten. Dabei bleibt übrigens die Klemmschraube frei von Biegebeanspruchungen.

Abschließend zeigt Bild IV.68 d eine Weiterentwicklung der gleichen Klemmverbindung. Dabei wurde die Teilezahl mit zwei ineinandergreifenden Stahlgußteilen dadurch halbiert, indem das Kopfteil mit je einer Klemm-Halbschale zu nur einem Teil verbunden wurde. Nach dem Anschweißen der beiden zusammengehörenden Verbindungshälften ist die Schraubverbindung zu einer sauberen und normal belastbaren Stoßnahtstelle noch einfacher und schneller hergestellt.

7.2.1
Montagestoßoptimierung

Aus Rationalisierungsgründen sollen immer größere Bauteilgruppen in der Werkstatt vorgefertigt werden. Aber wenn man an den Transport und die spätere Montage des Ganzen denkt, wird klar, daß ihre Maximalgröße begrenzt werden muß. Dazu ist eine intelligente Auslegung und Anordnung sog. Montagestöße erforderlich, deren Optimierung Aufgabe des Konstrukteurs bzw. Planers ist. Es folgen einige Praxisbeispiele.

In Bild IV.70 wird am Beispiel eines Hohlprofil-Fachwerkbinders schematisch die Aufteilung in transportable und leichter handhabbare Bauteile mit Hilfe von Quer- und Längsstößen gezeigt. Die Verbindung solcher Schnittstellen kann als geschweißter Stoß, oder aber auch als geschraubter Laschenstoß wie in Bild IV.71 ausgeführt werden. Ein wichtiges Konstruktionsmerkmal dieses Schraubstoßes (Bild IV.70 a und IV.71) liegt darin, daß die „Einschweißbleche" im Untergurt so dick sind, daß noch eine Schweißung in der Werkstatt der Aussteifungsdiagonalen möglich ist. Die Verbindungslaschen in Ober- und Untergurt sowie die Einschweißbleche sind so gestaltet, daß sie sich dem Vierkant-Hohlprofil ohne größere Vorsprünge anpassen.

a

b

Bild IV.69 a, b. Beispiele für Montagestoß-Klemmverbindungen. **a** An Überdachung Stadtbahn-Station Dortmund; **b** an Stahlguß-Knotenpunkt Verbindungsbrücke Polizeipräsidium Berlin-Tempelhof

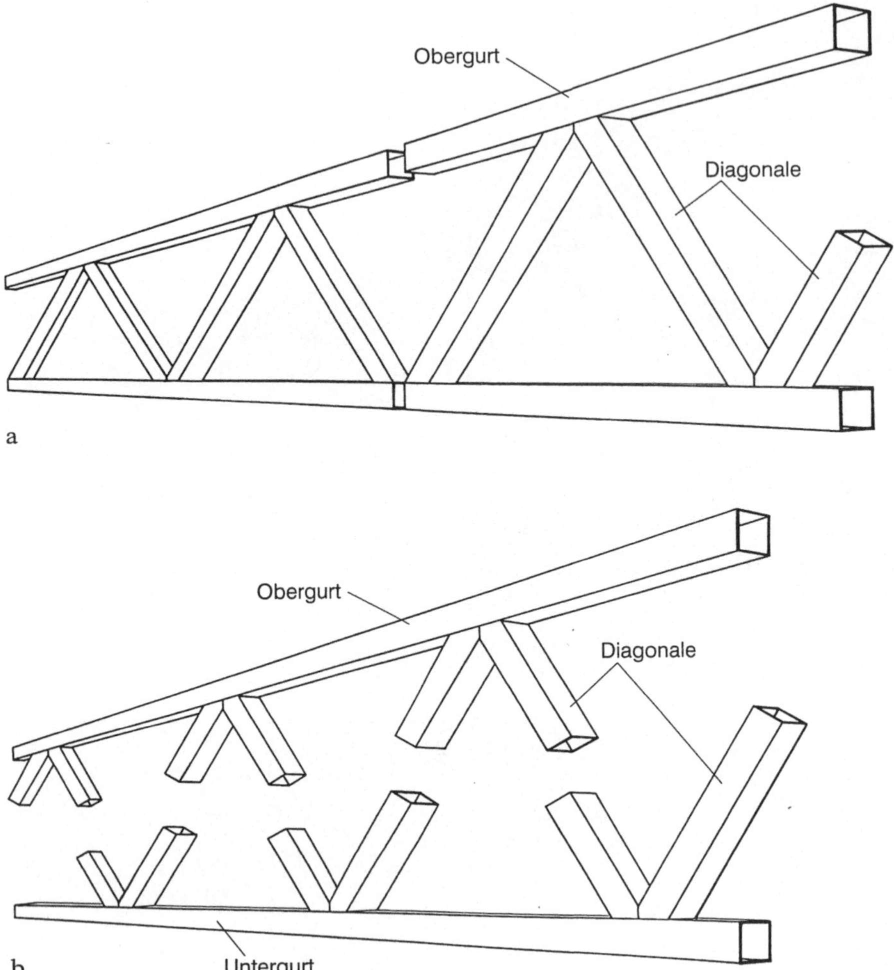

Bild IV.70 a, b. Möglichkeiten Montagestoß-Optimierung Hohlprofil-Fachwerkbinder

Hohlprofil-Fachwerkbinder, die von ihrer Breite bzw. Bauhöhe her nicht mehr transportabel sind, können gemäß Bild IV.70 b mit Hilfe von Längsstößen durch sämtliche Diagonalstäbe unterteilt werden. Als Schraubstoß ausgebildet, können die Stöße dabei wie für den Obergurt in Bild IV.71 ausgeführt werden. Die Vorteile einer solchen Längsstoßteilung: man erhält nur zwei, zwar lange, aber transportfähige Bauteile, und die mittig geteilten und geschraubten Diagonalen können mit dem Ober- und Untergurt bereits in der Werkstatt fest verschweißt werden. Indem der gesamte Binder unter Werkstattbedingungen erst fertiggeschweißt und dann an den geschraubten Stößen in zwei Montagebaugruppen getrennt wird, vermeidet man Probleme durch größere Ungenauigkeiten auf der Baustelle.

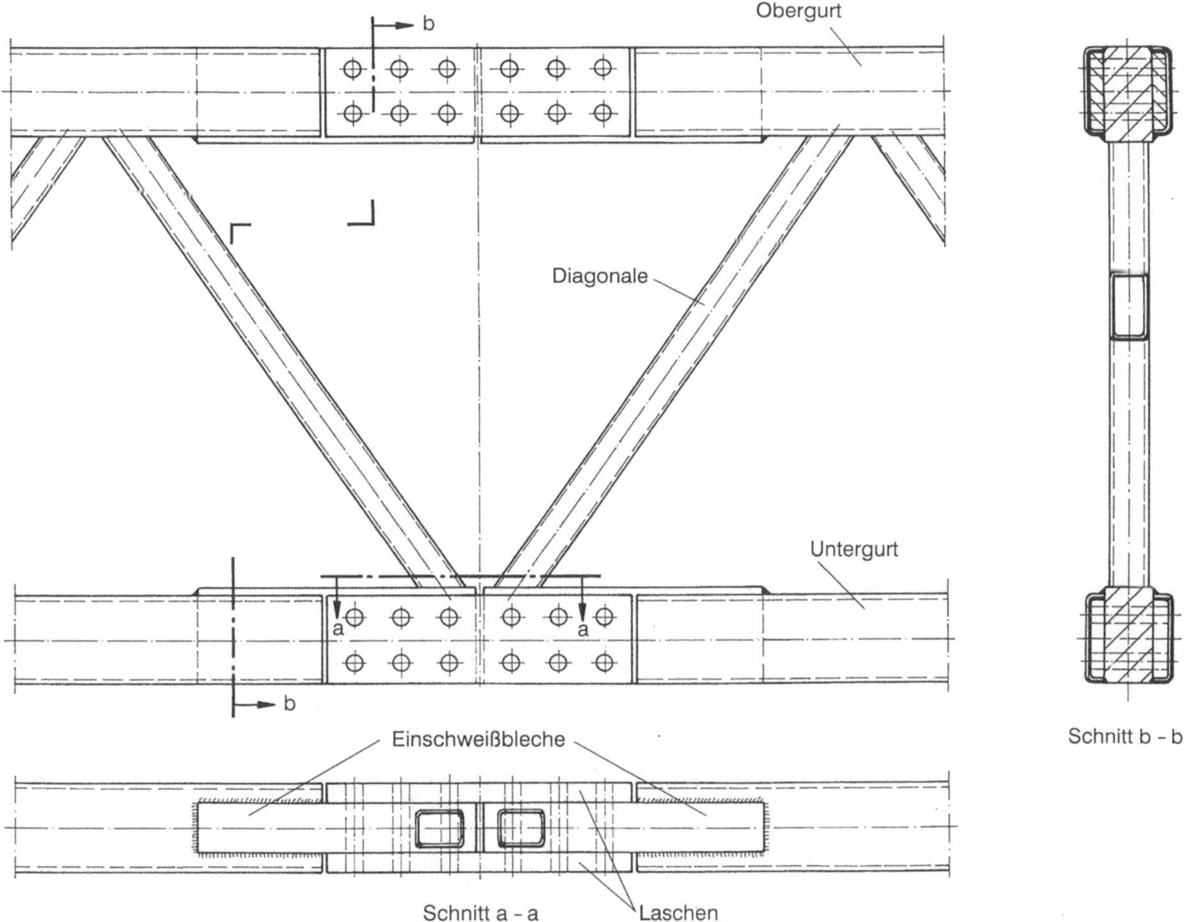

Bild IV.71. Biegesteif verschraubter Baustellen-Laschenstoß für Hohlprofil-Fachwerkbinder

7.2.2
Stoßtechnik Fußgängerbrücke (Bild IV.72)

Die Gesamtkonstruktion Fußgängerbrücke hat mit ihren seitlichen Fachwerkbindern sowie den oberen und unteren Stabilisierungsverbänden einen annähernd quadratischen Bauquerschnitt. Sie ist insgesamt als reines Rechteck- bzw. Quadrat-Hohlprofil-Tragwerk konzipiert und kann fast komplett in der Werkstatt vorgefertigt und verschweißt werden. Der Querschnitt der Brücke würde den Transport in einem Stück zum Einbauort ermöglichen, aufgrund der übergroßen Länge, ist es jedoch unmöglich. Dann ist ein Montagestoß notwendig, dessen optimale Ausführung im folgenden diskutiert wird. Fast stets werden solche Montagestöße als Schraubstöße ausgelegt und dann normalerweise in einem Gurtquerschnitt außerhalb von (komplizierten) Knotenpunkten angeordnet, um nicht mit den Diagonalstäben in Kollision zu kommen. Diese

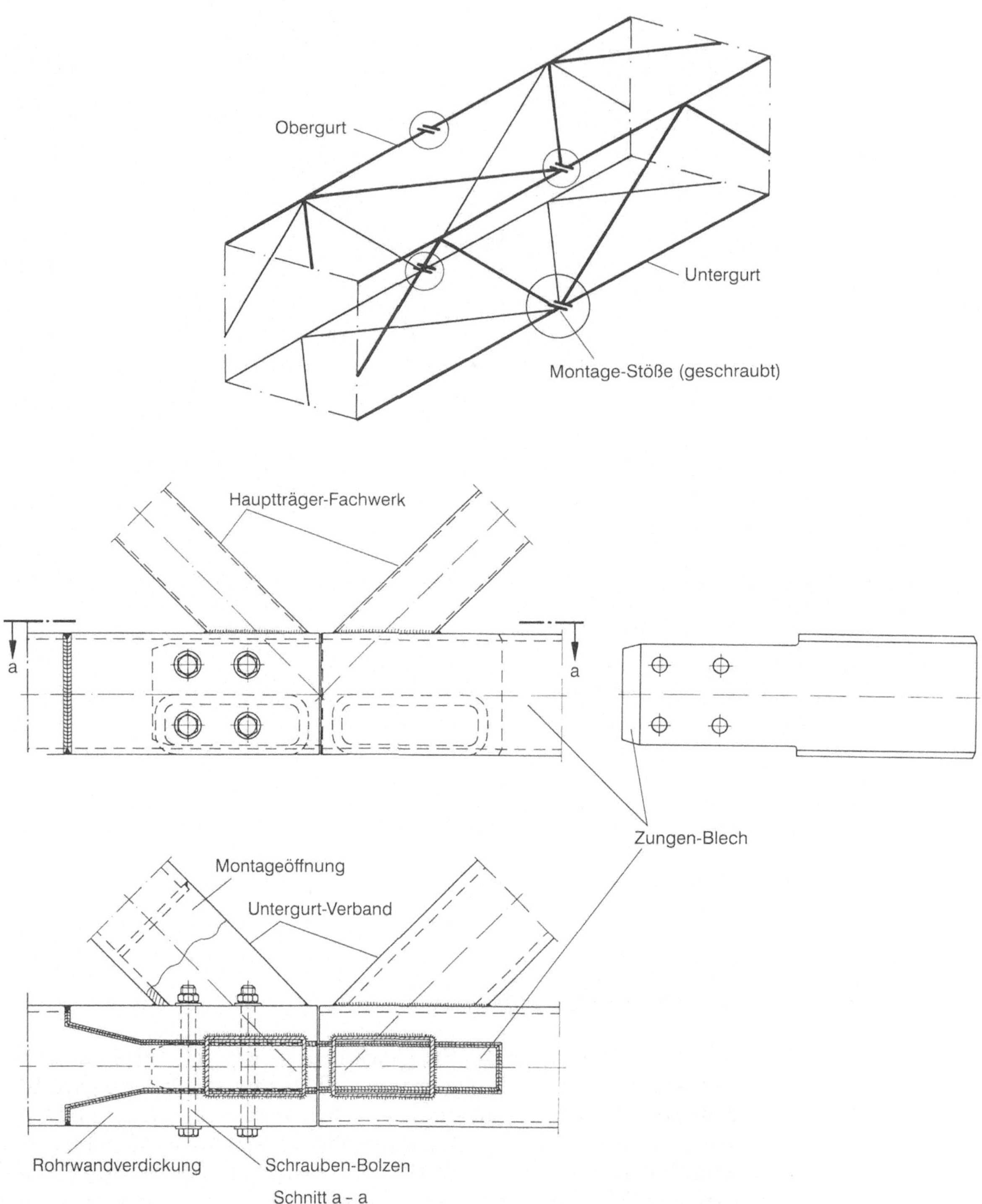

Bild IV.72. Gurtstoß-Auslegung für Fußgängerbrücke in Hohlprofil-Fachwerkbinder-Bauweise

Bild IV.73. Kuhbrücke Fröndenberg

scheinbare Einfachlösung ist aber mit anderen Nachteilen verbunden: Diagonalstäbe, die den Stoßbereich schneiden, können erst auf der Baustelle festgeschweißt werden. Sie werden als lose Teile mitgeliefert und sind vor Ort erst nach dem Verschlossern der Schraubstöße endgültig einzubauen. Und das bedeutet unter den oft ungünstigen Baustellenbedingungen einen zusätzlichen Zeitaufwand, wie er im aktuellen Brückenbau angesichts der heutigen Verkehrsbelastung der Straßen oft als „nicht akzeptabel" bezeichnet wird. Mit anderen Worten: Straßen- oder Schienenstrecken dürfen nur noch kurzfristig gesperrt werden. Eine Stoßtechnik, die eine einheitliche Vorfertigung in der Werkstatt ermöglicht, umgeht solche Probleme und ist deshalb auf jeden Fall vorzuziehen. Hinzu kommt noch das Korrosionsproblem: Nur bei Vorfertigung kann weitgehend auch der Schraubstoßbereich schon in der Werkstatt mit einem korrosionsfesten Fertiganstrich versehen werden, was auf der Baustelle nicht in der gleichen Qualität zu gewährleisten ist.

Bild IV.72 zeigt ein Beispiel für die „Vorfertigungs-Alternative" von Querstößen zwischen den Brückengurtstäben (nach Bild IV.70 a). In der räumlichen Systemskizze sind die Montagestöße angedeutet. In dem im Detail dargestellten Knotenpunkt laufen insgesamt nicht weniger als sechs Vierkant-Hohlprofilstäbe zusammen, die durch hochfeste Schrauben kraftschlüssig miteinander zu verbinden sind.

Das Rohrende der einen Stoßhälfte wird mit einer eingeschweißten „Rohrwandverdickung" ausgerüstet, das andere Rohrende mit einem „Zungenblech", welches sich bei der Brückenmontage in ersteres hineinschiebt. Durch eine Montageöffnung im Untergurtstab werden die Schrauben für die „zweischnittige Schraubverbindung" eingeführt und

Bild IV.74 a, b. Beispiel für Montage-Schraubstoß – zwei transportable Hälften – für Hohlprofil-Fachwerkbinder, städtisches Zentrum Köln-Chorweiler

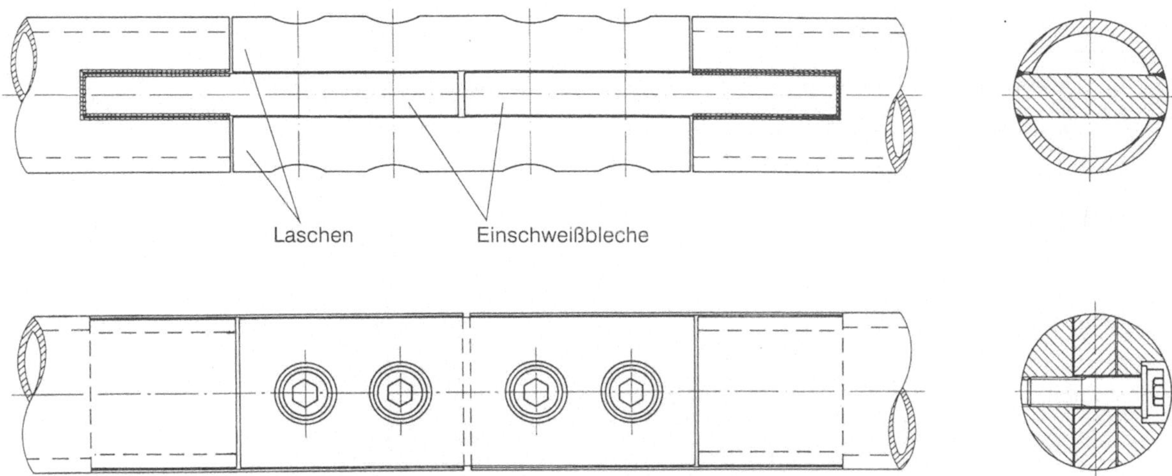

Bild IV.75. Montage-Schraubstoß für Rundrohre

angezogen. Bei entsprechender Dimensionierung der Anschlußteile kann dieser Stoß als „Vollstoß" ausgebildet werden.

Während der beschriebene Stoß insgesamt sechs Diagonalstäbe zusammenführt, haben die weiteren drei Stöße des Brückengurts nur vier oder weniger Anschlüsse; bei prinzipiell gleicher Anschlußtechnik sind sie damit einfacher konstruiert.

7.2.3
Montage-Schraubstoß Rundrohre (Bild IV.75)

Um das Ideal eines vorsprungfreien Rohrstoßes bei dieser zweischnittigen Schraublaschen-Verbindung zu erfüllen, werden die eingezeichneten Laschen und Einschweißbleche zunächst im Paket gebohrt und dann erst rohrbündig abgedreht. Jetzt wird das Ganze wieder zerlegt, die beiden Einschweißbleche in die Schlitze der Rohrenden eingeschweißt und die versenktbündigen Innensechskantschrauben angezogen.

7.2.4
Montage-Schraubstoß Rechteck-Hohlprofile (Bild IV.76)

Bei diesem biegesteifen Baustellenstoß werden die Hohlprofilenden profilbündig mit einer ineinander passenden Gabellasche ausgerüstet. Durch Ineinanderschieben ist dieser Stoß vor Ort sehr schnell verschraubt, zumal außer den vier Kopfschrauben keine losen Einzelteile dazugehören. Allerdings ist vorher zu bedenken, ob die Montagebedingungen vor Ort das beschriebene Ineinanderstecken überhaupt ermöglichen; sonst sollte der Laschenstoß nach Bild IV.71 ausgeführt werden.

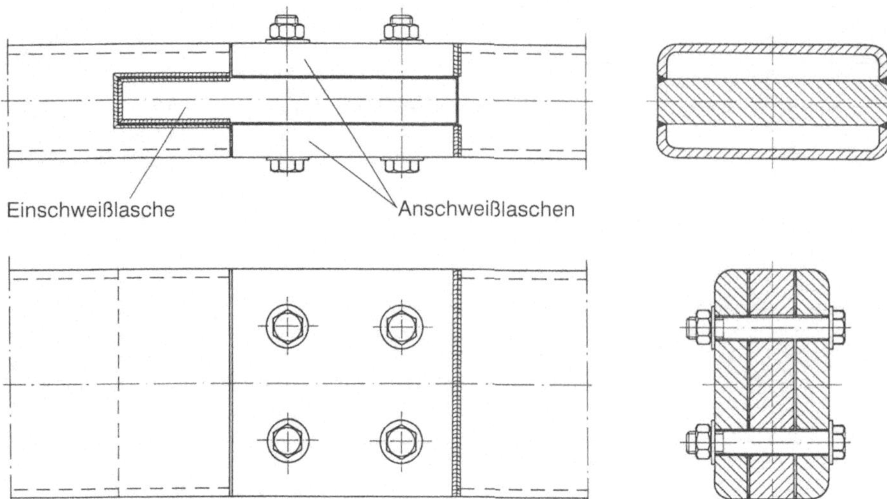

Bild IV.76. Montage-Schraubstoß für Rechteck-Hohlprofile

7.2.5
Lösbare Paßstiftverbindung für Rundrohre (Bild IV.77 und IV.78)

Diese Montagestoßlösung wurde für die Gurtrohre eines Dreigurt-
binders entwickelt. Aus der Forderung der Architekten nach moderner,
filigraner Tragwerksgestaltung ergaben sich dickwandige Rohre mini-
malen Durchmessers, deren Tragfähigkeit statisch voll ausgenutzt wird.
Auch die Montagestöße waren (vorsprungsfrei gestaltet) auf den mini-
mierten Durchmesser des übrigen Rundrohrs zu begrenzen. Deshalb
kam hier keine einfache Schraublaschenverbindung etwa nach Bild IV.74
in Frage, weil der tragende Nettoquerschnitt dieser Stoßkonstruktion
nicht ausgereicht hätte.

Die vier nach Bild IV.77 in den Stoß eingepreßten Paßbolzen (Schnitt
C-C), verbinden den gesamten Laschenstoß im Zusammenwirken mit
den eingezeichneten Klemmschrauben zu einer Preßpassung, die eine
höhere Lastübertragung gewährleistet. Die eigentliche Gurtbelastung soll
jedoch allein von den auf Preßpassung eingesetzten Bolzen und nicht
von den Klemmschrauben aufgenommen werden, weshalb deren La-
schenbohrungen (Schnitt D-D) mit ausreichendem Spiel, mind. 3 mm,
zu bohren sind. Allein auf Zug belastet, sollen die Klemmschrauben nur
die Stoßverbindung sichern und die Laschen beidseitig auf die inneren
Einschweißbleche pressen.

Passungs-Fertigung: Um das erforderliche Genauigkeitsniveau der Werkstattfertigung zu gewährleisten, werden zunächst nur die Durchgangs-
und Sacklöcher für die Paßstifte (Schnitt C-C) gebohrt und das ganze,
noch separate Stoßpaket über den Stiften zusammengepreßt. Dann
werden die Durchgangslöcher für die Klemmschrauben gebohrt (Schnitt
D-D) und der Stoß außen auf Rohrdurchmesser abgedreht. Nach dem

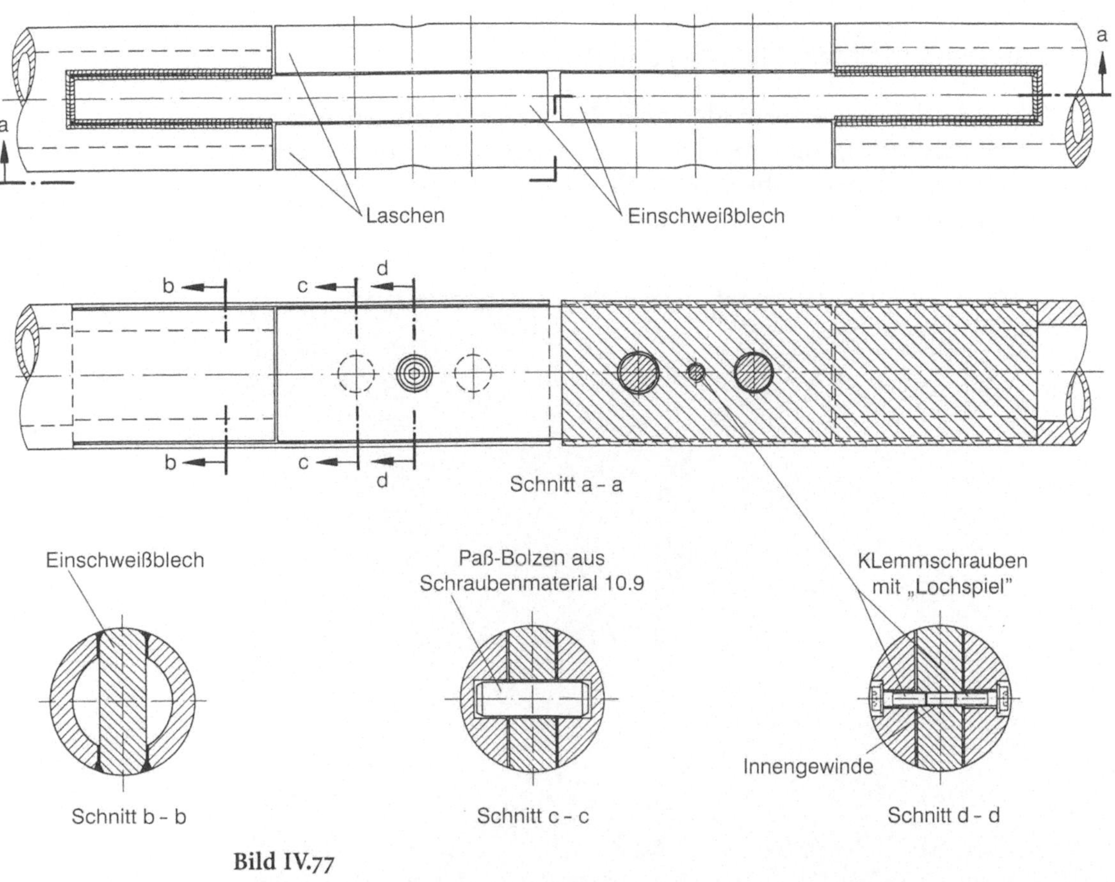

Bild IV.77

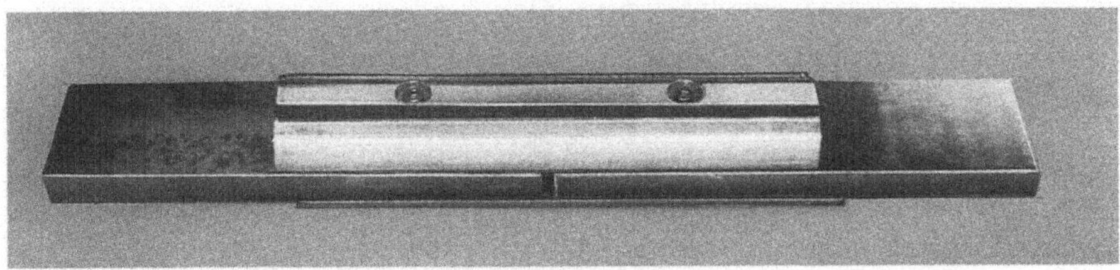

Bild IV.78

Bild IV.77 und IV.78. Lösbarer Laschen-Bolzen-Stoß für Rundrohre und Einschweiß-
teil, zusammengeschraubt

Demontieren werden noch die Schraubengewinde geschnitten, und erst
zum Schluß werden die Einschweißbleche in die beiden Rohrenden eingeschweißt.

Die beiden Laschen dagegen werden zusammen mit den Bolzen und
Schrauben als lose Einzelteile auf der Baustelle zusammengesteckt und
festgeschraubt. Aufgrund kompletter Vorfertigung ist die Baustellenmontage des jederzeit wieder lösbaren Stoßes mit wenigen Handgriffen
vollendet.

7.2.6
Biegesteifer Hohlkastenstoß (Bild IV.79 und IV.80)

Der flächenbündige Stoß verbindet zwei dreieckige Hohlkastenprofile und wurde eingebaut in die Spitze des Pylons „Stadt Dortmund", eines neuen Stadtwahrzeichens. Dieselbe Stoßtechnik könnte genauso für andere Hohlkörper oder -profile nützlich sein.

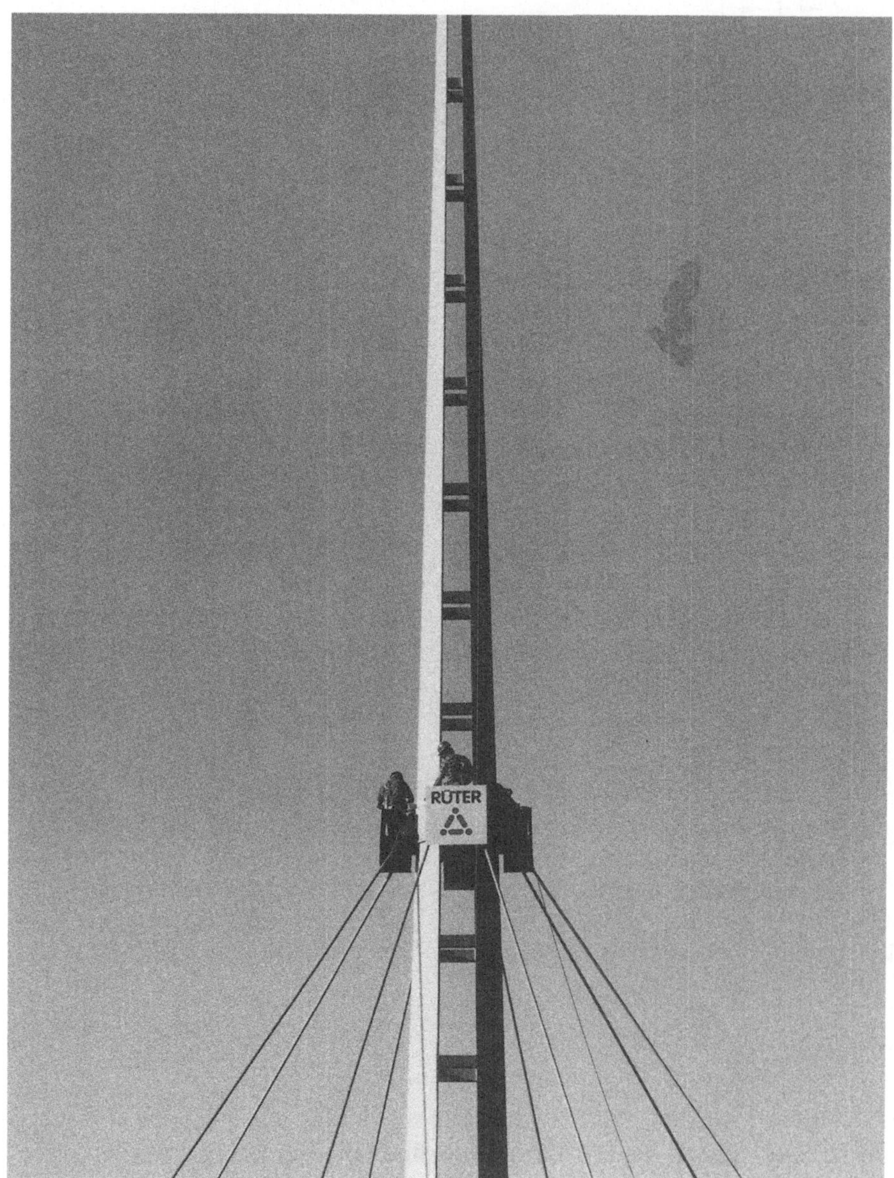

Bild IV.80. Legende s. Bild IV.79 (Foto: Peter Knopf)

Bild IV.81. 60 m hoher „Tetraeder"-Aussichtsturm in Bottrop für die „Emscherpark-Bauausstellung"

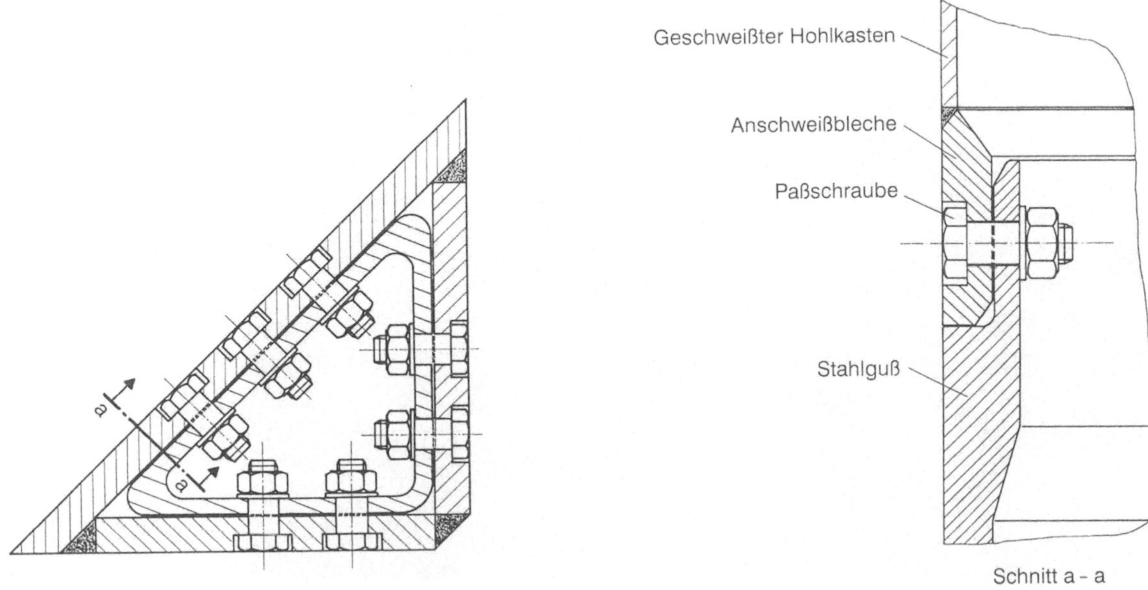

Bild IV.79. Dreieckiger Hohlkastenstoß mit Anschweißteilen aus Stahlguß, mit dessen Hilfe der Pylon über einer Dortmunder S-Bahn-Station biegesteif zusammengeschraubt wurde

Bild IV.82 a, b. Als Stahlgußteile gestaltete Knoten mit angeschweißten Flanschen für große Rundrohre, eingesetzt zur Verbindung der Rohrbauelemente des Aussichtsturms Bild IV.81

Wie im Detail gezeigt, wird der glatte Übergang dadurch erreicht, daß an einem Hohlkastenende ein formschlüssiges Stahlgußteil mit Ausnehmung angeschweißt wird. Das andere Hohlkastenende wird mit einem Anschweißblech verbunden, das in die Ausnehmung des Stahlgußteils greift und mit versenkten Paßschrauben kraftschlüssig damit verbunden wird.

Auch schwierige Anschlußtechniken wie hier können bei hohen optischen Ansprüchen durch einen Einsatz von maßgeschneiderten Stahlgußteilen wirtschaftlich sinnvoll werden.

8
Anschlüsse an Betonbauteile

Bei einer kombinierten Bauweise müssen natürlich geeignete Anschlüsse zwischen den beteiligten Gewerken Massivbau und Stahlbau bzw. Beton- und Stahlbaukonstruktion hergestellt werden. Die jeweils günstigste Anschlußtechnik ist bereits in der Planungsphase einzuplanen, ihre Ausführung zwischen den Fachleuten der beteiligten Gewerke genau abzusprechen, zu vermaßen und zu organisieren.

Grundsätzlich kann zwischen zwei verschiedenen Anschlußtechniken unterschieden werden: Einbauteile und Anbauteile. Die Einhaltung der entsprechenden Bauvorschriften vorausgesetzt, sind beide Alternativen der Stahl-Beton-Verbindung als gleichwertig anzusehen. Eine Entscheidung für den „besseren Weg" fällt entweder über einen Wirtschaftlichkeitsvergleich oder optische bzw. architektonische Anforderungen geben den Ausschlag. Vergleichen Sie dazu die folgenden Beispiele zu beiden Techniken!

8.1
Stahl-Einbauteile

Stahleinbauteile sind geschweißte Verbindungsteile für eine kraftschlüssige und dauerhafte Verbindung zwischen Stahl- und Betonbauteilen. Dazu werden die Bauelemente, wie zuvor in der Bauzeichnung festgelegt, in die Betonschalung eingebaut und beim Betoniervorgang mit eingegossen.

8.1.1
Einbauteil für Schweißanschluß (Bild IV.83)

Dieses Stahleinbauteil soll den Schweißanschluß eines I-Trägers ermöglichen. Es ist aus Anschlußplatte, Schubknagge und Zugverankerung zusammengeschweißt und wird bereits bei der Verschalung mit eingebaut. Damit das Einbauteil bis zum Abbinden des Betons nicht verrutscht, wird es durch spezielle Nagellöcher mit der Holzschalung vernagelt. Um dem I-Anschlußträger beim späteren Anschweißen horizontal und vertikal genügend Spielraum zum Ausrichten zu bieten, wird die Anschlußplatte in Länge und Breite etwa 50 mm größer als erfor-

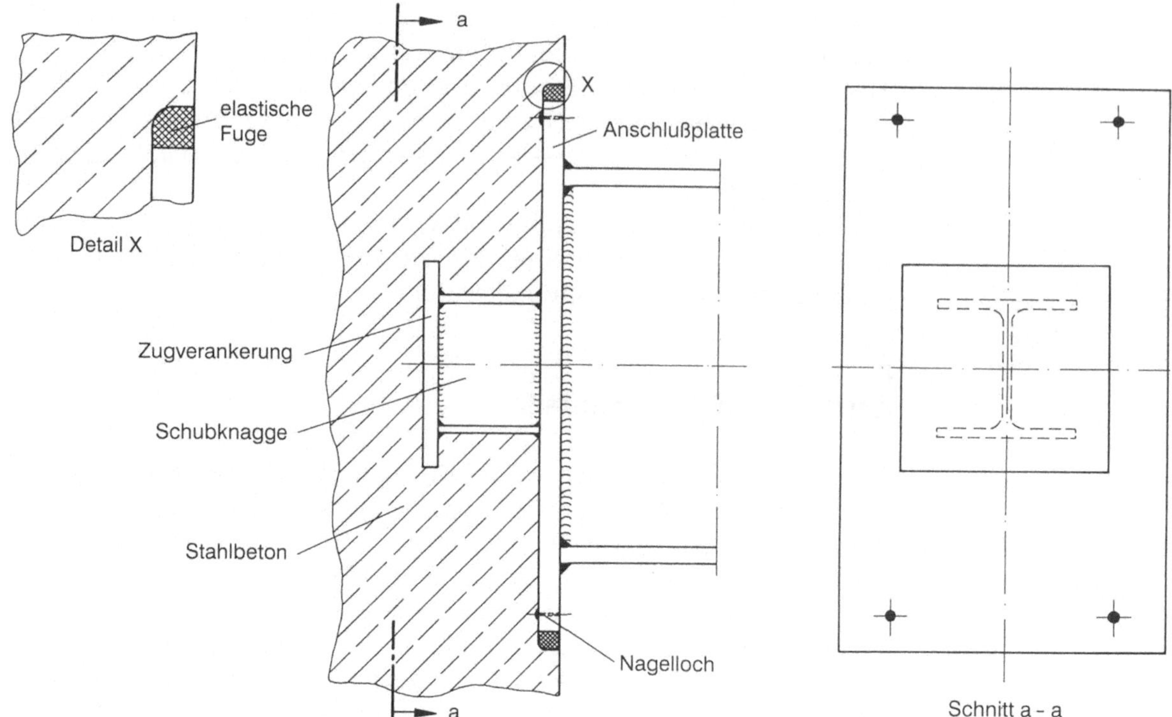

Bild IV.83. Einbetoniertes Einbauteil für Träger-Schweißanschluß

derlich ausgelegt. Die Plattendicke hängt von der Schweißnahtdicke ab: mind. 30 mm Dicke sind aber erforderlich, um ein Aufbiegen der Plattenenden und die damit verbundene Gefahr eines Herauskippens aus dem Beton zu verhindern. Schon aus diesem Grund sollten die Anschlußschweißnähte auf möglichst kleine Nahtdicken ausgelegt werden.

Werden solche Einbauteile aus Stahl beispielsweise in Räumen mit hoher Luftfeuchte eingesetzt, ist außerdem noch konstruktive Vorsorge gegen die Gefahr der Unterrostung ratsam. So kann durch Einsatz von rostfreiem Stahl (Edelstahl) eine Unterrostung im gefährdeten Schnittkantenbereich der Anschlußplatte verhindert werden. Durch das Schrumpfen des Betons nach dem Vergießen entsteht hier ringsum ein Spalt, der Korrosion begünstigt. Kostengünstiger ist allerdings die übliche Platte aus Stahl, bei der der genannte Anschlußspalt, s. Detail in Bild IV.83, nach dem Schweißen sauber mit Kunststoffdichtungsmasse versiegelt wird.

8.1.2
Einbauteil für Schraubanschluß (Bild IV.84 und IV.85)

Wenn das geschweißte Einbauteil nach Bild IV.84a in die Betonschalung eingebaut und über die Nagellöcher (Bild IV.84b) fixiert wird, ruhen die losen Anschlußschrauben versenkt in den dafür ausgelegten Schraubenkästen. Nach dem Betonier- und Abbindevorgang kann mit dem An-

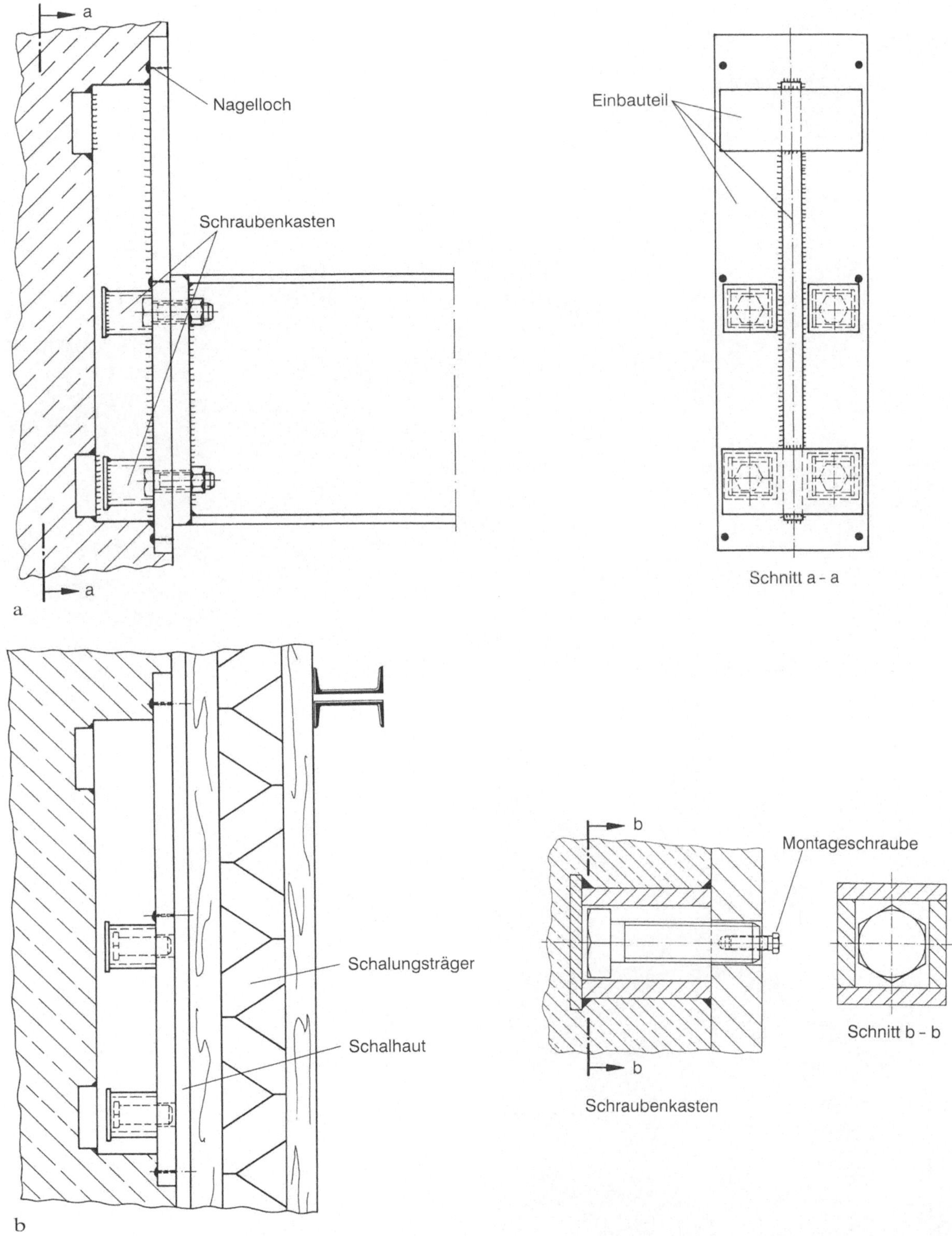

Bild IV.84a, b. Einbetoniertes Einbauteil für Träger-Schraubanschluß. **a** fertig; **b** Einbau mit Schalung

Bild IV.85 a, b. Beispiel für Einbauteil mit Schraubanschluß für die Außen-Stahlkonstruktion einer 110 kV-Umspannstation (VEW, Erwitte)

schrauben, z.B. der I-Träger, begonnen werden. Dazu werden die versenkten Anschlußschrauben mittels Montagehilfsschrauben aus den Schraubenkästen herausgezogen, damit man sie zum eigentlichen Anschluß durch die Kopfplatte des anzuschraubenden Trägers stecken und festziehen kann. Ein Verdrehen des Kopfs der Anschlußschrauben wird dabei durch den angepaßten Querschnitt des Schraubkastens (Schnitt b-b in Bild IV.84b) verhindert.

Diese Anschlußtechnik setzt eine höhere Genauigkeit nicht nur der Schraubkästen, sondern auch des Einbaus in die Schalung insgesamt voraus, weil dieser Schraubanschluß keine nachträglichen Ausrichtmöglichkeiten vorsieht. Hier kommen dieselben Korrosionsschutzmaßnahmen infrage, wie zu Bild IV.83 ausgeführt.

8.1.3
Ausbildung von Schubknaggen (Bild IV.86)

Für den einfachen Einbau und die optimale Kraftübertragung in das Massivbauteil kommen Schubknaggen in verschiedenen Querschnittsformen (Bild IV.86 a) zur Anwendung. Mit einer kräftigen Ankerplatte (Bild IV.86 b) ausgerüstet, kann die Schubknagge außer zur Aufnahme von Schubkräften gleichzeitig auch als Zugverankerung dienen. Bei der Erstellung der Bewehrungspläne muß die Art der Einbauteile festgelegt und berücksichtigt werden.

Erforderlichenfalls können Einbauteile auch direkt mit der Bewehrung verschweißt werden; dafür sind allerdings nur Betonstähle nach DIN 4099 (Betonstahl-Schweißung) geeignet. Weitere Voraussetzung ist die Frage der Zugänglichkeit der Schweißstelle unter Baustellenbedingungen.

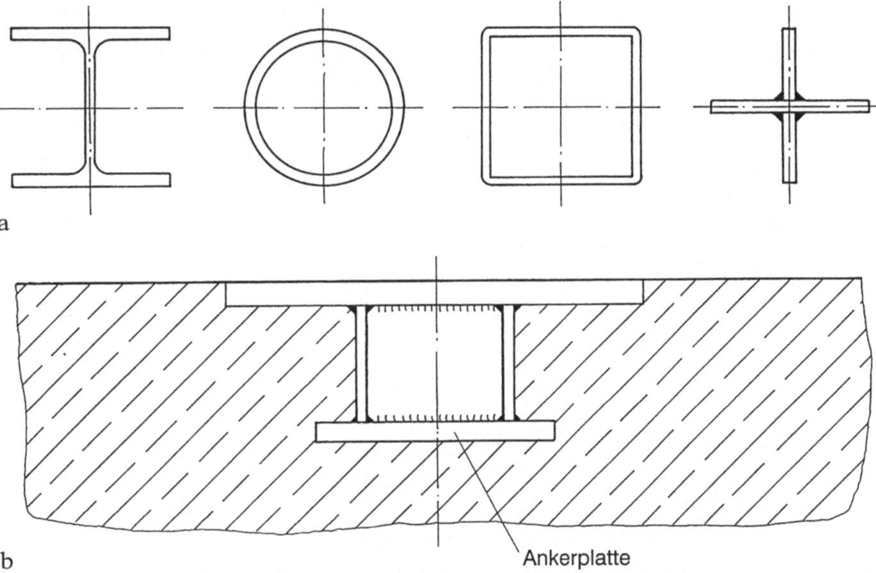

Bild IV.86 a, b. Beispiele für die Ausbildung von Schubknaggen für Einbauteile

8.1.4
Einbauteil für Stützeneinspannung (Bild IV.87)

Entsprechend dem Stützenquerschnitt wurde ein kreisrundes Einbauteil
entworfen, das für die Ableitung sehr hoher Einspannmomente in das
Fundament geeignet ist. Zur Übertragung der Schubkräfte ist unter der
Anschlußplatte ein Schubknaggenkreuz aus Flachstahl angeschweißt.

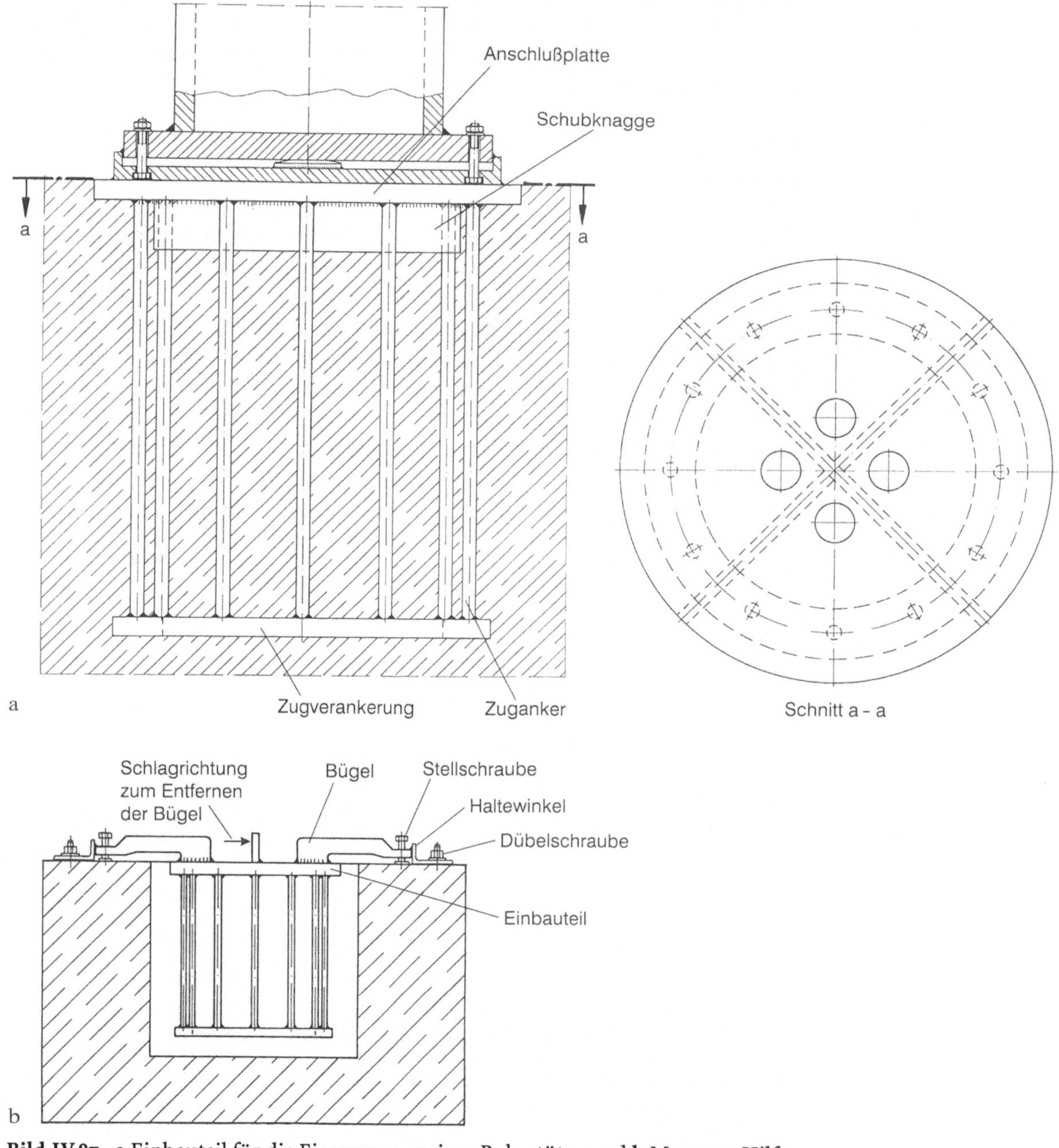

Bild IV.87. a Einbauteil für die Einspannung einer Rohrstütze und **b** Montage-Hilfs-
vorrichtung

Die weit in den Beton reichende Zugverankerung ist durch lange Zuganker verbunden, deren Schweißnähte den vollen Zuganker-Querschnitt ersetzen müssen.

Für die lagesichere Baustellenmontage dieses Einbauteils wurde eine Montagehilfsvorrichtung entwickelt (Bild IV.87a). Oben auf das Einbauteil werden in der Werkstatt einseitig drei Blechbügel angeschweißt. Nach Verdübelung der Haltewinkel erfolgt mittels Stellschraube am Hebelende eine sehr genaue Ausrichtung. Durch anschließende Verschweißung mit dem Blechbügel wird ein Verrutschen beim Betoniervorgang verhindert, so daß erfahrungsgemäß Einbaugenauigkeiten erreicht werden, die Aufmaß- oder Ausrichtarbeiten allgemein überflüssig machen. Aufgrund ihrer nur einseitigen Schweißnaht können die Blechbügel erforderlichenfalls leicht mit dem Hammer abgeschlagen werden. Wenn die Montage-Hilfskonstruktion nicht mit dem Fußbodenaufbau überdeckt wird, können die Blechbügel entfernt werden.

8.2
Stahl-Anbauteile

Als Anbauteile werden vorgefertigte Anschlußplatten oder -profile bezeichnet, die an vorhandene Betonbauteile – vorzugsweise nachträglich – angebaut und durch spezielle Betondübel verbunden werden. Diese Stahlanbauteile werden dann für einen Schraub- oder Schweißanschluß von Trägern oder Tragwerken genutzt. Unter günstigen Bedingungen kann aber auch der Hilfsschritt über ein zwischengeschaltetes Anbauteil gespart werden, indem beispielsweise ein I-Träger über seine Stirnplatte auf der Baustelle direkt mit dem Betonbauteil durch Verdübelung verbunden wird.

Ein solch einfaches und schnelles Direktanbauverfahren ist die Durchsteck-Dübelmontage, wie sie allerdings nur für Anschlußschrauben bis M16 geeignet ist. Dabei wird die vorgebohrte Anschlußplatte als Bohrschablone für die Dübellöcher genutzt und später nicht wieder abgenommen, sondern sofort festgeschraubt.

Wenn der Bohrer auf die Betonoberfläche auftrifft, kann er allerdings bei den ersten Umdrehungen leicht verlaufen und mit der Anschlußplatte verrutschen, bei der Lagegenauigkeit müssen also gewisse Abstriche gemacht werden. Nach dem Bohren werden die Dübel einfach durch die Löcher in der Platte durchgesteckt und mit ihr verschraubt.

8.2.1
Verbund- und Hinterschneiddübel

Als Dübel stehen Verbund- oder Hinterschneidanker zur Auswahl. Verbund-, auch Klebeanker genannt, werden mit schnellaushärtendem Spezialmörtel einzementiert. Beim Hinterschneidanker verkeilt sich

a

Bild IV.88 a – c. Verlorenes Einbauteil **a** für die Schraubverankerung eines Brückenbogens; **b** vor dem Verguß werden die Ankerschrauben in die Hüllrohre geschoben,
deren obere Öffnung während des Betoniervorgangs abgedichtet werden; **c** Fertigzustand

mit dem Anziehen der Schraube eine Spreizhülse in der Betonbohrung.
Beide Dübelarten eignen sich sowohl für die Druckzone als auch für
die „gerissene Zugzone" der Stahlbetonkonstruktion, wenn folgende
Grundsätze der Dübeltechnik beachtet werden:

– Einhaltung der zugelassenen Anker- und Randabstände im Betonbauteil;
– Berücksichtigung der Bewehrungspläne bei der Festlegung der Bohrung, damit tragende Betonstäbe nicht durch Anbohren beschädigt
  werden;
– vorherige Klärung der Frage der Zugänglichkeit beim Bohrvorgang
  unter Montagebedingungen;
– Unebenheiten der Betonoberfläche im Stahlanschlußbereich berück-
  sichtigen/ausgleichen.

Bild IV.88 b, c

8.2.2
Anbauteil für Schweißverbindung (Bild IV.89)

Zur Vorbereitung des Baustelleneinbaus müssen die Zugankerbohrungen und die Betonausnehmung für die Schubknagge vorbereitet werden. Die Ausnehmung wird gut (überhöht) mit Vergußmörtel gefüllt, damit dieser die Schubknagge nach Anziehen der Stahlplatte voll umschließt. Kraftschlüssig eingebettet, kann das Anbauteil jetzt auf Zug, Druck und Schub belastet werden.

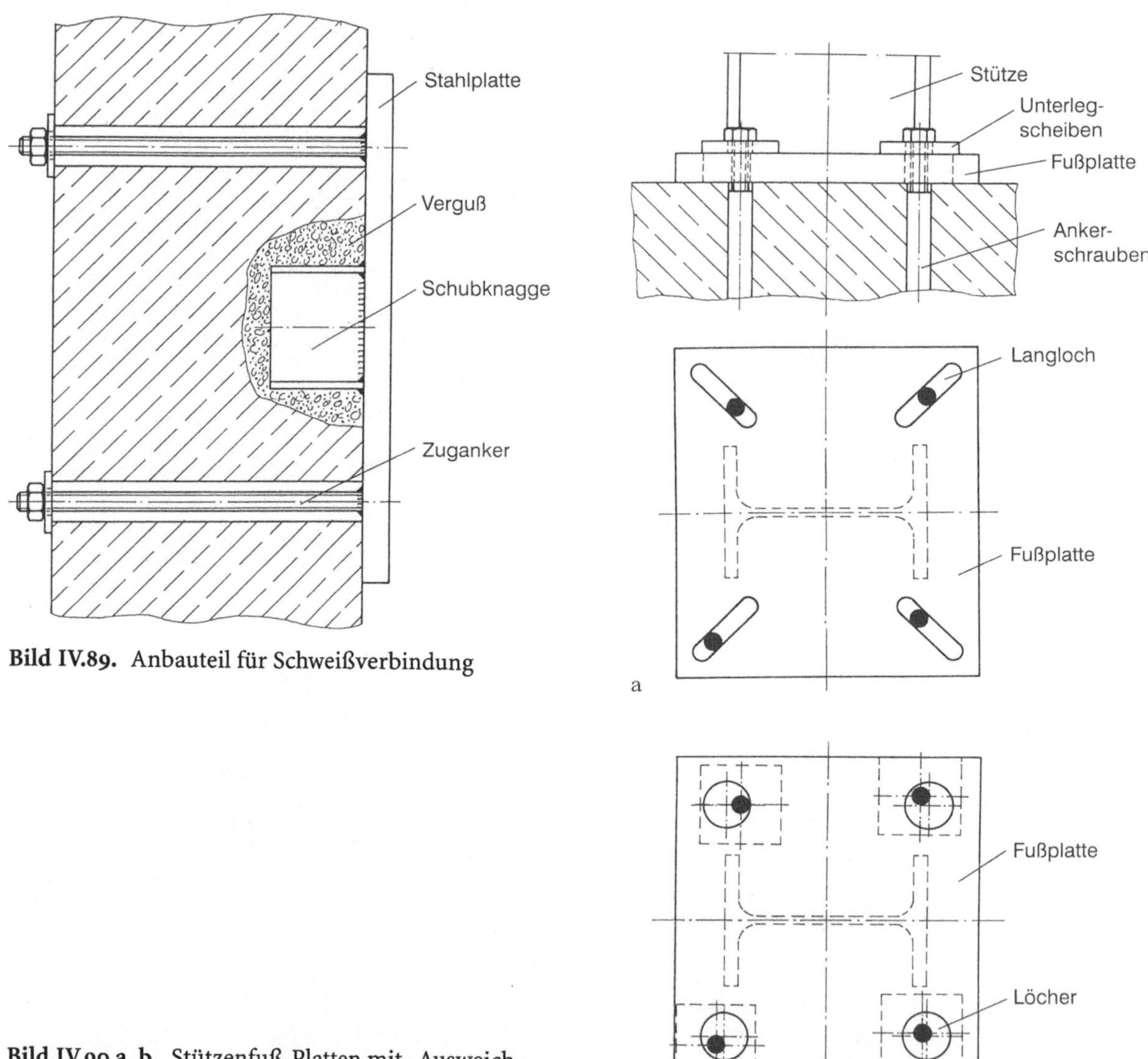

Bild IV.89. Anbauteil für Schweißverbindung

Bild IV.90 a, b. Stützenfuß-Platten mit „Ausweichlösung" beim Bohren im Bewehrungsstahl-Bereich ▶

8.2.3
Bewehrungsstähle im Weg? (Bild IV.90)

Was tun, wenn man beim Betonbohren unversehens auf Bewehrungsstähle trifft? Wenn man die Betonstähle nicht beschädigen oder gar durchtrennen will, muß der Bohrer auf jeden Fall, um ein Mindestmaß versetzt, neu angesetzt werden. Bild IV.90 zeigt zwei verschiedene Fußplattenkonstruktionen, die dies ermöglichen.

Lösung a): Die Langlöcher bieten genügend Ausweichspielraum; sie sind deshalb diagonal angeordnet, damit horizontale Schubkräfte in der X- und Y-Achse auf jeden Fall von den Ankerschrauben aufgenommen werden.

Lösung b): Anstelle von Langlöchern wird hier ein Ausgleich durch übergroße Durchgangslöcher angeboten. Damit Schubkräfte übertragen werden können, schweißt man Unterlegscheiben mit dem Schraubendurchmesser angepaßten Bohrungen nach dem Ausrichten auf der Fußplatte fest.

9
Verstärkung und Sanierung von Betonbauteilen

Für die stahlbaugerechte Verstärkung statisch zu schwacher, vorhandener Betonbauteile gibt es, wie im folgenden gezeigt wird, eine ganze Reihe erprobter Möglichkeiten. Entsprechend können Betonbauteile, an denen der Zahn der Zeit genagt hat, durch eine Stahlbausanierung, z. B. durch Blechverkleidung, wieder tragfähig gemacht werden. Gegenüber der radikalen Lösung, dem Betonbau-Abbruch, der oft nicht einfach ist, hat die Stahlbauverstärkung oder -sanierung in vielen Fällen eindeutige wirtschaftliche Vorteile.

9.1
Stützen-Verstärkung

Bild IV.91 zeigt eine Betonstütze, die zur Verstärkung voll mit einem geschweißten Stahlblechmantel eingekleidet wurde. Die durch Kehlnahtsteignähte verbundenen Stützenbleche wurden dabei – versetzt überlappend – so angeordnet, daß auch größere Betonbautoleranzen auszugleichen sind. Direkt an den neuen Stahlmantel können jetzt andere Stahlbauanschlüsse angeschweißt werden, denn er übernimmt einen größeren Belastungsanteil und überträgt sie, über einen vielleicht ebenfalls verstärkten Stützenfuß, sicher in das Fundament. Wo das alte Fundament dann nicht mehr ausreichend groß oder tragfähig ist, kann es durch die eingezeichnete Erweiterung angepaßt werden.

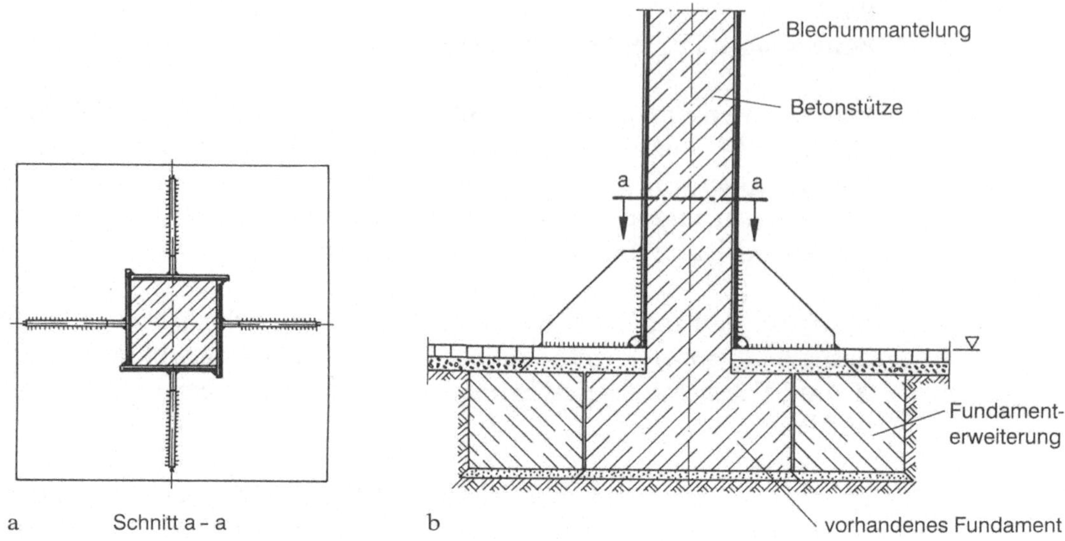

Bild IV.91. Blechmantel-Verstärkung für Stahlbetonstütze

9.2
Betonbau-Sanierung (Beispiel: Kranbahn-Konsole (Bild IV.92))

Die Stahlbetonstützen-Konsolen der Kranbahn waren durch unzulässige
Kantenpressungen, letztlich ein Konstruktionsfehler, im Lauf der Zeit so
abgebröckelt, daß ein Abriß oder eine gründliche Sanierung anstand. Ein
Kostenvergleich gab den Ausschlag für eine Stahlbausanierung.

Von den einzelnen Stützkonsolen wurde deshalb zuerst ringsum die
brüchige Betonschicht abgestemmt. Dann wurde jeder Konsole ein kon-
turgenau vorgefertigter Blechkasten übergestülpt, der mit Hilfe der seitlichen Stellschrauben höhenmäßig ausgerichtet und mit der Konsole
verspannt wurde. Dann wurden die Hohlräume zwischen Betonkonsole
und Blechkasten durch dessen obere Füllöffnung gut mit fließfähigem,
kunststoffvergüteten Mörtel ausgefüllt. Unmittelbar danach wird in den
noch feuchten Mörtel ein passendes Lasteinleitungsblech gepreßt, so
daß eine satte, großflächige Betonauflagerung der Kranbahn gewährleistet ist. Später wird das erwähnte Deckelblech noch mit Klammern gegen
Abheben gesichert.

Zusätzlich wird der Kranbahnträger noch mit einer „Gleitschicht"
unterfüttert; so wird dafür gesorgt, daß die Auflagerlasten über die nach
unten vorspringenden Stirnplatten zentrisch und ohne Zwängungen in
die sanierten Konsolen eingeleitet werden.

9.2.1
Eingespanntes Betondecken-Anbauteil (Bild IV.93 und IV.94)

Dieses Anbauteil dient der kraftschlüssigen Verbindung zwischen Betondecke und Stahlkonstruktion, die über eine Konsole mit Schraubanschluß gelenkig miteinander verbunden sind. Aufgrund seiner Ein-

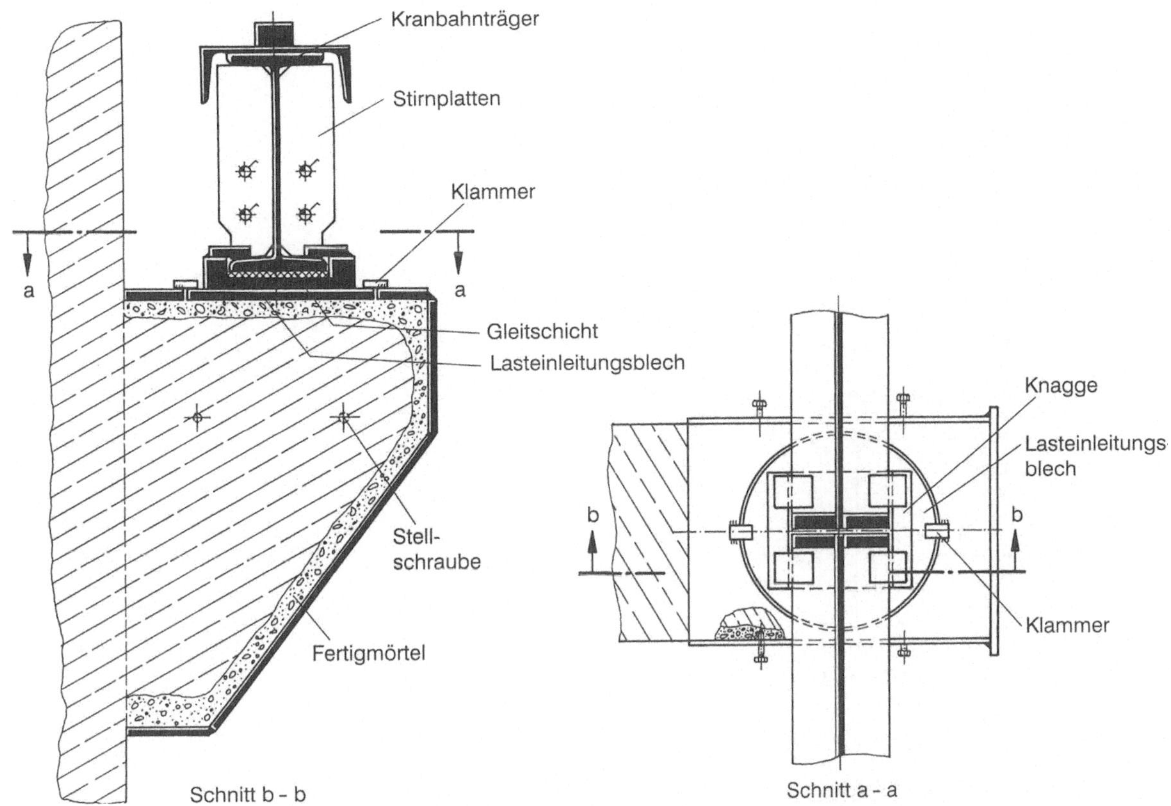

Bild IV.92. Sanierungs-Lösung Kranbahn-Konsole aus Stahlbeton

spannung ist das Anbauteil auf die kraftschlüssige Übertragung von Kräften aller Richtungen ausgelegt. Um dieses statische Ziel auch tatsächlich praktisch umzusetzen, ist die richtige Folge der Einbauschritte wichtig:

a) Anzeichnen und Bohren der Kernlöcher in der Betondecke;
b) obere Blechplatte mit Spaltabstand von mind. 20 mm auflegen und mit Hilfe der seitlichen, einstellbaren Schalungsbleche sichern;
c) mit Muttern versehene Zugstangen in die obere Blechplatte einführen, dann Gegenplatte Decken-Unterseite anschrauben;
d) auch untere Blechplatte durch Nachstellen der Kontermuttern auf Spaltabstand von mind. 20 mm einrichten und wie oben mit Hilfe der Schalungsbleche sichern;
e) Ausrichtung des Anbauteils oben und unten nochmal prüfen und durch die drei oberen Füllöffnungen fließfähigen, kunststoffvergüteten Mörtel einfüllen (die ringsum den Füllspalt abdichtenden Schalungsbleche, oben und unten, verhindern ein Herausquellen);
f) nach dem Verfüllen, aber vor dem Aushärten des Mörtels, die Blechplatten solange gegeneinander verspannen, bis sie auf den Widerstand des harten Betonkerns stoßen; überflüssiger Mörtel quillt dabei aus der Füllöffnung zurück.

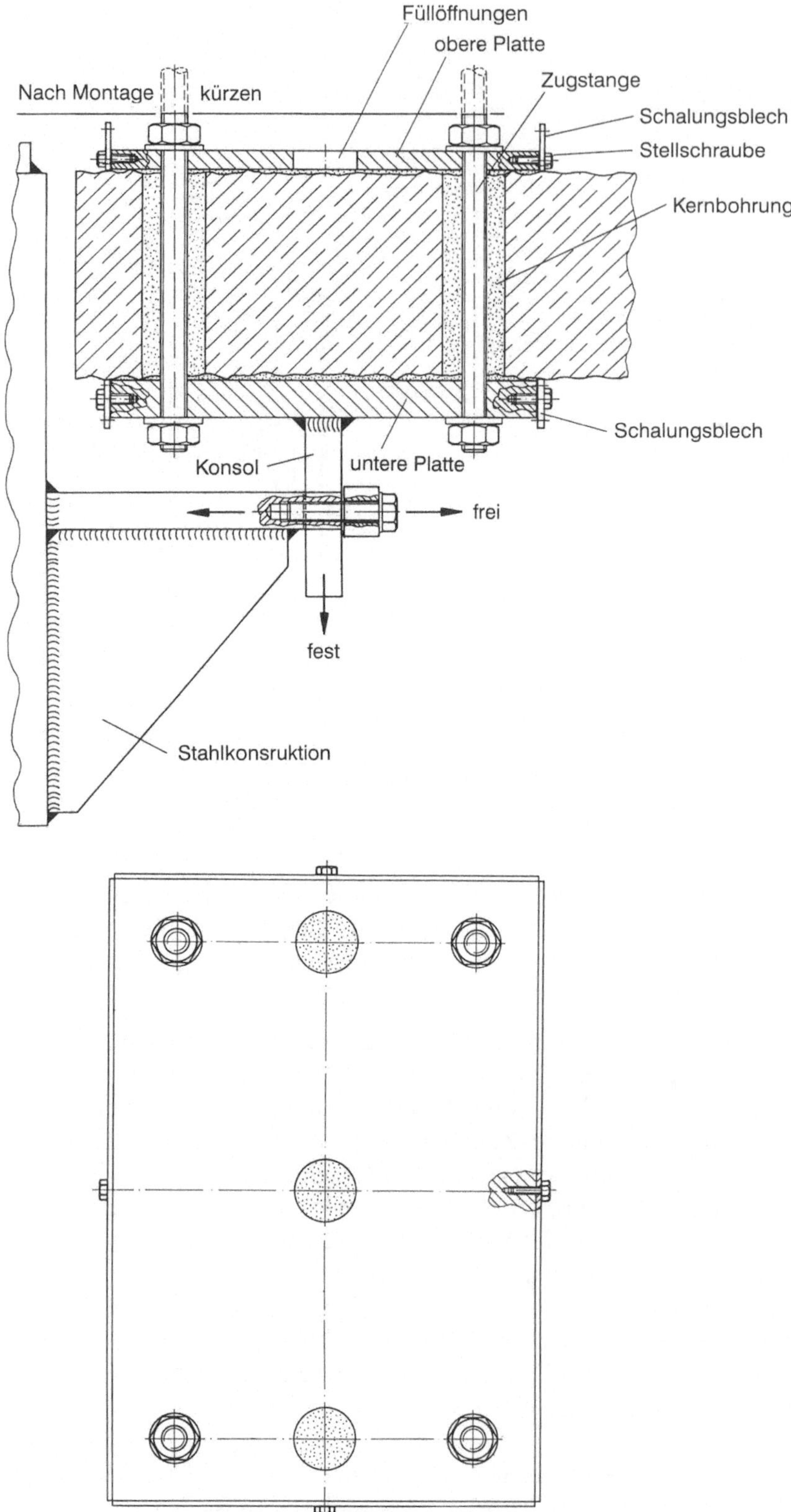

Bild IV.93. Eingespanntes Anbauteil für Betondecken-Sanierung

Diese Einbau- und Anpreßtechnik sorgt dafür, daß auch kleinste Unebenheiten und Hohlräume sicher ausgefüllt werden, und gewährleistet so eine satte und kraftschlüssige Verbindung der beiden Gewerke. Die sonst übliche Vergußfuge wird dabei durch eine dünne Ausgleichsschicht aus Mörtel ersetzt. Die voll eingegossenen Zugstangen übertragen nicht nur die üblichen Zugkräfte, sondern ebenso Schub- bzw. Scherkräfte, wie sie durch ein gezieltes Vorspannen der Verbindung auch über die Kontaktflächen zwischen der Betondecke und den sie einspannenden Stahlplatten übernommen werden können.

10
Sonderlösungen

Im Unterschied zu den anderen Kapiteln sind hier Konstruktionsbeispiele so zusammengestellt, wie es sich eben aus den praktischen Anforderungen ergab. Deshalb sind die hier vorgestellten Sonderlösungen nicht durch einen „roten Faden" verbunden – ihre einzige Gemeinsamkeit: sie sind erfolgreich in der Praxis erprobt und lassen sich sicher auf so manche andere Aufgabenstellung im Stahlbau übertragen.

Bild IV.94. Diese zweigeschossige Gebäudebrücke für die Verwaltung einer Versicherung in Düsseldorf wurde mit den – vorhandenen – Gebäudeteilen über eingespannte Anbauteile an den Betondecken verbunden

10.1
Brückenübergänge

Der Übergang von der eigentlichen Brücke zum Festteil, also vom Träger der Brücke beispielsweise zu ihrem Widerlager, erfordert besondere konstruktive Sorgfalt, denn der Brückenträger verformt sich unter den Verkehrslasten sowie Belastungen etwa durch Wind, Schnee, Schwingungen aller Art und möglicherweise sogar durch Bodenbewegungen. Der bewegliche Brückenteil muß solchen Lastbewegungen frei folgen können, damit es nicht zu partiellen Spannungsspitzen … und letztlich zu gefährlichen Rißbildungen kommt. Der Brückenübergang ist deshalb vom Konstrukteur so auszulegen, daß die erforderlichen Ausgleichsbewegungen, z. B. Verschiebungen und Verdrehungen, zwängungsfrei möglich sind.

10.1.1
Gelenkig-fester Brückenübergang (Bild IV.95)

Bild IV.95 a, b zeigt einen gelenkig-festen Übergang, der aufgrund seiner Kugelgelenkverbindung bei ausreichendem Spiel in allen anderen Achsen gleichzeitig in der Lage ist, gewisse Horizontallasten kraftschlüssig in den Festteil der Brücke abzuleiten.

Das Kugelgelenk ist im Prinzip wie die entsprechenden natürlichen Gelenke, z. B. Ellenbogen-/Schultergelenk, aufgebaut. Das Brückengelenk ist aus zwei Vollkugeln mit gleichzeitig angedrehten Rundstählen und passenden Gelenkkapseln zusammengebaut. Die kugelumschließenden Kapseln sind aus je zwei passend gefrästen Halbkugelschalen zusammengeschweißt. Die abschließende Rundnahtschweißung der beiden Rundstähle an den Kugeln – nach Ausrichten des Brückenbogens und Montage des nach Aufmaß angefertigten Anbauteils – stellt dann die gelenkige Verbindung zwischen dem beweglichen und dem festen Brückenteil her. Um eine dauerhafte Gelenkfunktion unter schwierigen Einsatzbedingungen zu gewährleisten, wurden Kugel- und Kapselteile aus nichtrostendem Stahl (z. B. V 4 A) hergestellt.

10.1.2
Begehbarer Gelenk-Übergang (Bild IV.96)

Dieser Übergang, etwa für den Geh-/Radweg einer Brücke, überträgt zwar keine Kräfte, mit seiner Rutsch- und Schleppblechkonstruktion sorgt er aber für freien Lastbewegungsausgleich der Brücke bei gleichzeitig sicherem Übergang der Benutzer. Dazu wird das Schleppblech nach Brückenmontage dem Übergangsspalt genau angepaßt.

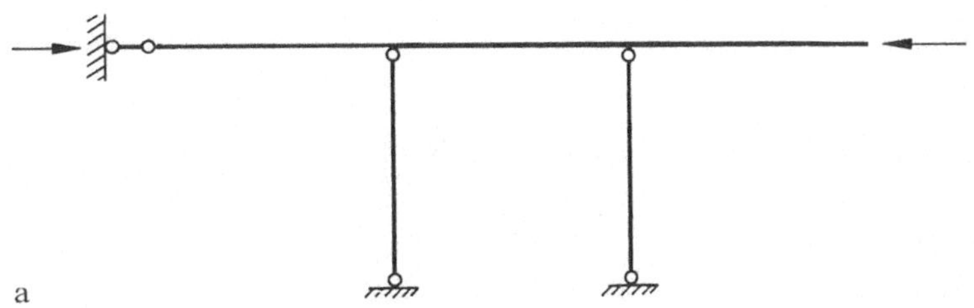

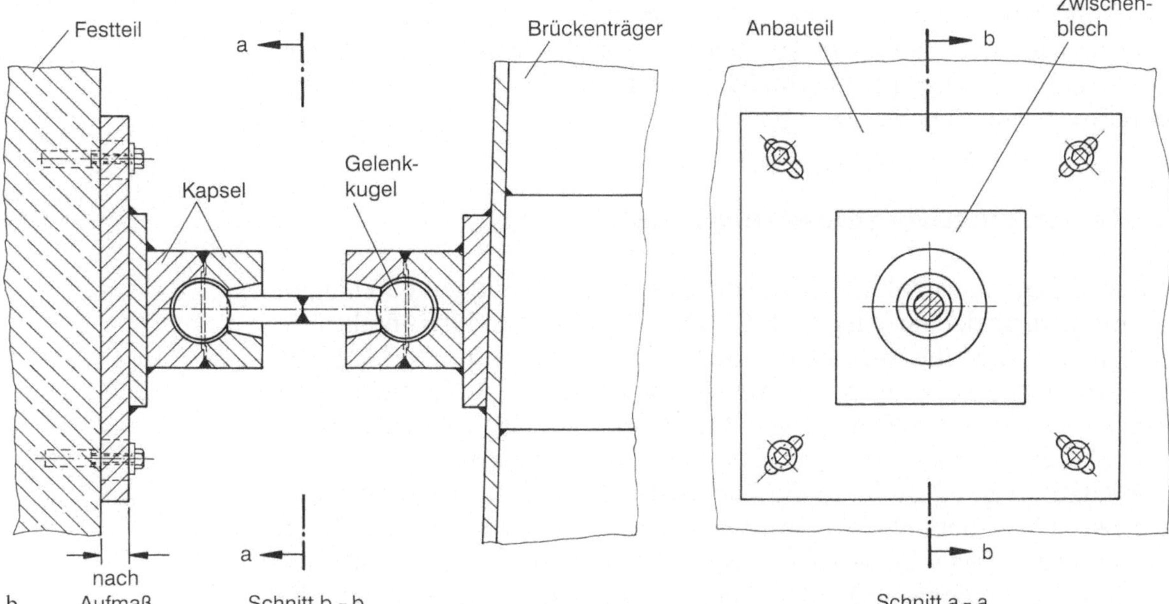

Bild IV.95 a, b. Statisches System eines gelenkig-festen Brückenübergangs und Kugelgelenk-Lösung (**b**)

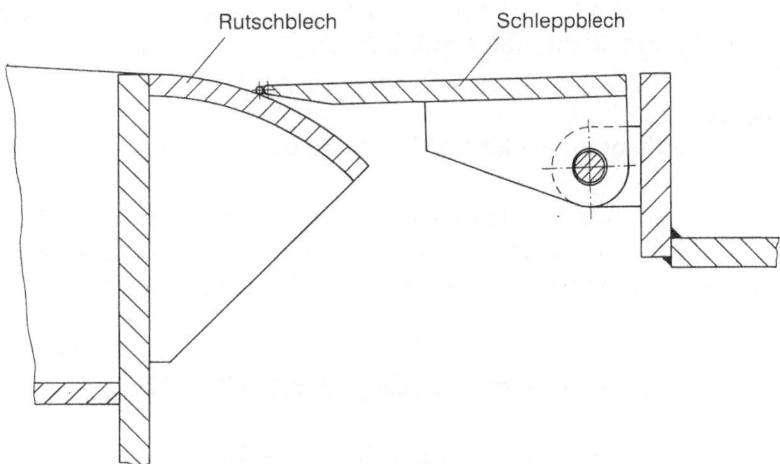

Bild IV.96. Begehbarer Gelenk-Brückenübergang

10.2
Brückenauflagerungen

Die Auflager einer Brücke sind weit mehr als simple Abstützungen. Unter meist immensen Belastungen haben sie jahrein jahraus nicht nur statische sondern auch verschiedenste dynamische Lasten aufzunehmen. Entsprechend groß ist die Vielfalt diverser Lagerkonstruktionen, von denen im folgenden einige für kleinere Brückenbauwerke vorgestellt werden. Dabei kommt es in erster Linie darauf an, daß die Lasten weitgehend zentrisch und ohne gefährliche Zwängungen in die Fundamente übertragen werden. Außer auf die eigentlichen Tragbelastungen sind Brückenlager auch auf einen Ausgleich von elastizitätsbedingten Dreh- oder Kippbewegungen sowie von Längendehnungen aufgrund von Temperaturschwankungen auszulegen.

10.2.1
Brückenauflager: gelenkig und einseitig beweglich (Bild IV.97 a)

Diese Auflagerkonstruktion ist um die Querachse gelenkig und in Längsrichtung verschiebbar ausgelegt. Gleichzeitig können Horizontalkräfte in Querachsrichtung und abhebende Kräfte aufgenommen werden. Für die reibungsarme waagerechte Verschiebbarkeit des Auflagers in den beiden Führungsschienen sorgen Kunststoff-Gleitlager, z.B. aus Neoprenplatten, die in einem speziellen Verfahren aufgeklebt werden. Die Werkstattfertigung umfaßte die komplette Herstellung und den Lageranbau einschließlich des Aufklebens der Kunststofflager. Nach Bau#stellenaufmaß bemessene Ausgleichsfutter sorgen für eine problemlose Schraubmontage der Anschlußkonsole, die schließlich die kraftschlüssige Gelenkverbindung zur Brückenkonstruktion herstellt.

Zuvor wird die Brückenkonstruktion auf der Baustelle mit ihrem angeschraubten Lagerblock auf das feste Einbauteil abgesetzt, horizontal ausgerichtet und dann rundum verschweißt. Eine Beschädigung der Kunststoffgleitlager durch die Schweißarbeiten ist dabei auf jeden Fall auszuschließen, was durch eine konsequent abgestimmte Einbau- und Schweißnaht-Reihenfolge möglich ist.

10.2.2
Brückenauflager: gelenkig und beidseitig fest (Bild IV.97 b)

Um Horizontalkräfte in beiden Achsrichtungen aufnehmen zu können, wird bei dieser Auflagervariante zu Bild IV.97 a das Längsrichtungslager verkürzt und mit Arretierungsblechen festgeschweißt.

10.2.3
Punktkipplagerung für eine Fußgängerbrücke (Bild IV.98)

Bild IV.98 a gibt zunächst einen Überblick über die Konzeption der Auflager einer Fußgängerbrücke, wobei die Pfeile die Freiheitsgrade der vier

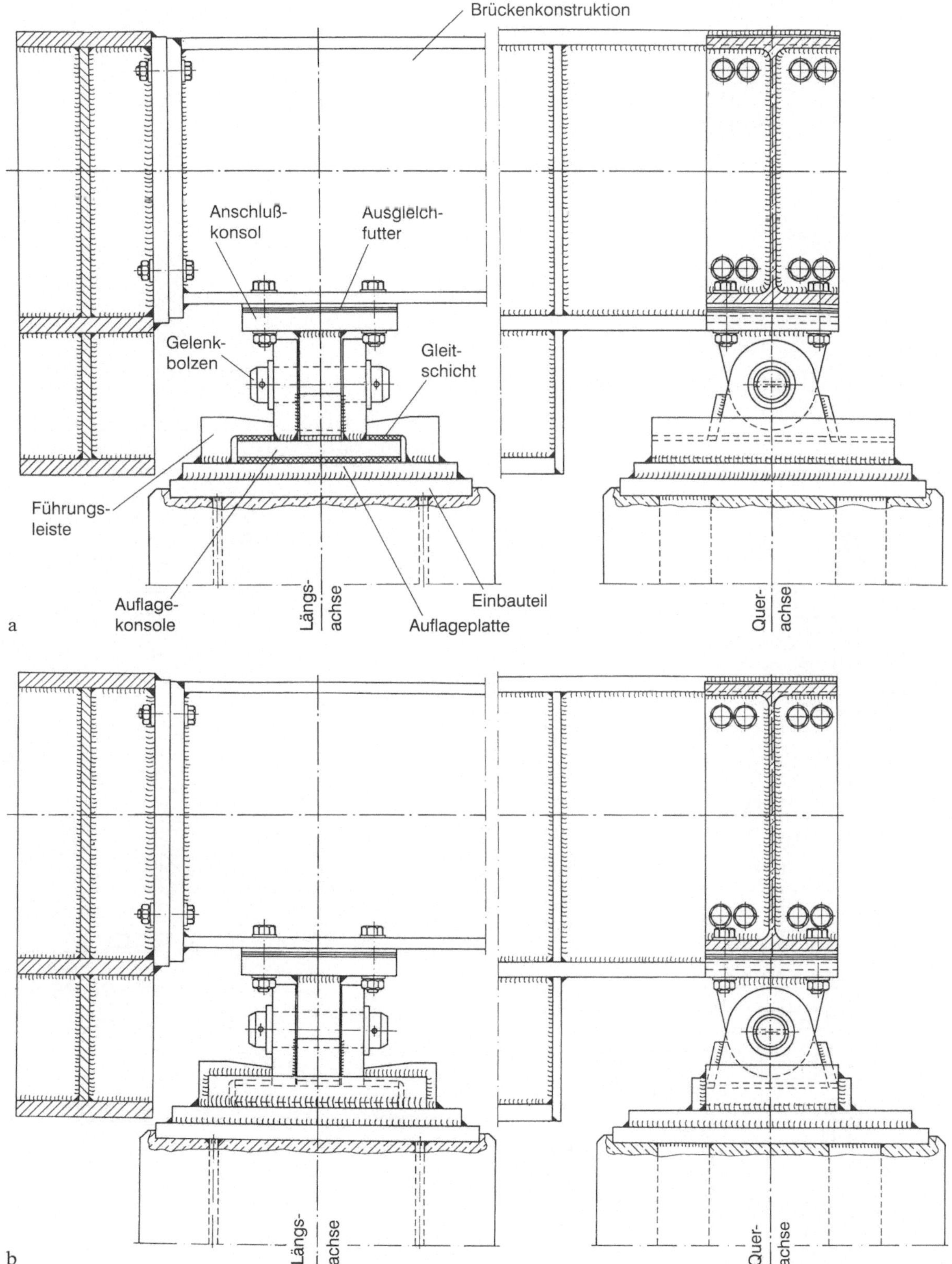

Bild IV.97 a, b. Alternative Brücken-Auflager. **a** gelenkig und einseitig beweglich, **b** gelenkig und beidseitig fest

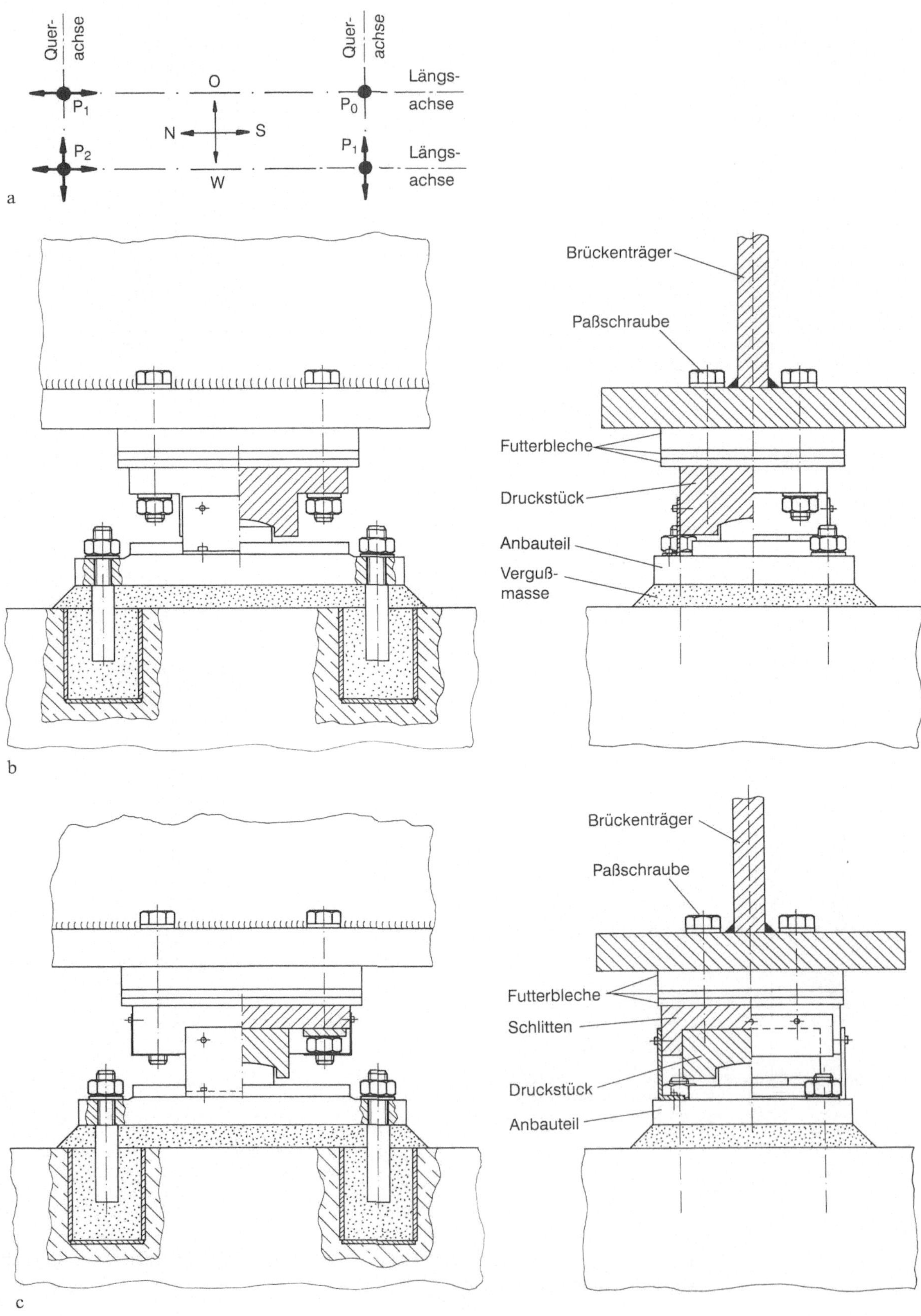
Quer-
achse
Quer-
achse
O
Längs-
achse
P_1
P_0
N
S
P_2
P_1
Längs-
achse
W
a
b
c
Brückenträger
Paßschraube
Futterbleche
Druckstück
Anbauteil
Verguß-
masse
Brückenträger
Paßschraube
Futterbleche
Schlitten
Druckstück
Anbauteil

Auflager bedeuten. Während das Lager P_2 als Loslager ausgelegt ist, zeichnen sich die Lager P_0 und P_1 durch eine besondere Konstruktion als Punktkipplager mit Kugelschalengelenk aus. Für eine gleichzeitige, verschieden kombinierbare Aufnahme von Vertikallasten und allseitigen Horizontallasten unter Berücksichtigung freier Kippbewegungen ist eine kugelförmige Auflagerung nämlich häufig die beste Lösung.

Das großflächige Kugelschalengelenk, zwischen Druckstück und Anbauteil (Bild IV.98 b, c), erlaubt zwängungsfreie Verdrehungen der Brücke, ohne daß sich etwas an der punktgenau zentrischen Krafteinleitung verändert. Druckstück und Anbauteil des Kippgelenks greifen aber aufgrund ihrer Schalenform so ineinander, daß gleichzeitig auch allseitige Horizontallasten zwängungsfrei zu übertragen sind.

Um eine kontrollierte Lastabtragung zu gewährleisten (s. Bild IV.95 a, ist das Lager P_0 horizontal allseitig fest, also quasi als Festlager ausgelegt, während Lager P_1 horizontal nur in Längsachsrichtung beweglich ist; das Lager P_2 ist als Loslager ausgebildet.

Fertigungstechnisch basieren alle drei Kipplagerarten auf der gleichen Grundkonstruktion. Im Unterschied zu Lager P_0 ist bei Lager P_1 (Bild IV.98 c) zwischen Brückenträger und Anbauteil ein einachsig verschiebbarer Schlitten eingebaut, der auf dem „Druckstück" gleiten kann. Bei dem allseitig beweglichen Loslager P_2 liegt der Schlitten ohne seitliche Führung einfach frei auf der Kugel des Anbauteils auf.

10.2.4
Auflagerung Rohrleitungsbrücke (Bild IV.99)

Das kleine Schemabild gibt zunächst einen Überblick über die Auflagerkonzeption der Rohrleitungsbrücke, eine Stahlfachwerkkonstruktion, deren Fest-, Gleit- und Loslager detailliert in Bild IV.99 b wiedergegeben sind. Diese Lösung ist gleichermaßen funktionell wie kostengünstig.

Wie bereits in Teil IV, Abschn. 1 näher beschrieben, wird das Einbauteil an Ort und Stelle einbetoniert, um darauf den nach Aufmaß ermittelten Lageraufbau mit Ausgleichsplatte und Dollen anzuschweißen. Horizontale Ausgleichsbewegungen der Rohrbrücke aufgrund von Temperaturdehnungen werden über den Einbau von Gleitpolstern ausgeglichen und Kippbewegungen durch den Einbau von Elastomerlagern annähernd punktförmig und somit zwängungsfrei aufgenommen. Mit passender Bohrung versehen, werden diese Lagerplatten vor Brückenmontage über die Dollen gesteckt.

Wie aus den Zeichnungen im einzelnen hervorgeht, wird die Lagerauslegung durch die Beweglichkeit der Rohrbrücke gegenüber dem

Bild IV.98 a – c. Übersicht Auflagerkonzeption Fußgängerbrücke (nach *Grassel*). **b** Punktkipplager P_0 horizontal allseitig fest; **c** Punktkipplager P_1 horizontal einseitig beweglich

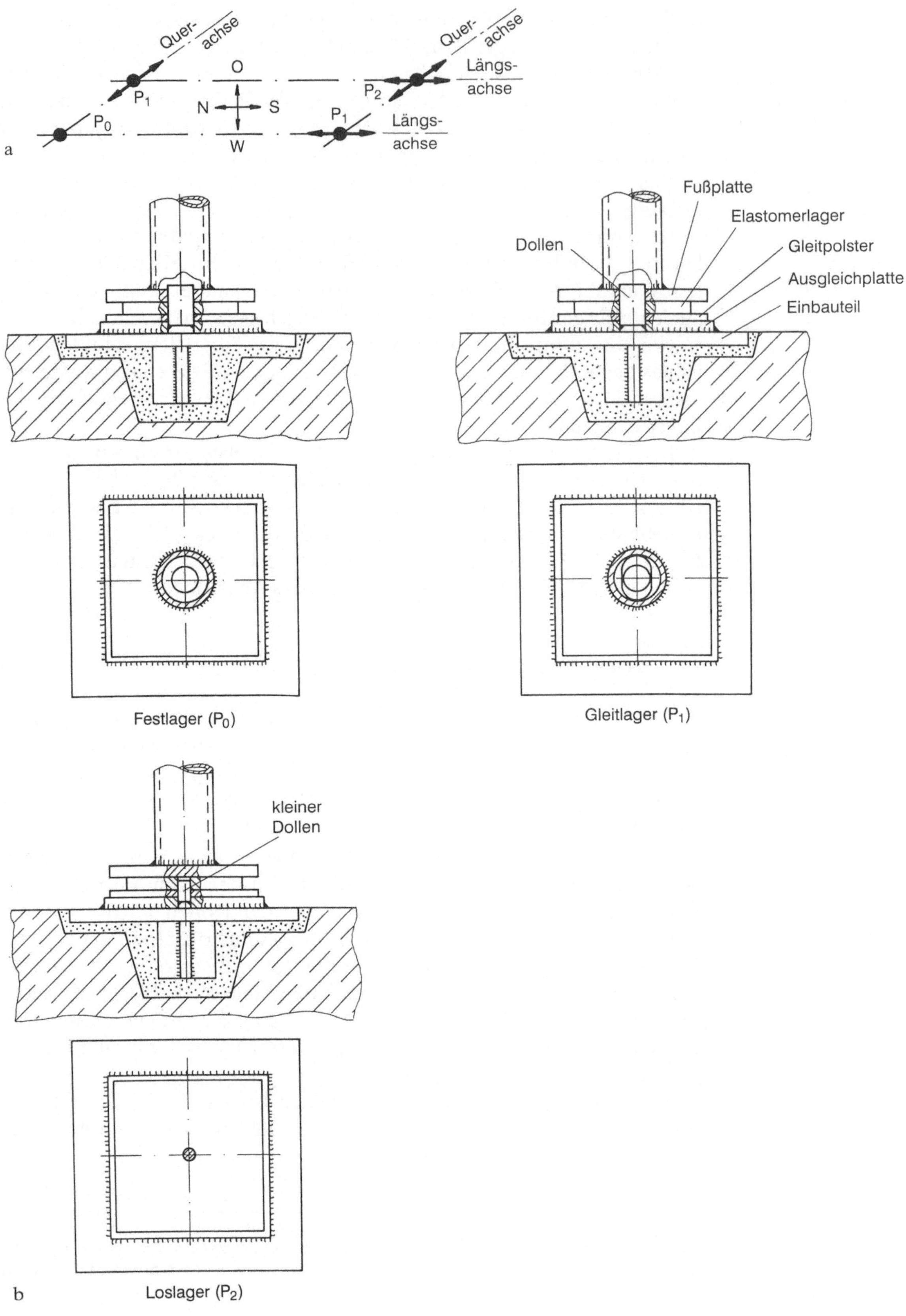

Festlager (P_0)

Gleitlager (P_1)

b   Loslager (P_2)

Lagerunterbau mit den Dollen bestimmt: links allseitig fest, dann einachsig oder allseitig beweglich.

10.3
Vorrichtung für hydraulisches Vorspannen

In Abschn. 2.3 wurde bereits gezeigt, wie man mit Hilfe von Spannschlössern Windverbände vorspannen kann. Konstruktive Maßnahmen zur Vorspannung von Tragwerken gewährleisten eine „schlupffreie" Stabilisierungswirkung etwa von Zugverbänden. Eine planmäßige Vorspannung mit definierten Vorspannkräften stellt sicher, daß beispielsweise in Zuggliedern auch bei richtungswechselnden Lasten, etwa Windlasten aus wechselnden Angriffsrichtungen, keine unzulässigen Druckspannungen auftreten.

Um größere Vorspannkräfte aufzubringen, benutzt man die enorme Kraft hydraulischer Pressen. Für den Baustelleneinsatz ist dabei vor allem ihre Handlichkeit wichtig und eine deformationsfreie zentrische Krafteinleitung.

Bild IV.100 b zeigt eine hydraulische Spannvorrichtung, wie sie für den Montageeinsatz entwickelt wurde. Wie Bild IV.100 c illustriert, wurde sie z. B. bei der Errichtung des „Dortmunder Pylons" zum „Aufspannen des Regenschirms" eingesetzt; d. h., eine Vielzahl von Zugstangen mußte mit genau berechneten Vorspannkräften von bis zu 450 kN beaufschlagt werden, was vor Ort mit Hilfe von Dehnungsmeßstreifen kontrolliert wurde. Wie diese Hydraulikspannvorrichtung funktioniert, geht aus Bild IV.100 a hervor. Es wurde eine handelsübliche hydraulische Montagepresse eingesetzt; sie kann allerdings nur Druck ausüben, der zunächst einmal in Zug zu übersetzen ist: eben mit Hilfe der Spannvorrichtung. Dazu stützt sich der Stempel der Spannvorrichtung einerseits an der Konstruktion als Widerlager ab, andererseits ist das Joch der Vorrichtung über ein Gewinde mit dem Zugglied so verbunden, daß letzteres unter Zug gesetzt, also vorgespannt wird. Bild IV.100 b zeigt die Umsetzung dieses Funktionsprinzips in die Spannvorrichtung. Die große Sicherungsmutter dient zur Konterung des Zugglieds und damit zum Festhalten der einmal erreichten Vorspannung. Durch Kontern dieser Sicherungsmutter kann auch der Vorspannhub verlängert werden, indem man die Presse zwischendurch unterfüttert und so wieder neu ansetzen kann.

Der Vorspannprozeß kann über ein Manometer an der Hydraulikpresse gemessen und gesteuert werden: aufgebrachte Vorspannkraft = ablesbare Druckspannung × Kolbenfläche.

Bild IV.99. a Übersicht Auflagerkonzeption Rohrleitungsbrücke. **b** Elastomergelagerte Auflager

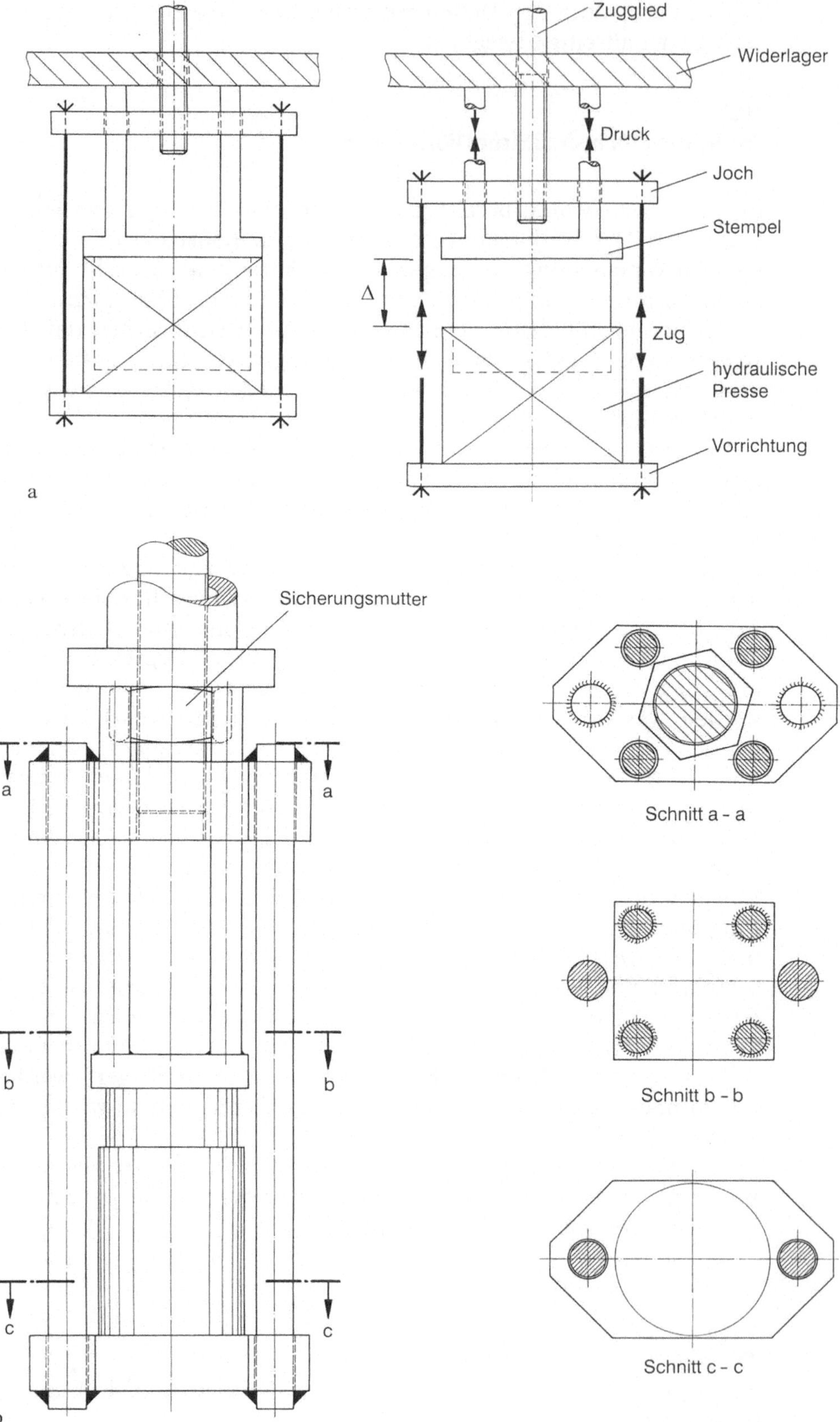

Zugglied
Widerlager
Druck
Joch
Stempel
Δ
Zug
hydraulische
Presse
Vorrichtung
a
Sicherungsmutter
a
a
b
b
c
c
b
Schnitt a - a
Schnitt b - b
Schnitt c - c

c

Bild IV.100 a – c. Vorrichtung für hydraulisches Vorspannen. b Konstruktion Vor-
spann-Vorrichtung; c Spannvorrichtung für das Aufspannen des Stahl-Glas-Daches
des „Dortmunder Pylons"

10.4
Fahrbahnstöße für Kabinen-Hängebahn (Bild IV.101)

Als alternatives, aufgeständertes Nahverkehrssystem wurde bereits ab
1984 auf dem Gelände der Universität Dortmund eine Pilotanlage der
automatischen Großkabinen-Hängebahn, kurz H-Bahn, gebaut. Für
den Fahrweg galt es, standardisierte, leicht montier- und austausch-
bare Schienen in Form von Hohlkastenprofilen für die Laufräder
der Hängebahn zu entwickeln (Bild IV.101a). Entscheidend war dabei
vor allem auch die Frage der optimalen Gestaltung der Übergangs-
oder Stoßstellen zwischen den einzeln aufgehängten Schienenteil-
stücken.

Die konstruktive Auslegung der Stoßübergänge muß ein gleitendes,
ruckfreies und nicht zuletzt geräuscharmes Abrollen der Laufräder
sowie einen Dehnungsausgleich aufgrund vor allem von Temperaturschwankungen gewährleisten. Weiterhin sollten die Schienenbauteile
weitgehend baukastenfähig konzipiert werden.

a

Bild IV.101 a, b. Kabinen-Hängebahn (H-Bahn) auf dem Uni-Gelände, Dortmund.
b Fahrbahnträger-Übergang mit „Kammblechen" an den Stoßstellen

Dazu ist jede Schiene einzeln an den Kragstützen aufgehängt (Bild IV.101 b). Und zwar über jeweils zwei in Fahrtrichtung eingesteckte Befestigungsbolzen, die an dem einen Schienenende als Festlager und am anderen als längsverschiebbares Los- oder Ausgleichslager eingebaut sind.

Für einen störungsfreien Rollübergang der H-Bahn an den Stoßstellen wurden „Kammbleche" für die Lauf- und die seitlichen Führungsräder entwickelt. Sie sind wie Kämme verzahnt und greifen außerdem noch formschlüssig ineinander. Dieser Formschluß trägt zusätzlich zur stoßfreien Ausrichtung in Schienenachse und sanfte Rollübergänge bei, ohne daß die Kammbleche den freien Längenausgleich der Schienen behindern. Die austauschbaren Kammbleche werden nach Schienenmontage von innen mit Senkkopfschrauben befestigt.

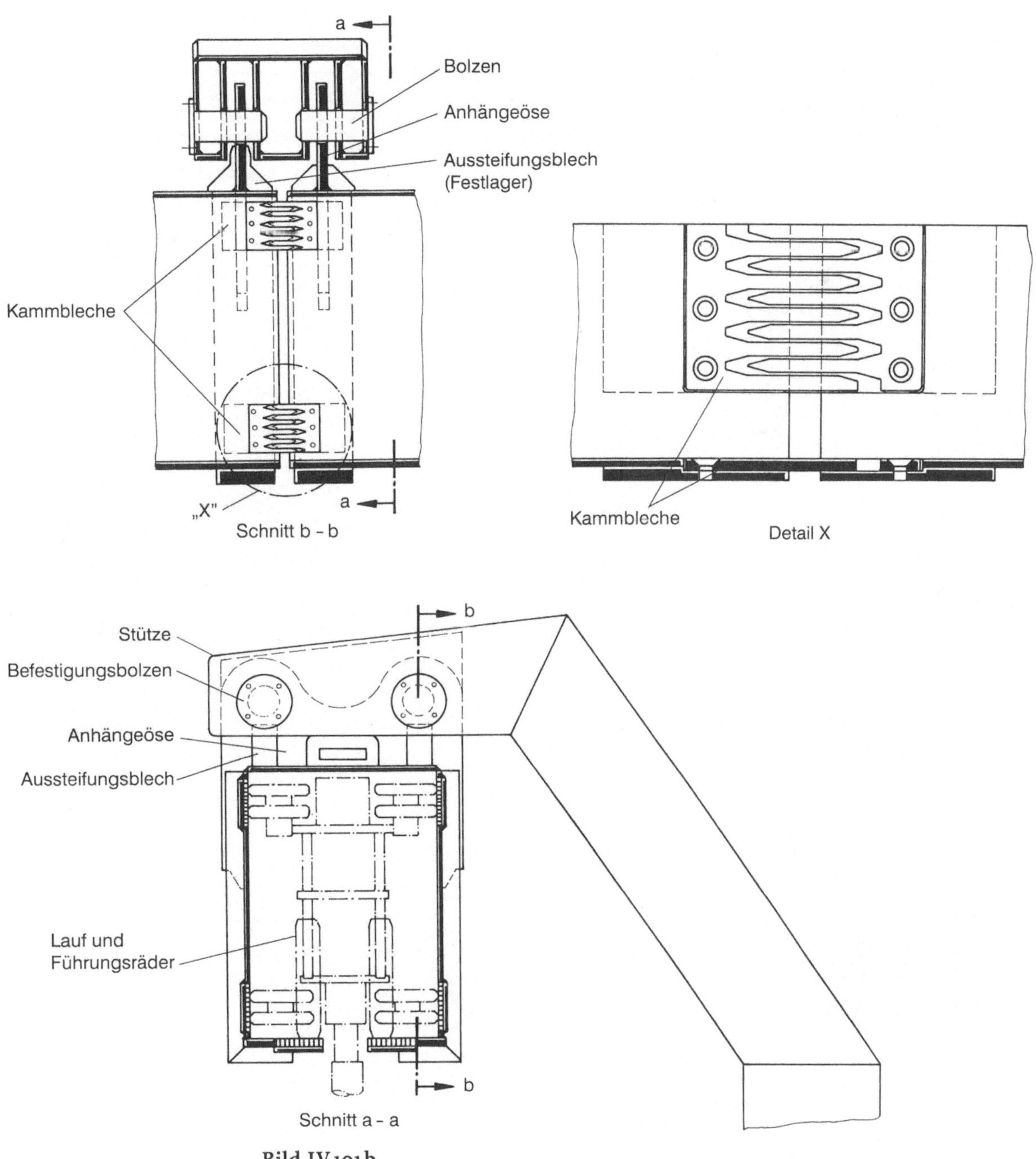

Bild IV.101 b

10.5
Stütztragwerk für Wanddurchbruch (Bild IV. 102)

Bild IV.102 zeigt die Unterfangung einer Betondecke nach dem Umbau eines alten Geschäftshauses – größeren Wanddurchbruch schaffen – durch eine Konstruktion aus Stahlträgerunterzügen und -stützen.

Wo bei Umbaumaßnahmen an vorhandenen Massivbauten tragende Wände und Stützen abgerissen oder verstärkt werden müssen, bieten

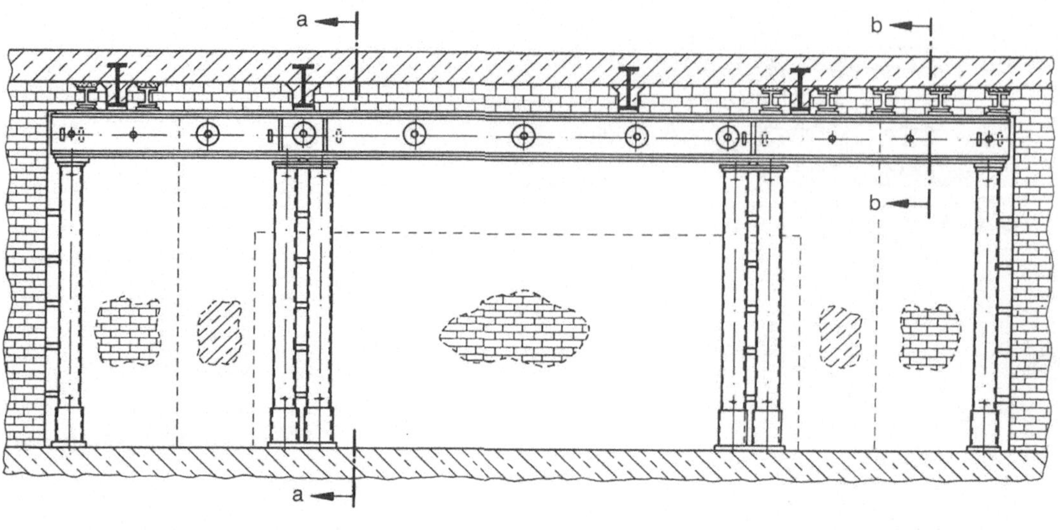

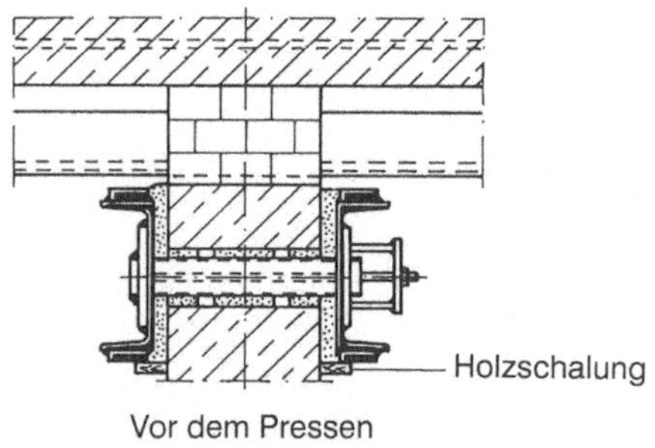

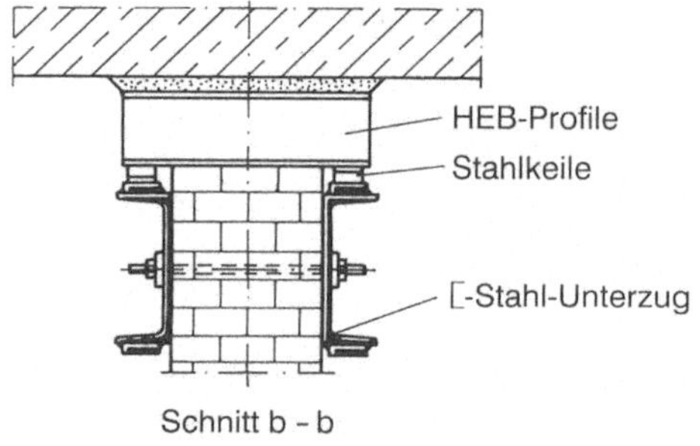

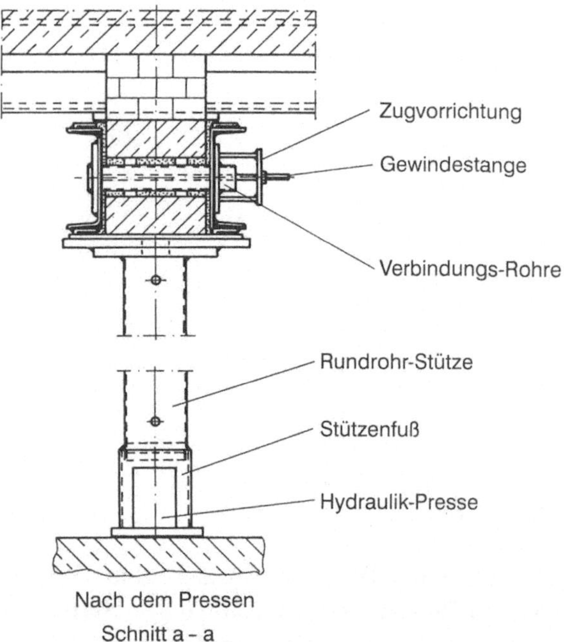

Bild IV.102. Betondecken-Unterfangung für Wanddurchbruch

Abfang- und Sanierungsmaßnahmen mit Hilfe des Stahlbaus, besonders wenn der einfachere Transport und der schnellere Einbau werkstattgefertigter Stahlkonstruktionen berücksichtigt wird, oft die fachlich und wirtschaftlich günstigere Lösung. Wenn man sich bei der Montage des Stütztragwerks exakt an den vom Stahlbauplaner vorgegebenen Einbauablauf hält, können Setzungsrisse, wie sie in Altbauten hohe Folgekosten verursachen können, systematisch ausgeschlossen werden.

Ein Sonderproblem, das häufig mit solchen Umbaumaßnahmen verbunden ist, ist die räumliche Enge, die etwa den Einsatz von Hebezeugen begrenzt. Die Stahlkonstruktion muß deshalb von vornherein bewußt montagefreundlich ausgebildet werden. Die Einzelbauteile dürfen von Gewicht und Abmessungen her nicht zu groß sein. Wenn die Stahlträger bereits in der Werkstatt mit entsprechenden Montagebohrungen oder -anschlägen ausgerüstet werden, lassen sich dort auf der Baustelle ggf. Greifzüge oder Winden einhaken.

Für die Unterstützungs-Konstruktion nach Bild IV.102 wurde beispielsweise folgender Montageablaufplan aufgestellt:

1. Kernbohrungen in Betonunterzug einbringen.
2. Aus Platzgründen wurden die beidseitig der betreffenden Wand abgelegten U-Stahl-Teilstücke zunächst auf die erforderlichen Gesamtlängen zusammengeschweißt.
3. Löcher in die Wand stemmen und den Montagegalgen in Position verkeilen.
4. U-Stähle mit Greifzügen am Montagegalgen hochziehen und Verbindungsrohre bzw. Gewindestangen durchstecken.
5. Höhengleiches Ausrichten der U-Stähle mit Nivelliergerät.
6. U-Stähle unterseitig mit Holz verschalen (Bild IV.102, Schnitt a-a vor dem Verpressen); Verfüllen der Hohlräume zwischen U-Stahl und Betonunterzug mit schwindfreiem Mörtel.
7. Zusammenpressen der beiden U-Stähle mittels Zugvorrichtung (Bild IV.102, Schnitt a-a nach dem Verpressen); überflüssiger Mörtel wird dabei in die noch offenen Hohlräume der Kernbohrung gepreßt, was einen homogenen Mörtelverbund von Stahl und Beton gewährleistet.
8. Abbindepause von mind. 24 h einhalten.
9. HEB-Profile in vorher in die Mauerwerkswand gestemmte Löcher einbauen; Stahlkeile als Auflager zu den U-Stählen anbringen.
10. Vergußfugen zwischen Betondecke und HEB-Profilen herstellen.
11. Vorspannen der Keile zwischen Betondecken und Doppel-U-Stahl-Unterzug.
12. Abstützen der vorhandenen Maueröffnungen und Aufstemmen von Wandschlitzen im Bereich der neuen Stahlrohrstützen.
13. Aufstellen und Einklemmen der neuen Rundrohrstützen – mittels Greifzug – gegen den Unterflansch des Doppel-U-Stahl-Unterzugs.
14. Hydraulikpressen in den Stützenfuß einbringen, vom Statiker vorgegebenen Lastwert (Manometer!) aufbringen und dann teleskopartig verschobenen Stützenfuß festschweißen.
15. Endgültiger Abriß der restlichen Wandpartien.

10.6
Korrosionssichere Geländerkonstruktion (Bild IV.103)

Wo in aggressiven Umgebungen oder etwa Räumen mit hoher Luft-
feuchtigkeit Treppen- oder andere Geländer in nichtrostender Ausführung verlangt werden, wird gerne nichtrostender Stahl wie V4A
eingesetzt. Außerdem sind glatte Handläufe aus Edelstahl wesentlich
angenehmer als etwa verzinkte. Allerdings sollte der Edelstahleinsatz aus
Kostengründen auf den Handlauf beschränkt werden. So mußte die
Geländerkonstruktion korrosionstechnisch sauber nach den beiden
kombinierten Werkstoffen getrennt werden: in ein Handlaufoberteil aus
Edelstahl und die Geländerpfosten aus feuerverzinktem Stahl. Hierbei
waren natürlich die Grundsätze der werkstoffgerechten Konstruktion

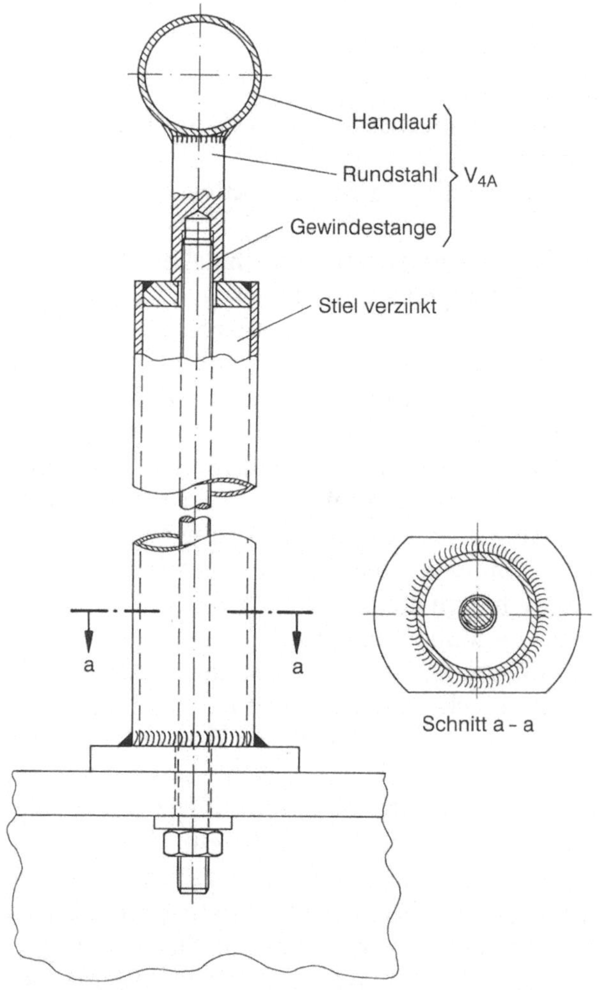

Bild IV.103. Werkstoffgerechte Konstruktion für Treppengeländer aus nichtrosten-
dem/feuerverzinktem Stahl

unter besonderer Berücksichtigung der Kontakt-Korrosions-Gefahr zu beachten, denn:

– nichtrostende Stähle wie V4A können nicht feuerverzinkt werden;
– Schweißarbeiten an feuerverzinkten Bauteilen zerstören die Zinkschicht und damit den höheren Korrosionsschutz.

Deshalb wurden die Geländerstiele mit den Knieleisten erst nach dem Schweißen feuerverzinkt. Vor Ort wurde der Handlauf über die daran angeschweißten Rundstähle und die langen Gewindestangen – alle drei Bauteile aus V4A – mit dem feuerverzinkten Geländerunterteil an den Treppenwangen festgeschraubt.

10.7
Befestigung des Treppengeländers am Mauerwerk (Bild IV.104)

Geländer werden an Mauerwerks- oder Betonwänden üblicherweise an einzementierte Verbundanker angeschraubt. Bild IV.104 zeigt eine optisch saubere Lösung mit verdeckter Anschlußkonstruktion sowohl für die Pfosten- als auch die Handlaufbefestigung.

Bei der Pfostenbefestigung wird zunächst nur der Rohrstutzen über den Verbundanker angeschraubt, dann erst werden die Pfosten senkrecht angeschweißt. Auch bei der Handlaufbefestigung ist der Schraubanschluß – über eine Hutmutter – korrosionsgeschützt und optisch verdeckt gestaltet.

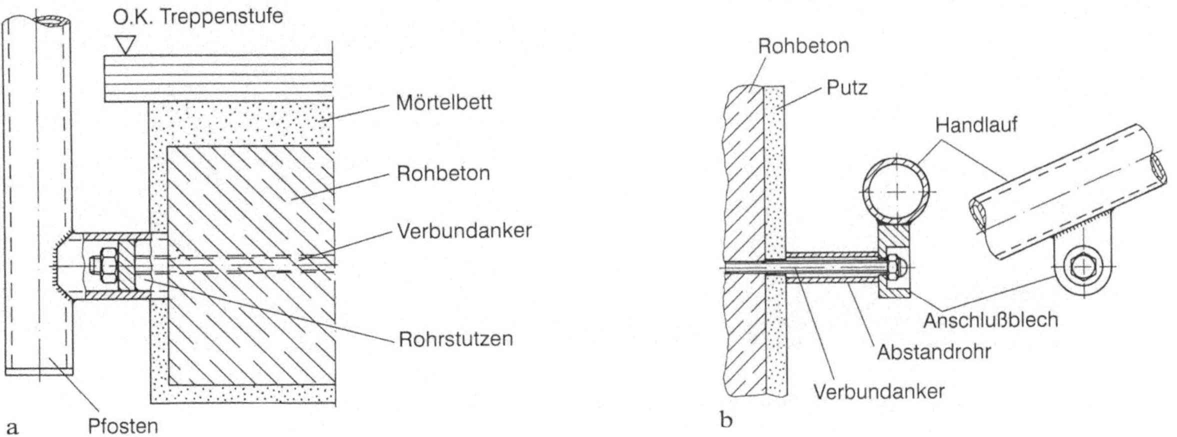

Bild IV.104. Verdeckte Pfosten- und Handlaufbefestigung am Mauerwerk

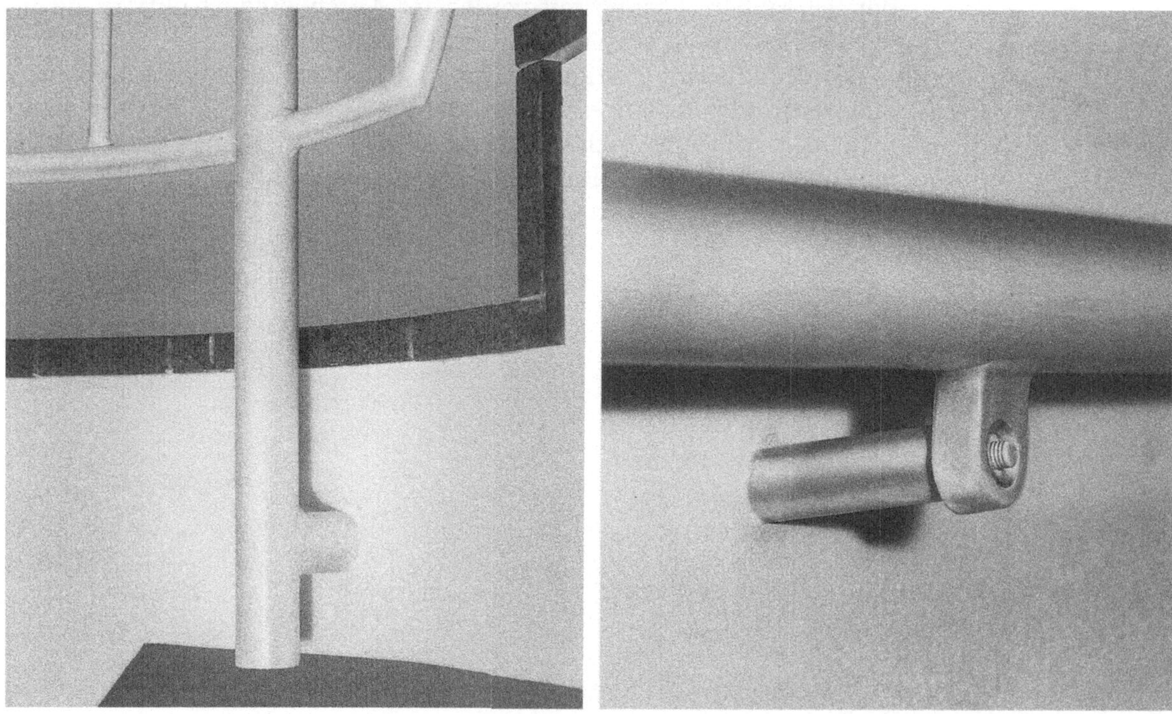

Bild IV.105 a – c. Wendeltreppe mit durchgestalteter Stahlgeländerbefestigung

10.8
Staubdichte Durchbruchabdeckungen (Bild IV.106)

Solche Abdeckungen werden überall da gebraucht, wo Deckendurchbrüche für Montage- oder Reparaturarbeiten erforderlich sind. Die Abdeckplatten müssen so konstruiert sein, daß sie befahrbar sind und ein etwa darunter befindlicher Maschinenraum vor Staub geschützt wird. Bild IV.106 zeigt eine entsprechend stabile Abdeckung mit staubdichter Randkonstruktion.

10.8.1
Staubdichte Kranösen für Abdeckungen (Bild IV.107)

Diese schmutzunempfindliche Anhängeöffnung für Abdeckplatten aller Art sorgt dafür, daß eingebaute Krananhängeösen nach Gebrauch automatisch wieder bodenblech-eben in ihren Kasten zurückfallen. Zum Anschlagen am Kran ist die Öse mit Hilfe des daran angebrachten Nockens leicht wieder herauszuziehen.

10.9
Thermische Trennung zwischen Innen- und Außenträger (Bild IV.108)

Bild IV.108a zeigt das statische System einer Lagerhalle mit stahlabgespannten Stützen, die außen vor die Fassade gestellt sind. Der Trend zu funktioneller Stahlbauarchitektur, die ihre eigene Tragwerkskonzeption auf den ersten Blick zeigt und auch sichtbar werden läßt, hat dazu geführt, daß fortschrittliche, auch Industriebauarchitekten, Tragwerksstützen immer häufiger nach außen plazieren.

Diese Sonderlösung hat aber nicht nur ihre architektonische, sondern auch noch eine wichtige stahlbautechnische Begründung. Die Lagerhalle ist aus Zweigelenkrahmen mit 23 m Spannweite und gelenkig

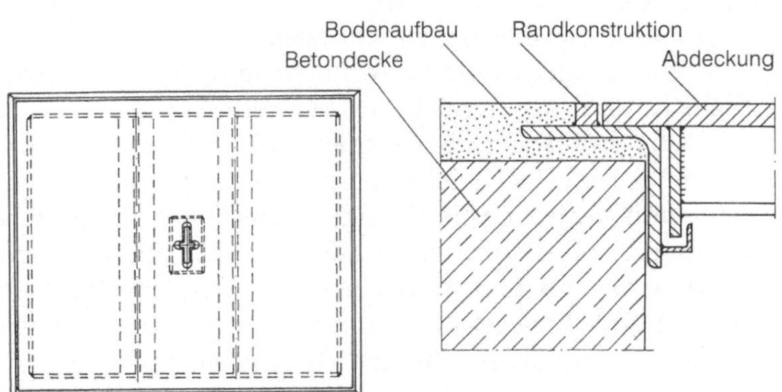

Bild IV.106. Staubdichte Durchbruch-Abdeckung

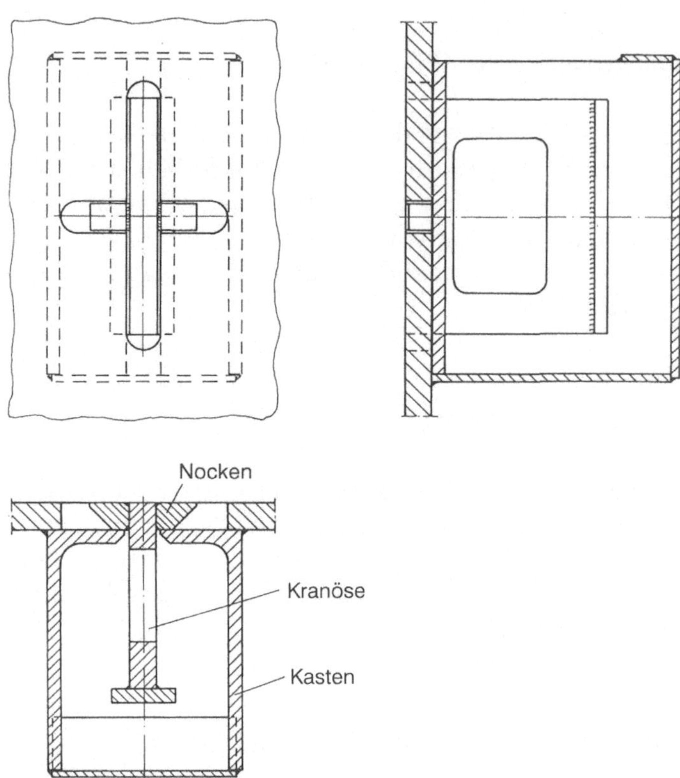

Bild IV.107. Staubdichte Kranösen-Abdeckung

ausgebildeten, aber biegesteif verspannten Rahmenecken aufgebaut (Bild IV.108 a, b). Die sonst übliche Lösung mit Innenaussteifung des Dach-Wand-Winkels hätte im Traufenbereich zu Platzproblemen geführt, wie sie durch die Außenüberspannung intelligent umgangen wurden.

Allerdings galt es jetzt noch ein Problem der Hallen-Thermik zu lösen. Wo wichtige Tragwerksbauteile, hier der Träger oder Riegel des Zweigelenkrahmens, von außen nach innen durchgehen (Bild IV.108 b), also potentiell eine unerwünschte Kältebrücke bilden, muß das betreffende Bauteil thermisch getrennt werden, um das Halleninnere vor größeren Energieverlusten zu schützen.

Die Riegelträger sind aus zwei nebeneinander liegenden U-Profilen aufgebaut und im Bereich des Fassadendurchtritts durch Einbau einer Kunststoffisolierschicht thermisch getrennt. Dazu wurde hier eine 5 mm dicke PTFE-Schicht verwendet, wie sie sich etwa als alterungs- und witterungsbeständige Gleitschicht für Brückenlager bewährt hat. PTFE (Polytetrafluoräthylen) leitet 300mal weniger Wärme als Stahlwerkstoffe und ist gleichzeitig besonders druckfest, so daß es in den Tragwerksriegel problemlos so eingebaut werden konnte, daß man den Kopfplatten-Schraubstoß als biegesteif bezeichnen kann (Druckfestigkeit von PTFE s. DIN 4141, Lager im Bauwesen, Teil 12 Gleitlager).

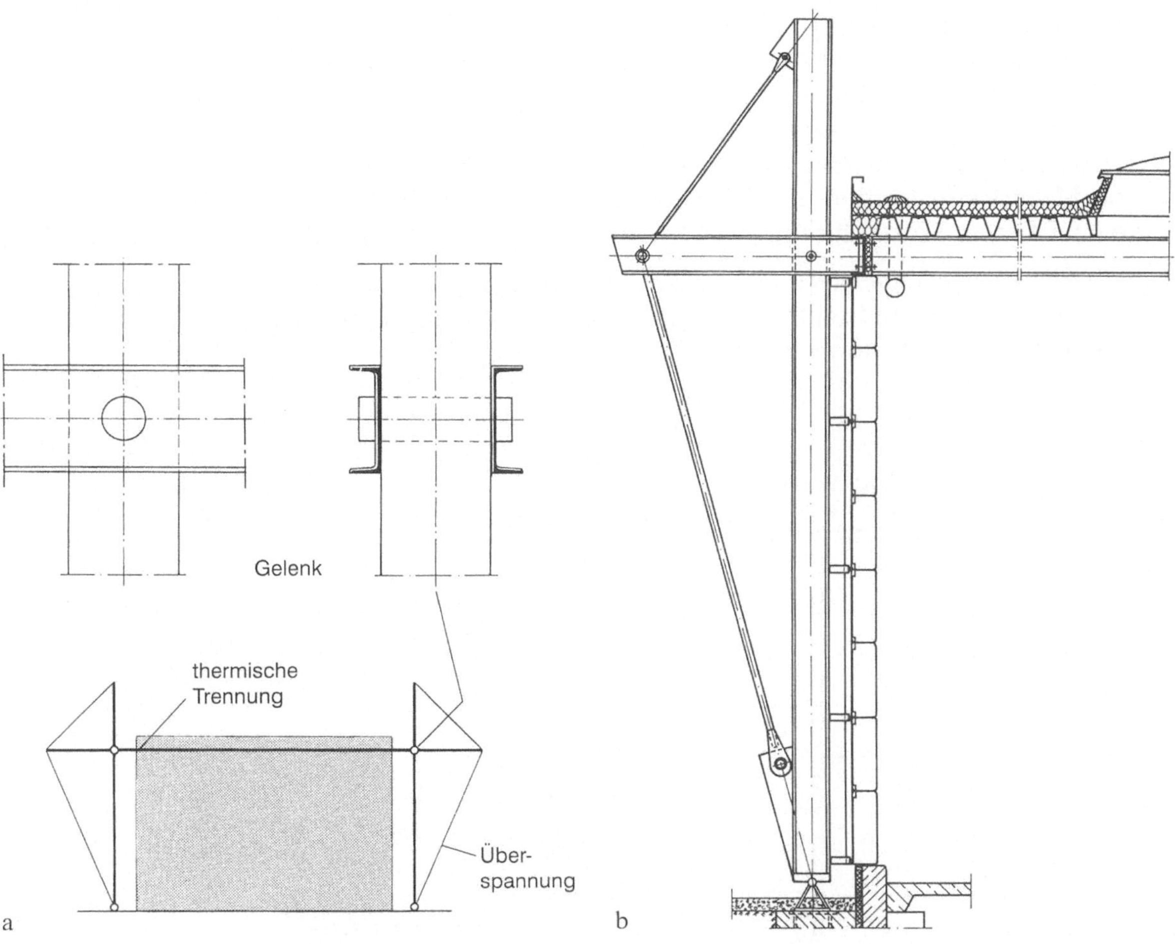

Bild IV.108 a, b. Statik und Ausführung: Thermische Trennung Innen- und Außenträger durch Kopfplatten-Stoß

10.10
Vorrichtung für Verbundanker-Zugversuche (Bild IV.109)

Beim Umbau oder der Sanierung älterer Gebäude müssen oft Mauerwerksteile kraftschlüssig mit der Verstärkungs- oder Erweiterungskonstruktion aus Stahl verbunden werden, meist durch Setzen von Verbundankern. Die Festigkeit alten Mauerwerks ist aber nur schwer einzuschätzen; deshalb muß rechtzeitig, d.h. zu Beginn der Planungsphase, in praktischen Zugversuchen geprüft werden, ob die Anschlußbereiche des Mauerwerks tatsächlich ausreichend belastbar sind.

Bild IV.109 zeigt eine speziell dafür entwickelte Zugversuchsvorrichtung für Verbundanker. Sie besteht aus der Traverse für die Mauerwerksabstützung, einer hydraulischen Hohlpresse, die die Zugkraft aufbringt und der Verlängerung, die auf den Verbundanker geschraubt wird. Erfahrungsgemäß empfiehlt sich der folgende Prüfzyklus:

a) Stufenweise, z. B. dreistufige Steigerung der Zugkraft bis zur max. Prüflast, dabei jeweils die Längsverschiebung des Zugankers messen;
b) die maximale Prüflast der letzten Stufe 5 min konstant stehen lassen und bei Null und nach 5 min wieder die Verschiebung messen;
c) jetzt wieder entlasten (P = o) und erneut die Verschiebung messen;
d) jede Mauerwerksposition, an der Verbundanker vorgesehen sind, dreimal diesem Prüfzyklus unterziehen.

Besonderheiten, wie Mauerwerksrisse oder -ausbrüche werden im Prüfprotokoll festgehalten und sollten vor Baubeginn mit dem zuständigen Prüfer der Bauaufsichtbehörde besprochen werden.

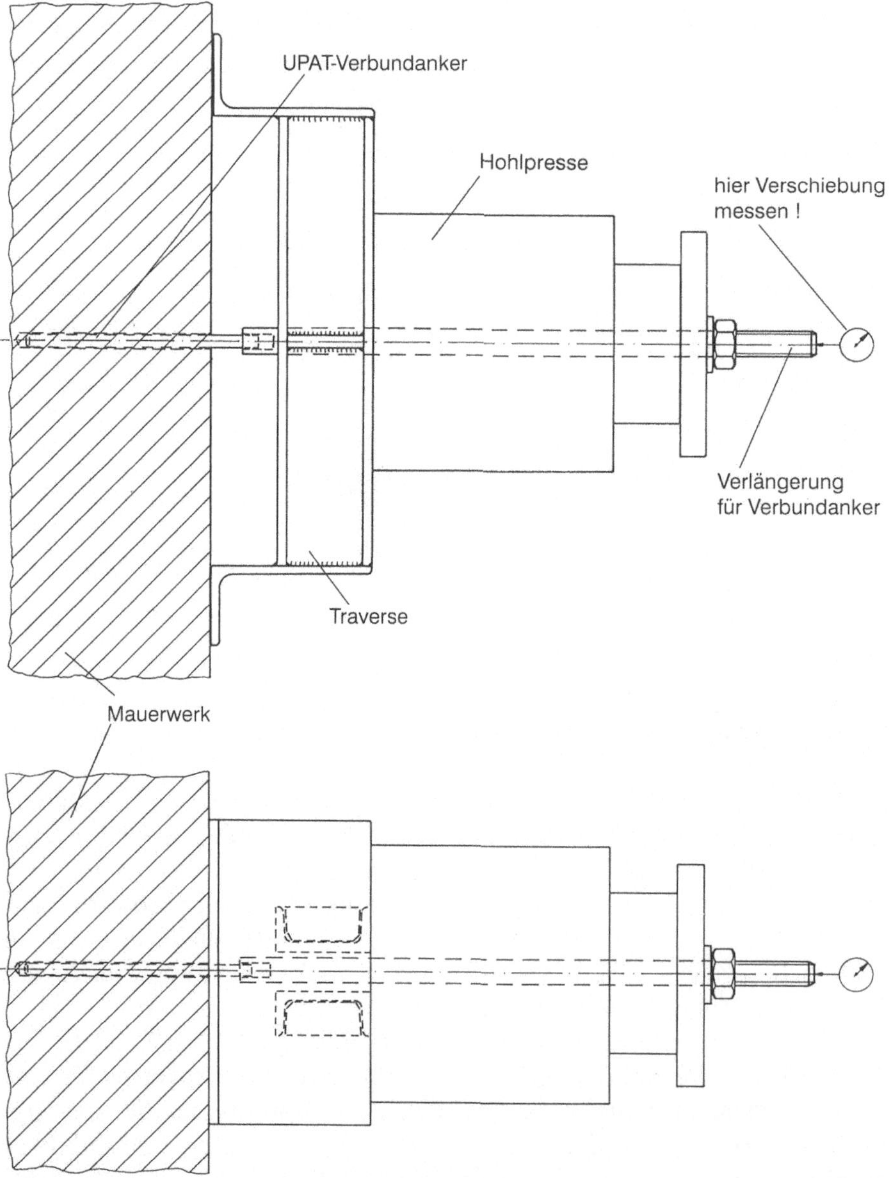

Bild IV.109. Vorrichtung für Verbundanker-Zugversuche

Teil V
Elementar-Bausysteme

Auch im traditionsreichen Stahlbau geht der Trend seit längerem eindeutig in Richtung elementiertes Bauen unter Einsatz von Baukastensystemen. Dieser Trend entspricht modernen Zeiten in vielfacher Hinsicht: Erstens sind wiederverwendbar ausgelegte Bausysteme schon von der Konzeption her kostensparend, zweitens lassen sie sich rationell in Großserien fertigen (immer teurere Handarbeit im Gegensatz zur Kostenentwicklung der Maschinenstunden!). Vor allem aber erfüllen sie qualitätsbewußtere architektonische Ansprüche an einen repräsentativen, ästhetischen und/oder funktionellen Stahlbau. Die Grundidee elementierten Bauens ist immer dieselbe: mit einer reduzierten Anzahl standardisierter Bauelemente, die sich rationell automatisch (vor)fertigen und einfach einbauen lassen eine möglichst variationsreiche Palette an Gestaltungs-, Ausbau-, Umbau- und Wiederverwendungsideen abdecken. Das eigentlich reizvolle – aber zumindest ebenso schwierige – an der Aufgabe ein neues Fertigbausystem zu entwickeln, ist für den Stahlbau-Ingenieur also die Lösung des Spannungsbogens zwischen dem Pol Wirtschaftlichkeit einerseits und dem Pol Gestaltungsfreiheit andererseits.

Der Schlüssel bei der Entwicklung eines neuen Bausystems liegt in der intelligenten Verbindungstechnik der wie Legobausteine eingesetzten Bauelemente. Aber damit ist noch längst nicht die geforderte ganzheitliche Systemlösung auf dem Tisch. Die umfaßt eine Vielzahl diverser Anforderungen, beginnend mit dem serienmäßigen Korrosionsschutz der Bauteile und (längst nicht) endend mit der handlingsicheren und zeitsparenden Tragwerksmontage.

An den im folgenden vorgestellten, teils recht neuen, aber praktisch erprobten Bausystemen für Stahlbautragwerke, Raumfachwerke und Fachwerkträgerroste lassen sich diese zahlreichen Anforderungen konkreter diskutieren.

1
Rohrstabwerk (System RRV)

Dieses Bausystem wird aus eigentlich nur zwei Bauelemente, Rohrstäben und Rohrknoten mit Hilfe der speziellen „Keil-Klemm-Verbindung" aufgebaut (Bild V.1 – V.3). Als Stäbe werden, wichtig für gute Praxiseignung, Stahlbau-Hohlprofile mit quadratischem Querschnitt verwendet. Das Rohrstabwerk zeichnet sich durch Hohlprofilstäbe aus, die, auf Fixmaß gesägt, ohne weitere Anarbeitung direkt vom Stahlhändler auf

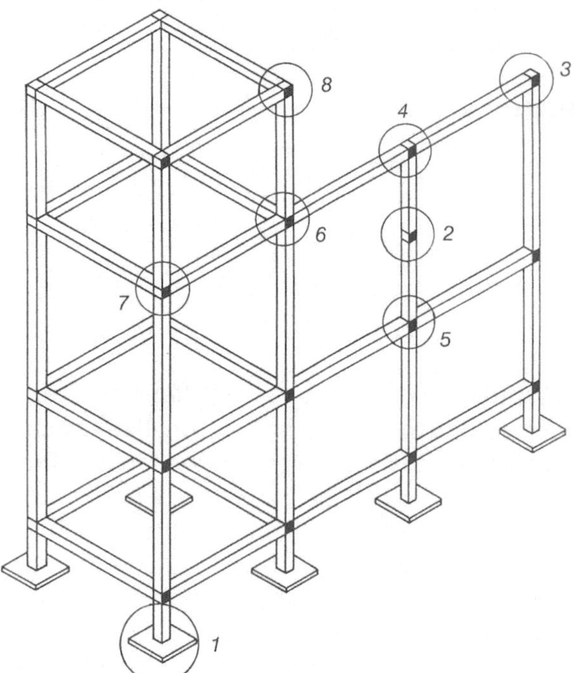

Bild V.1. Beispiel Rohrstabwerk-System RRV

Bild V.2. Keil-Klemm-Verbindung aus Stahlgußteilen für RRV-System

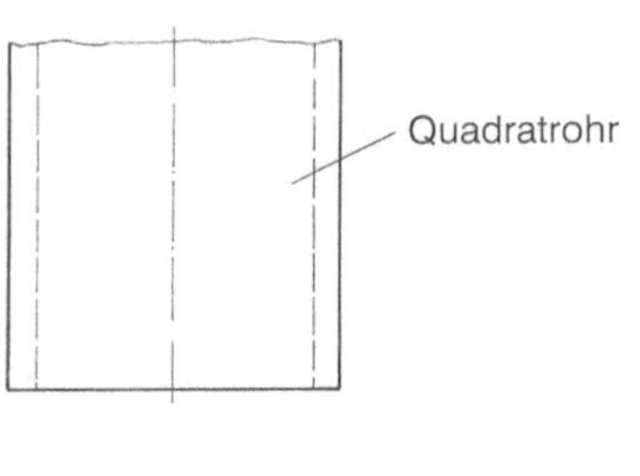

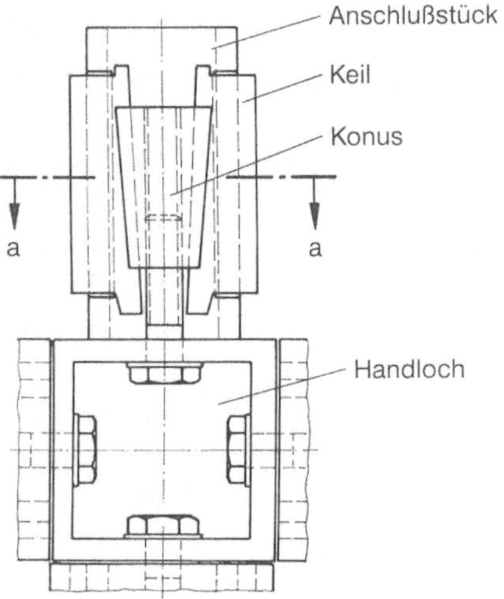

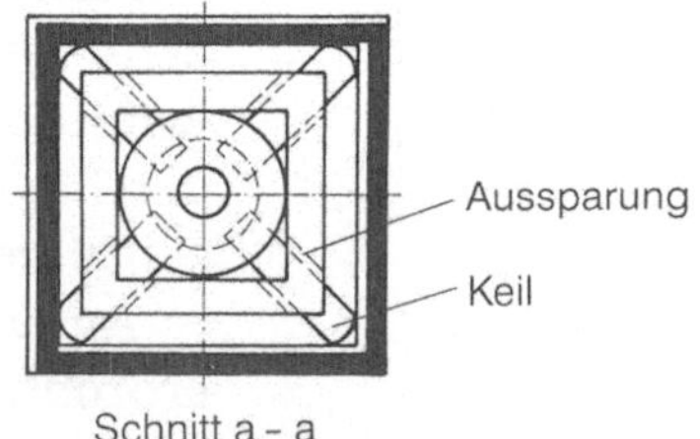

Bild V.3. Prinzip Keil-Klemm-Verbindung für RRV-System

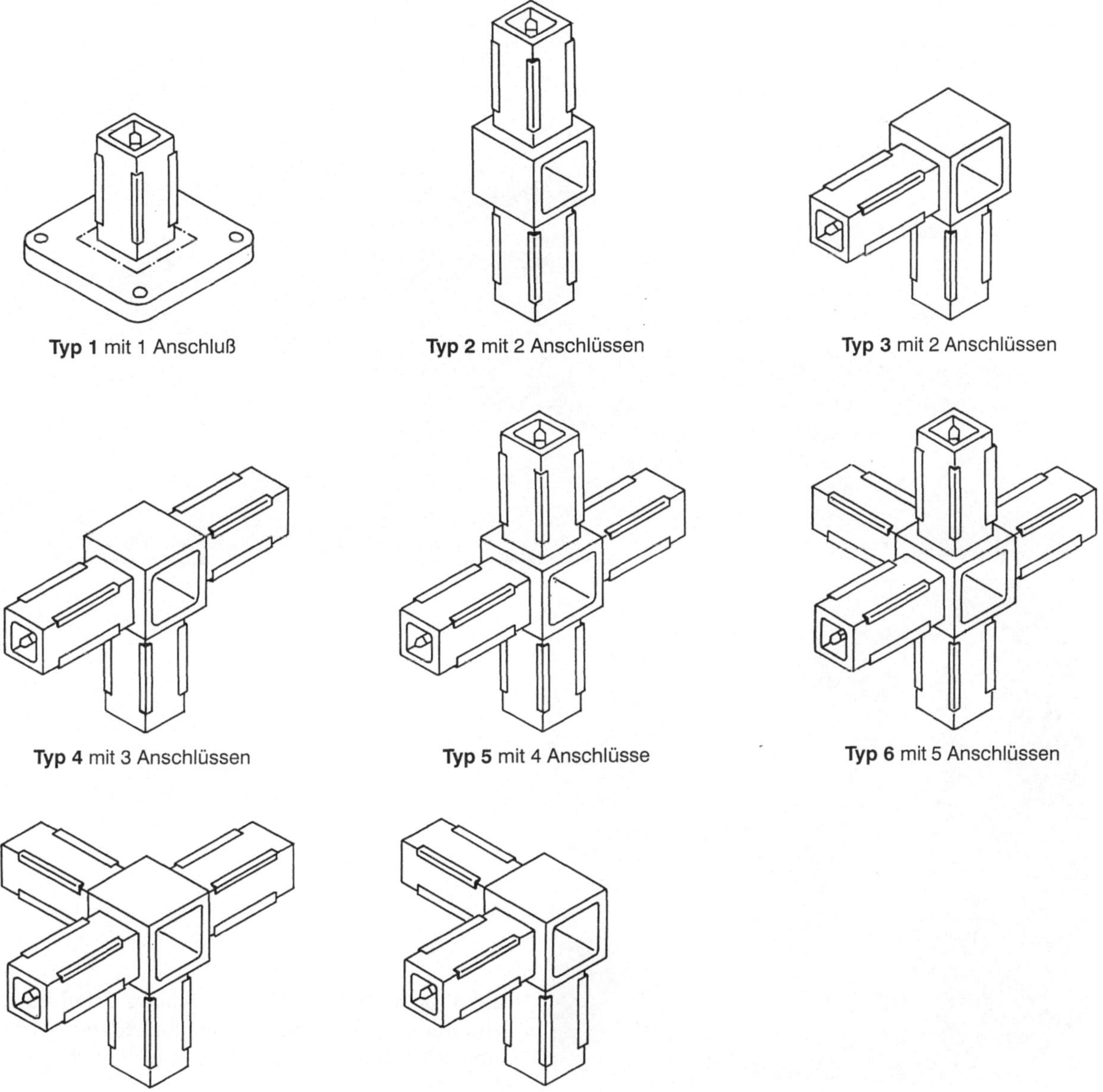

Bild V.4. Anschluß-Varianten Keil-Klemm-Verbindung RRV-System

die Baustelle geliefert werden, um sie dort auf einfachste Weise mit unterschiedlichen Knotenanschlüssen (Bild V.4) zu maßgeschneiderten Tragwerken zusammenzubauen, die man später eventuell noch schneller wieder zerlegen kann.

Stahlbau-Hohlprofile eignen sich besonders für eine verzinkungsgerechte, also auch korrosionssichere und pflegearme Tragwerksauslegung, wie sie etwa für die in Bild V.5 gezeigte Pausenhof-Überdachung verlangt war.

a

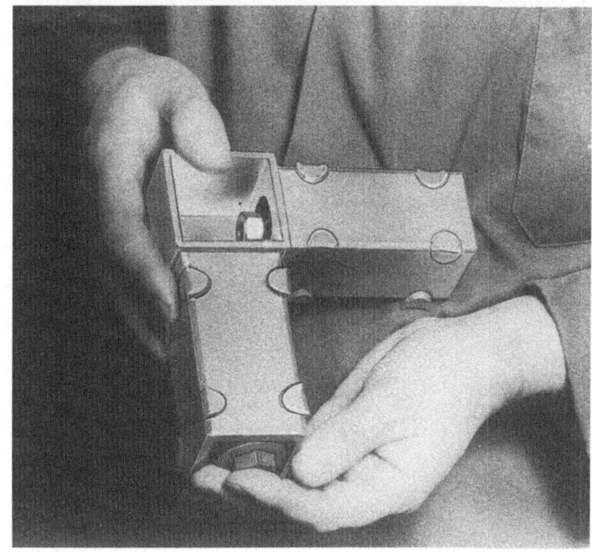

b

Bild V.5 a, b. Pausenhof-Überdachung Schulzentrum Schwelm, Vierkantrohre über Keil-Klemm-Verbindung RRV-System verbunden; **b** RRV-Verbindungselement

1.1
Keil-Klemm-Systemtechnik

Bild V.3 erläutert die Verbindungstechnik in den Rohrknoten, die je nach den in einem Knotenpunkt erforderlichen Anschlüssen über Sechskantschrauben mit bis zu fünf Anschlußstücken ausgerüstet werden (Bild V.4). Durch das Anziehen eben dieser Schrauben wirkt die Keil-Klemm-Verbindung über einen Anzugkonus auf vier über Eck angeordnete Keile (Bild V.2), die sich in dem einfach über das Anschlußstück gestülpten Stab (Quadrat-Hohlprofil) verklemmen. Die Befestigungsschraube wird durch ein Handloch (Bild V.5 b), z. B. die freie sechste Seite in den Knotenwürfel eingebracht, die nach der Montage ebenfalls verschlossen werden sollte. Die Knotenwürfel werden in hohen Stückzahlen am kostengünstigsten als Stahlgußteile seriengefertigt.

Die Keil-Klemm-Technik sorgt für sichere, kraftschlüssige Knotenverbindungen mit bis zu fünf biegesteif angeschlossenen Tragwerksstäben. Diese Knotenlösung hat außerdem den Vorteil, daß die Hohlprofilstäbe in der Werkstatt durch einfache, gerade Schnitte auf Fixmaß abgelängt werden können. Am besten werden die Rohrstäbe bereits vorbeschichtet geliefert. Alle erwähnten Bauelemente, besonders auch die Stäbe, sind handlich in Transport und Montage und lassen sich platzsparend gestapelt lagern.

2
Wandfachwerk und Mehrzweckgerüste mit Keil-Steck-Verbindung (System KSV)

Dieses Schnellbausystem ermöglicht die einfache und kostensparende Montage (und Demontage) von Wandkonstruktionen und Mehrzweckgerüsten, wie sie durch ein einfaches Zusammenstecken standardisierter Fachwerkstützen- und -Fachwerkriegel errichtet und durch eine spezielle Keil-Steck-Technik verbunden werden. Dieses Bausystem überrascht durch seine Einfachheit: das einzige Werkzeug, das auf der Baustelle wirklich benötigt wird, ist ein Hammer.

2.1
Keil-Steck-Systemtechnik

Wie Bild V.6 zeigt, basiert auch dieses Bausystem auf nur zwei Hauptbauelementen: dem Stützen- und dem Riegelelement. Beide Elemente sind auch hier wieder aus Stahlbau-Hohlprofilen mit quadratischem Querschnitt aufgebaut – und als Wandelemente mit fachwerkartig eingeschweißten Flachstählen ausgesteift.

Die Bilder V.6 – V.8 zeigen, wie die Keil-Steck-Verbindung funktioniert. Die Anschlußenden sowohl der Stützen- als auch der Riegelelemente sind werksseitig so vorbereitet, daß sie vor Ort einfach von Hand formschlüssig ineinanderzustecken sind. Und zwar in der Regel so, daß zwischen zwei Stützenenden ein Riegelelement eingehakt wird. Durch Einschlagen eines Stahlkeils je Knotenpunkt in entsprechende Schlitze werden diese Tragwerksverbände abschließend spielfrei und kraftschlüssig gesichert.

In der gleichen, frappierend einfachen Montagetechnik, nur mit einem Hammer, können natürlich auch Wandstützenelemente ohne Riegelelemente aufgebaut werden, wobei ein gekürztes Riegelendstück an dessen Stelle tritt (Bild V.7, Mitte). Eine zusätzliche Aussteifung als Windverband läßt sich über Extra-Bohrungen in den Riegelhaken anschließen (Bild V.8).

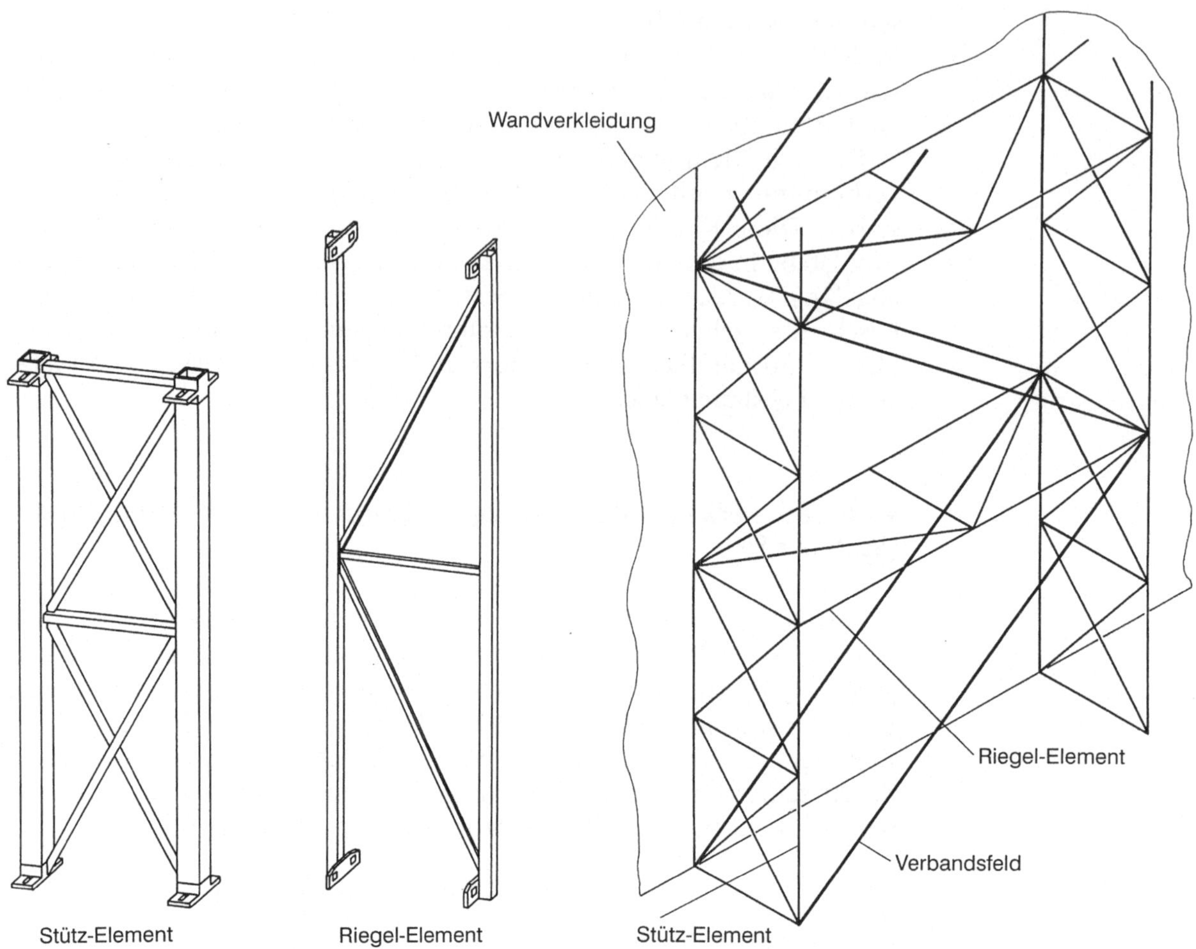

Bild V.6. Stützen- und Riegelelement des KSV-Keil-Steck-Verbindungssystems (DBP)

2.1.1
Beispiel Schnellbau-Ofenschutzhalle

Unter Anwendung des KSV-Bausystems wurde in Frankreich beispielsweise die große, in Bild V.9 gezeigte Ofenschutzhalle mit Abmessungen von $160 \times 29 \times 21$ m ($L \times B \times H$) errichtet. Diese Halle war – für Fertigbausysteme eine besondere Anforderung – auf leichten Kranbetrieb auszurichten. Die gesamten, 160 m langen Seitenwände wurden in voller Höhe und Länge ohne Hilfsabstützungen auf die Fundamente montiert. Aufgrund der Keil-Steck-Verbindung nur in Handarbeit mit dem Hammer, und natürlich mit Hebeunterstützung durch einen Mobilkran. Jeder der 4 m langen Stützenelemente wog 300 kg, die 5 m langen Riegel nur 160 kg. Anstelle einer separaten Hilfsabstützung, ein zusätzlicher Kostenfaktor, waren die Stützenfüße mit dem Fundament über „zeitweilig eingespannte Pendellager" verbunden.

Übrigens: Als die Ofenschutzhalle nach vier Jahren in Frankreich nicht mehr benötigt wurde, hat man sie einfach in die USA weiterver-

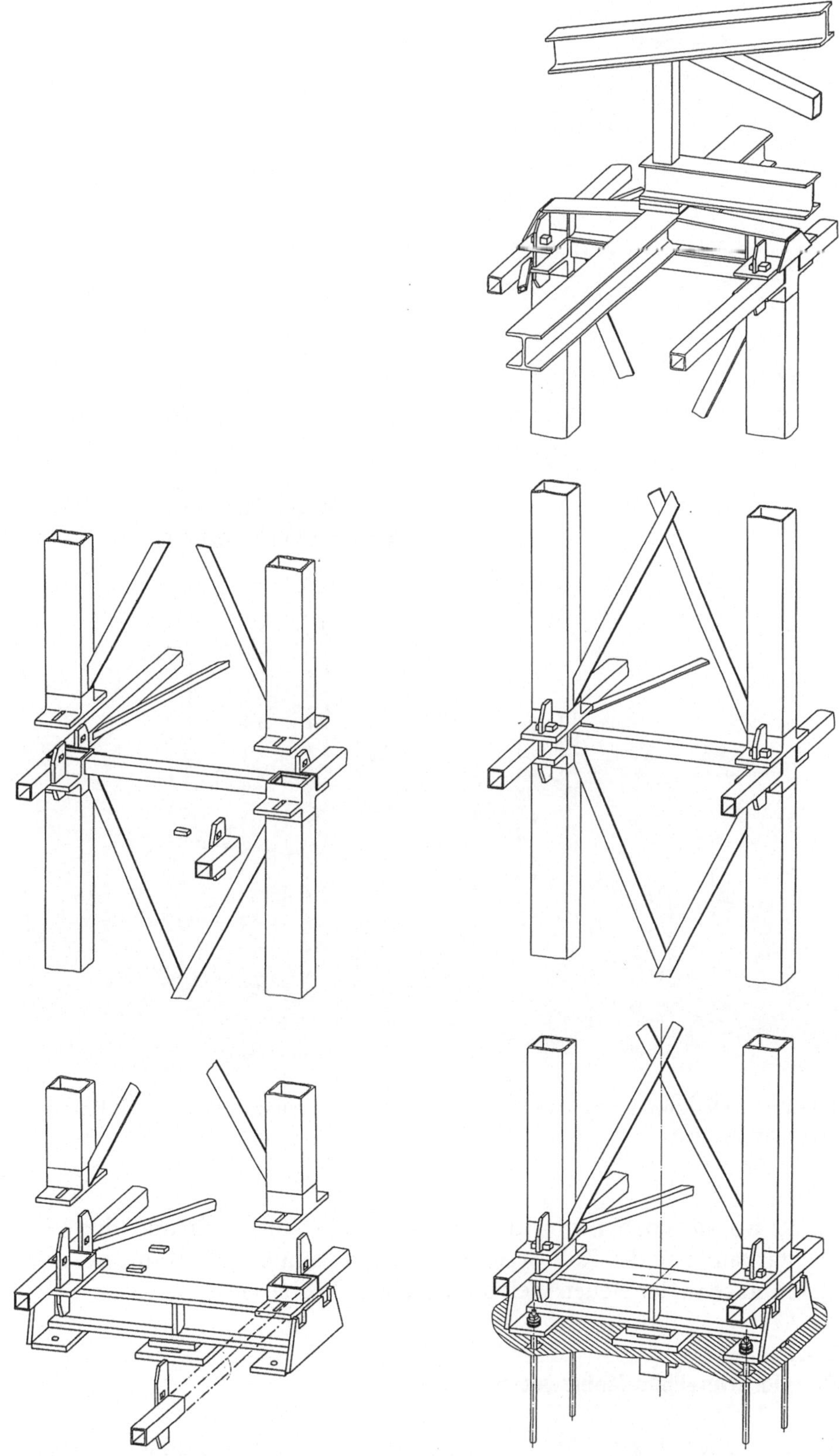

Bild V.7. KSV-Keil-Steck-Verbindungssysteme (DBP) für Fachwerkwände

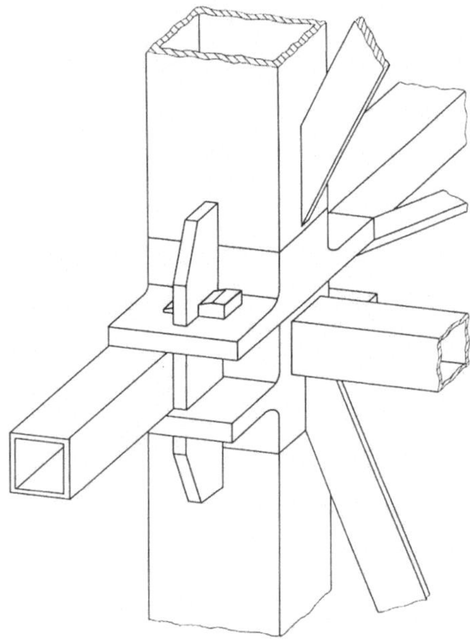

Bild V.8. Funktionsprinzip KSV-Keil-Steck-Verbindungssystem

Bild V.9. KSV-Anwendung Wandkonstruktion für die Ofenschutzhalle eines Kokerei-Neubaus, Belgien

kauft, wo sie noch heute in Benutzung sein soll. Aufgrund der Elementarbauweise des KSV-Systems verliefen Demontage, Transport und Remontage in der Neuen Welt ohne jegliche Probleme.

2.1.2
Beispiel Schnellbau-Mehrzweckgerüst

Ein typisches Einsatzfeld für das Keil-Steck-Bausystem sind auch Mehrzweckgerüste, wie sie in hochbelastbarer Ausführung, außer als Ar-

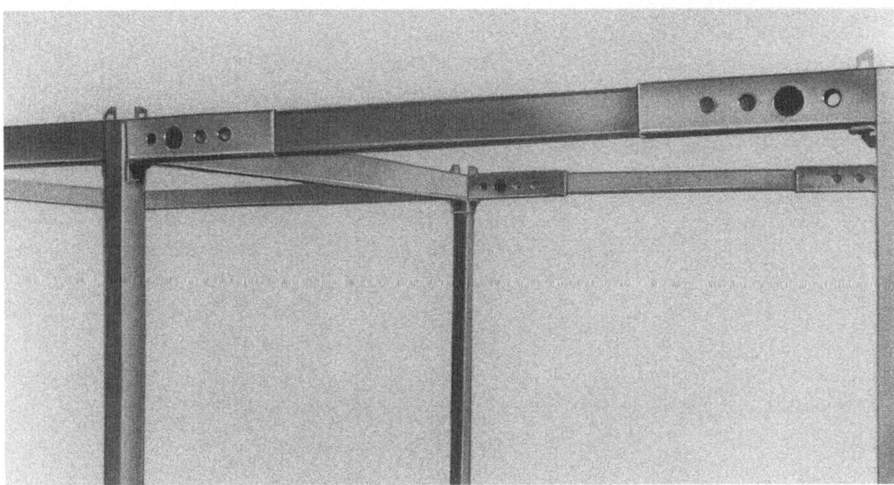

Bild V.10. Verstellbares Mehrzweckgerüst für mehrgeschossige Aufstockungen mit KSV-Keil-Steck-Verbindungssystem

beitsgerüst oft gleichzeitig zum Lagern und Transportieren schwerer Baumaterialien verwendet werden.

Die leicht auf- und abbaubaren Stützen- und Riegelelemente des KSV-Bausystems sind für den Gerüsteinsatz sozusagen natürlich geeignet. Die genannten Elemente sind so kleinteilig und leicht auszulegen, daß sie auf der Baustelle ohne weiteres von Hand zusammengesteckt werden können. Zur kraftschlüssigen Montage solcher Gerüste sind dann nur noch die vorher erwähnten Sicherungskeile einzutreiben – normalerweise mit dem Hammer: aber selbst wo dieses einzig notwendige Werkzeug einmal „vergriffen" sein sollte, dann tut es zur Not auch ein Stein oder ähnliches.

Aufgrund der überzeugenden Einfachheit dieses Bausystems läßt sich der Auf- und Abbau auch mehrstöckiger Mehrzweckgerüste ohne weiteres mit angelernten Kräften bewerkstelligen. Bild V.10 zeigt einen Ausschnitt und Bild V.11 a den Aufrißplan eines verstellbaren Gerüsts, während Bild V.11 b einen Überblick über die KSV-Regelanschlüsse für Mehrzweckgerüste gibt.

3
Raumfachwerk-System „Alpha" (DBP)

Mit den Raumfachwerken für den repräsentativen Objektbau kommen wir zu den modernsten Ausprägungen heutiger Stahlbautechnik. Mit ihrem ästhetisch-filigranen Leichtbau setzen Raumfachwerke zeitgerechte Akzente, weshalb sie oft als sichtbares Gestaltungselement der Gebäude- oder Raumarchitektur eingesetzt werden.

Raumfachwerke bestehen aus Stabverbänden, die in den Knotenpunkten gelenkig verbunden sind. Ihre hohe Belastbarkeit bei geringem Eigengewicht ermöglicht weitgespannte, stützenfreie Dach-/Raumtrag-

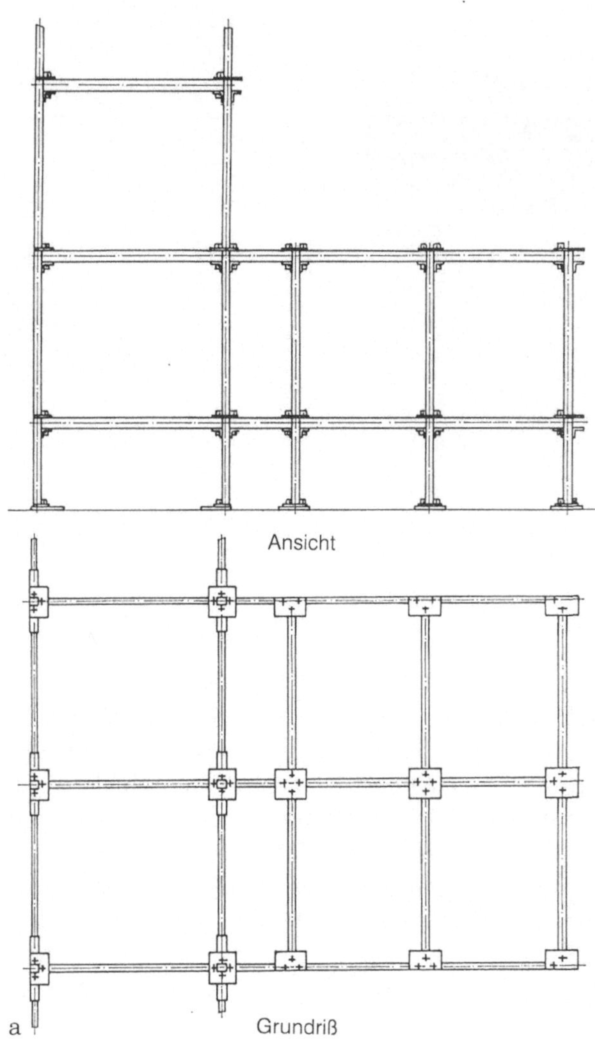

Bild V.11 a, b. KSV-Keil-Steck-Verbindungssystem für Gerüst-Anwendungen. **a** Ansicht und Grundriß für Mehrzweckgerüst; **b** KSV-Knotentechnik für Mehrzweckgerüste

werke. Dabei kann ihre Bauhöhe unter Nutzung des statischen Vorteils des „Platteneffekts", verglichen mit der großen Spannweite, auf ein Minimum reduziert, und umgekehrt die Raumnutzung entsprechend verbessert werden. Ein weiteres wichtiges Grundmerkmal von Raumfachwerken ist ihre homogene, kleinteilige Baustruktur, zusammengebaut aus wenigen, rationell vorzufertigenden und zu montierenden Bauelementen: Das ermöglicht ihren freien räumlichen Ausbau in beliebiger Richtung oder Dachform, was für den Architekten oder Planer besonders wichtig ist, denn für ihn bedeutet das ein Höchstmaß an Planungs- und Gestaltungsfreiheit.

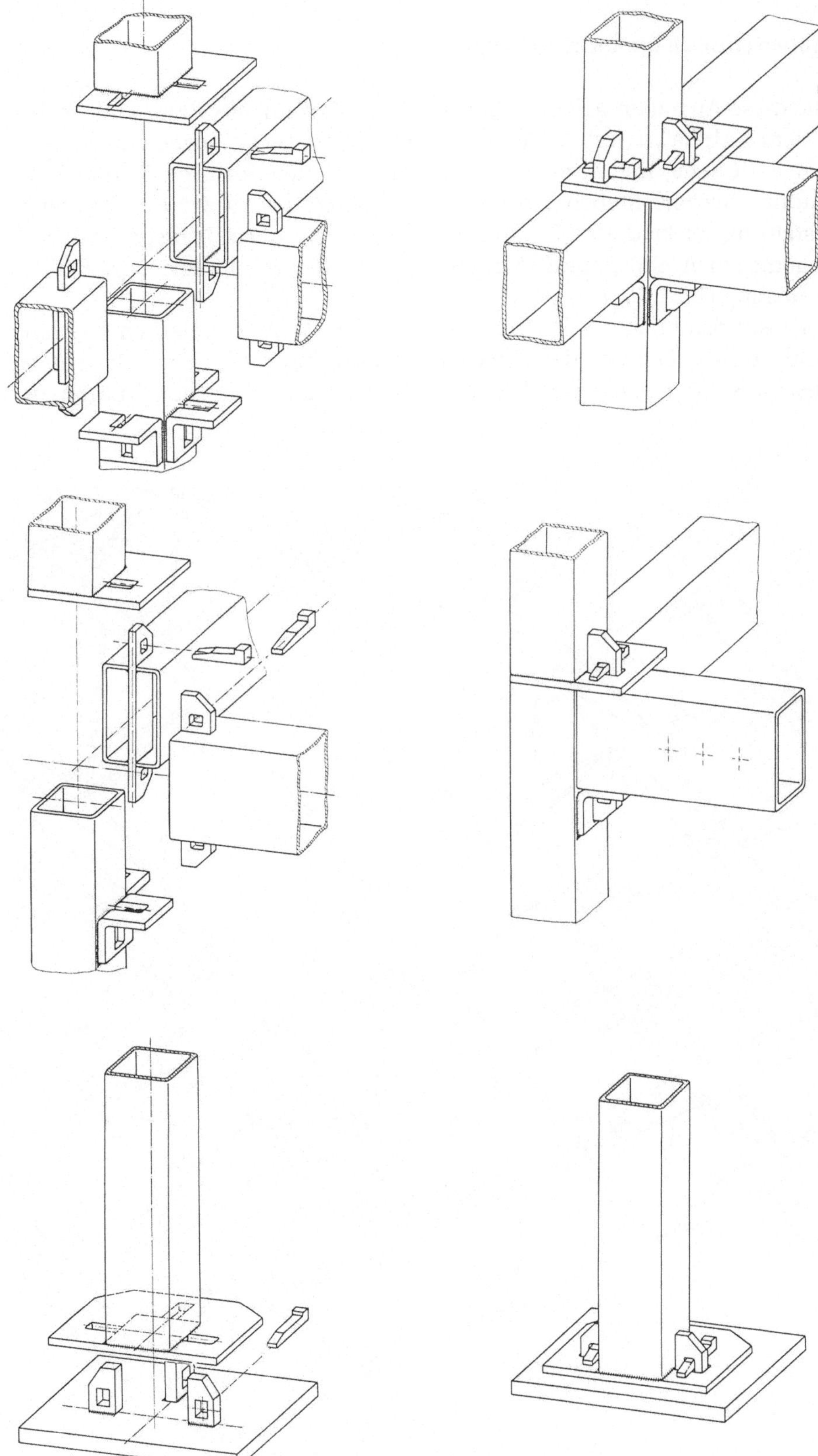

Bild V.11 b

3.1
Knotentechnik Raumfachwerk „Alpha"

Alle diese Aussagen gelten in besonderem Maß für das Raumfachwerk-System „Alpha". Hierbei ist besonders die verdeckt angeordnete und sehr rationelle, maschinell zu montierende kugelförmige Knotenverbindung hervorzuheben. Durch die übergangsfreie, integrierte Knotengestaltung wirkt dieses Raumtragwerk sehr modern, transparent und elegant: Form und Funktion ergänzen sich hier zur integrierten Stahlbaulösung (Bild V.12).

Dieses Raumfachwerk wird aus nur zwei Grundbauelementen, den Hohlprofil-Stäben und den Kugelknoten aufgebaut (Bild V.13). Um einen Anschluß möglichst vieler Fachwerkstäbe an den einzelnen Knoten zu

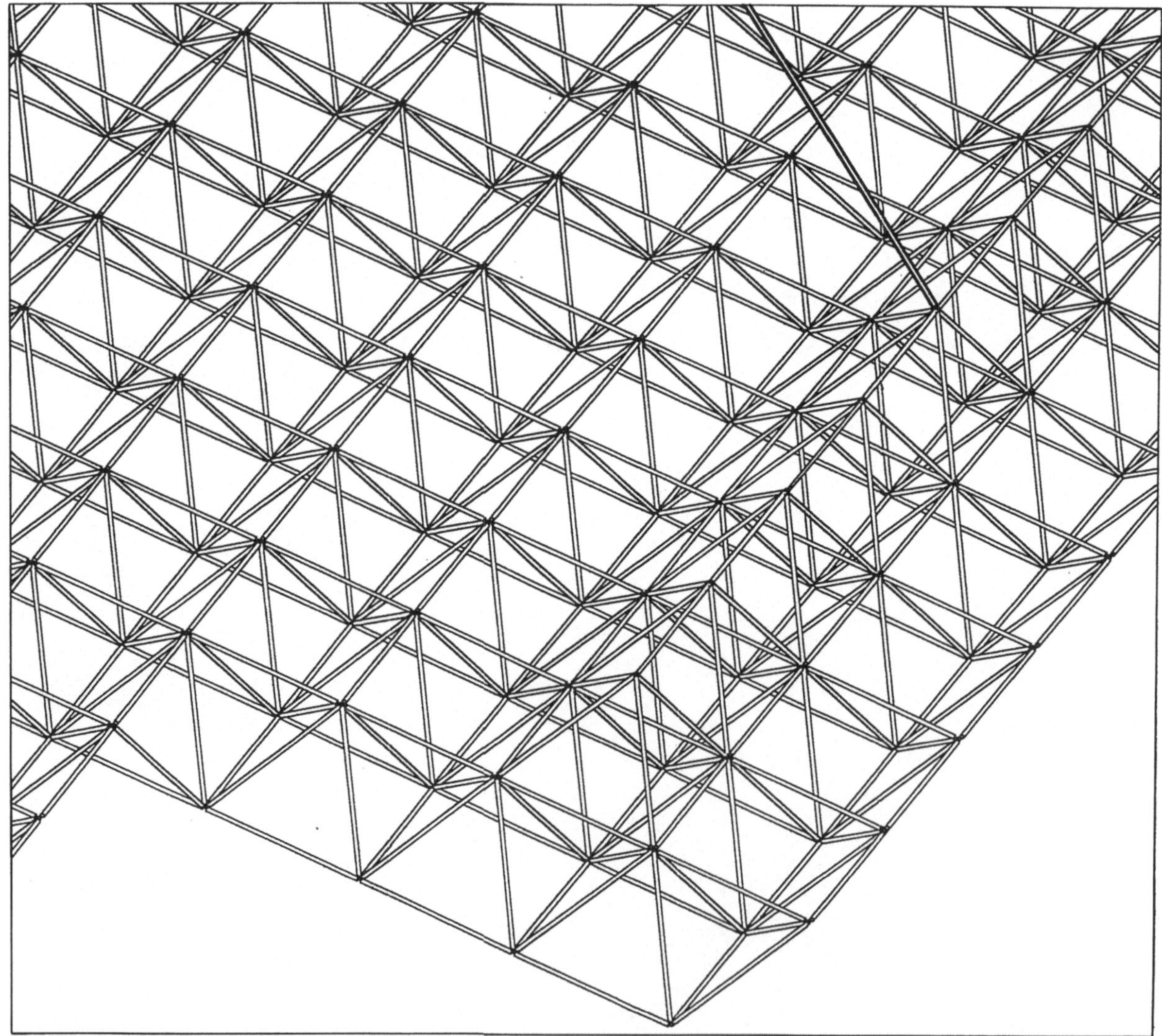

Bild V.12. Kugelknoten-Raumfachwerk-System „Alpha" (DBP)

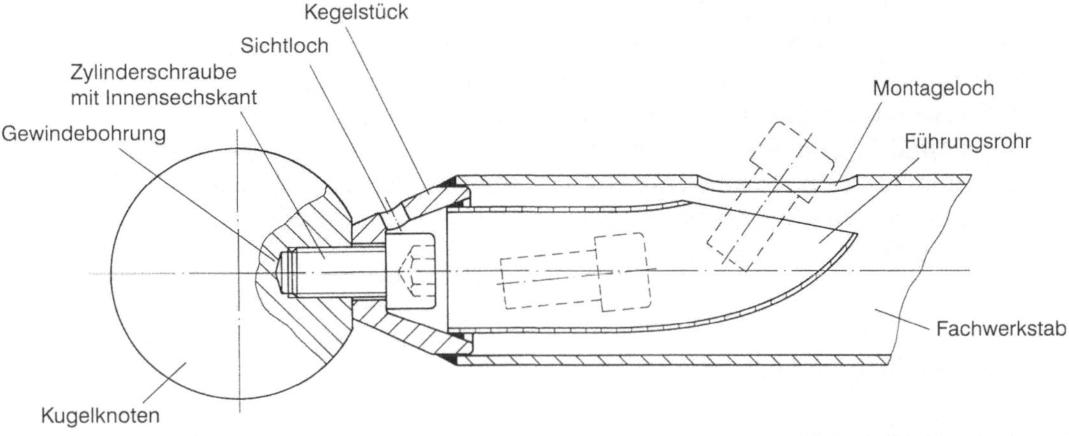

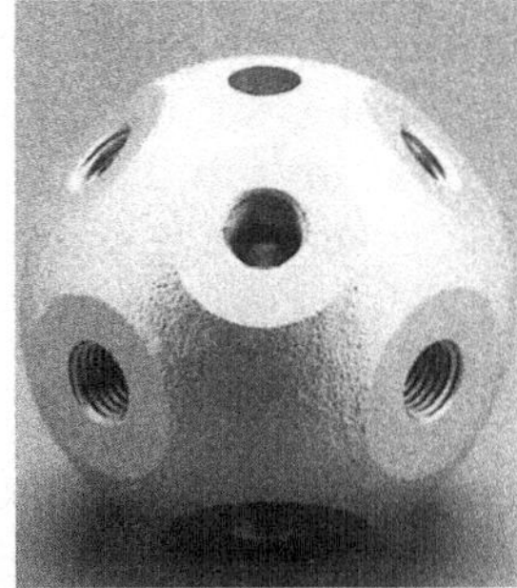

Bild V.13 a, b. Verbindungstechnik und Kugelknoten
Raumfachwerk-System „Alpha"

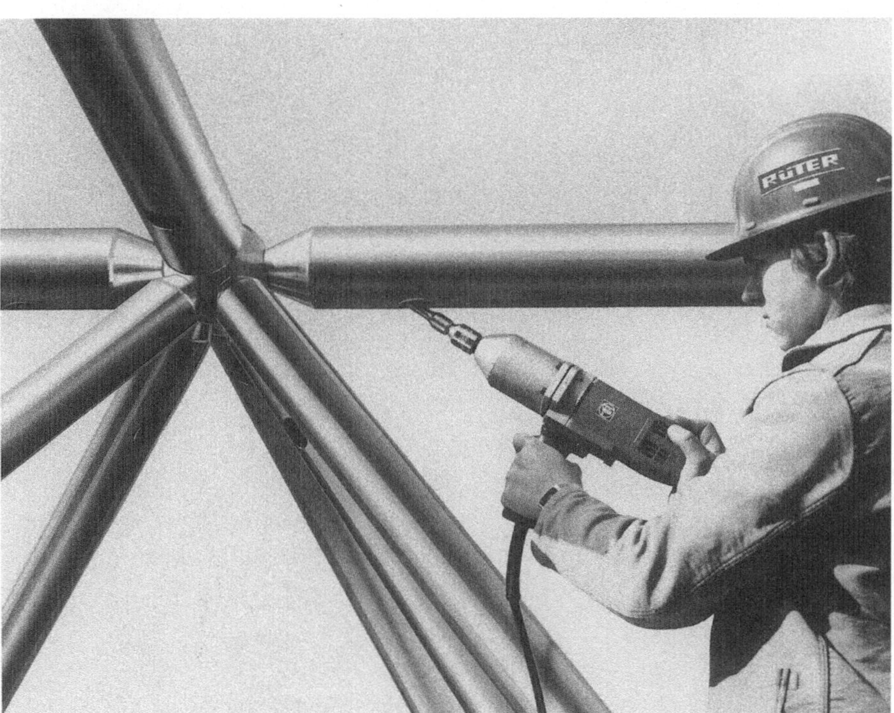

Bild V.14. Montage Raumfachwerk-System „Alpha" mit Hilfe eines Schlagschraubers

ermöglichen, laufen die Stabenden zugespitzt aus – und zwar durch das Einschweißen kegeliger Endstücke. Die Innensechskant-Schraube jedes Stabendes rutscht vom Montageloch über ein spezielles Führungsrohr in Anschlußposition, wo sie über die flexible Welle etwa eines Schlagschraubers (Bild V.14) aufgenommen und fest angezogen wird. Dieser Vorgang kann durch ein Sichtloch kontrolliert werden. Der Kugelknoten mit den zugehörigen Gewindebohrungen ist an den Anschlußstellen ringsum plangefräst.

3.2
Für den Raumfachwerks-Planer

Aufgrund der „eingebauten" Schraubverbindung mit quasi versteckten Stabstößen wirkt das Raumfachwerk „Alpha" auf den Betrachter „wie aus einem Guß". Auf dieser intelligenten Basis plant der Architekt in Kooperation mit dem Statiker oder Stahlbauplaner ebene Platten-Tragwerke oder Raumfachwerke mit gekrümmten Strukturen wie Schalen oder Faltwerke, aber auch abgeknickte oder prismatische Gestaltungen sind möglich.

Geometrisch sind die in Bild V.15 gezeigten „fünf platonischen Körper" oder ihre Kombinationen die Grundlage des Entwurfs von Raumfachwerken. Dabei wird das Volumen dieser Körper in einzelne, normalkraft-beanspruchte Tragwerksstäbe aufgelöst. Ein bevorzugtes Modell der Tragwerksstruktur ist z.B. die Kombination von Tetraeder und Halboktaeder, wie in Bild V.16 gezeigt.

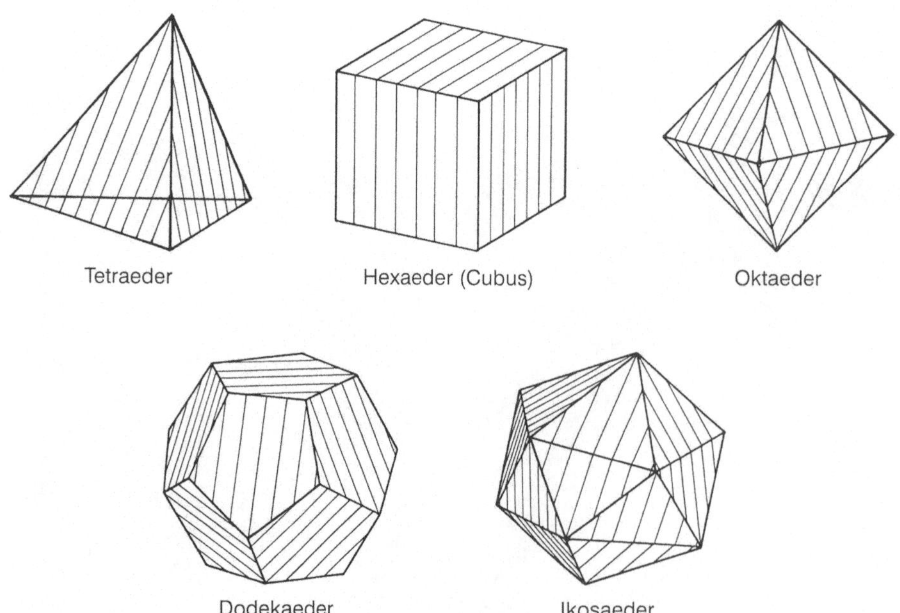

Bild V.15. Modelle für die Raumfachwerk-Planung. die „fünf platonischen Körper"

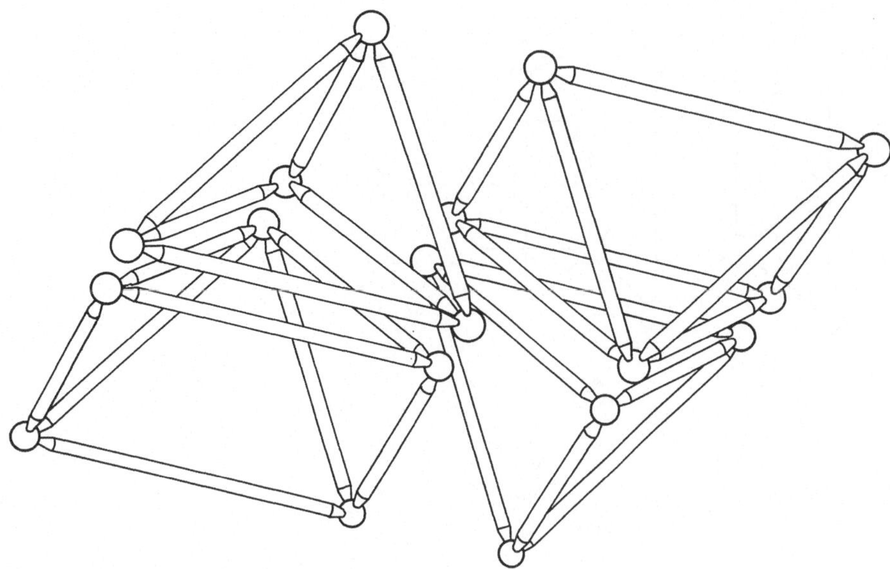

Bild V.16. Tetraeder und Halboktaeder für ein ebenes Raumfachwerk

Aufgrund ihrer statischen Unbestimmtheit zeichnen sich Raumfachwerke durch hohe Tragreserven aus – was auch als „Platteneffekt" bezeichnet wird. So kann eine temporäre Überbeanspruchung einzelner Stäbe oder Strukturen – aktuell z. B. im Brandfall – durch andere kompensiert werden, was sich praktisch in einer höheren Feuerwiderstandsdauer auswirkt. Dabei profitiert man bei einer Reparatur des Tragwerks auch vom Vorteil, daß Einzelstäbe problemlos auszutauschen sind, nämlich ohne Sorgen um die Stabilität des Gesamttragwerks.

Durch die höhere räumliche Tragwirkung, dank des erwähnten „Platteneffekts", kann die Gesamtbauhöhe des Raumtragwerks auf $^{1}/_{25}$stel der Spannweite reduziert werden. Das maximale Rastermaß des Systems wird durch die Knickstabilität der Druckstäbe begrenzt; bewährt haben sich Stablängen zwischen 1,20 und 6 m.

Für die praktische Umsetzung der Konstruktionspläne in eine fehler- und verwechslungsfreie Montage des Raumfachwerks empfiehlt sich eine durchgängige Darstellungs- und Bezeichnungsweise: Jedem Bauelement werden Stab- bzw. Knotennummern zugeordnet, die einheitlich sowohl für die statischen Berechnungen wie auch als Positions-Nr. für Fertigung und Montage benutzt werden. Eine entsprechende Anordnung und Kennzeichnung von Knoten und Stäben in den einzelnen Fachwerkebenen wird zweckmäßigerweise in einem Schichtenplan (Bild V.17) festgehalten. Und eine dauerhafte Benummerung der Bauteile hilft Montagefehler zu vermeiden.

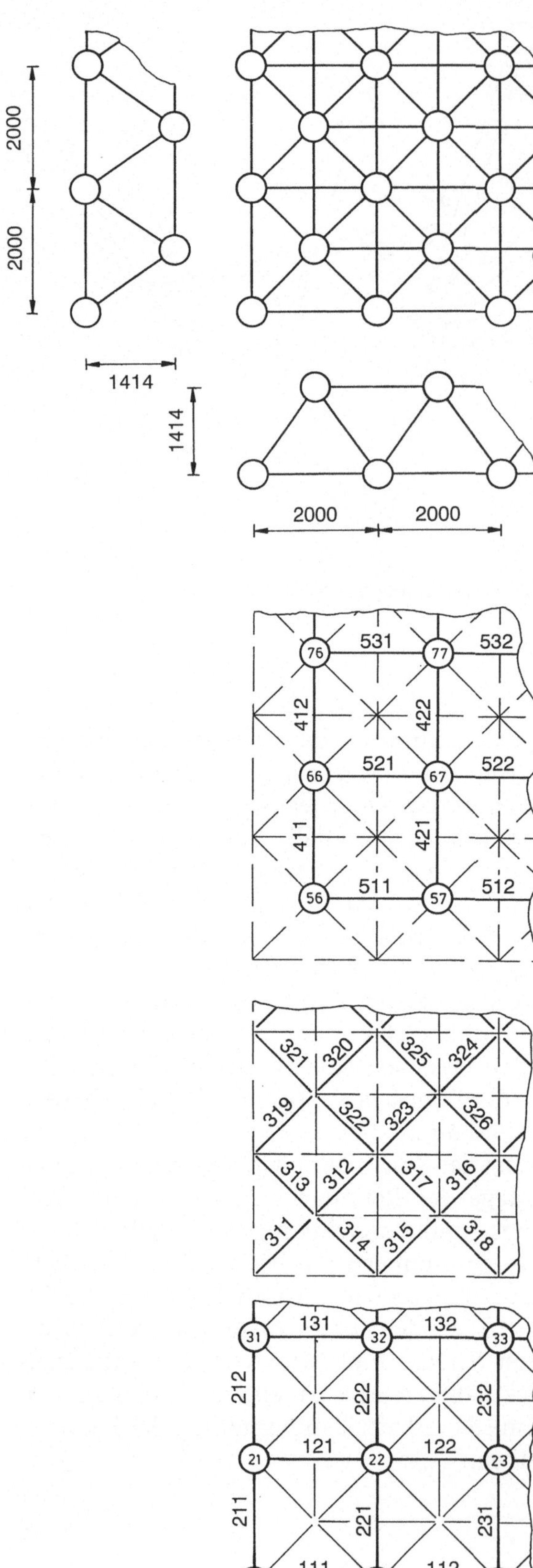

Bild V.17. Für fehlerfreie Raumfachwerk-Montage ist ein exakter Schichtenplan (Ausschnitte) erforderlich!

3.3
Auslegung „Alpha"-Bauelemente

In Abhängigkeit von den zu übertragenden Lasten und Kräften werden zunächst die geeigneten Knoten- und Stabtypen ausgewählt. Die exakten behördlichen Berechnungs- und Auslegungsregeln für Raumfachwerke sind in den Zulassungsvorschriften des „Instituts für Bautechnik", Berlin, festgelegt. Das hier zugrunde gelegte Raumfachwerksystem ist bauaufsichtlich zugelassen und weltweit unter den Markennamen „Rüter-Alpha" sowie „Krupp-Montal" patentiert. Bauaufsichtliche Zulassung eines Systems bedeutet, daß keine sonst erforderliche Einzelzulassung damit erstellter Tragwerke mehr nötig ist.

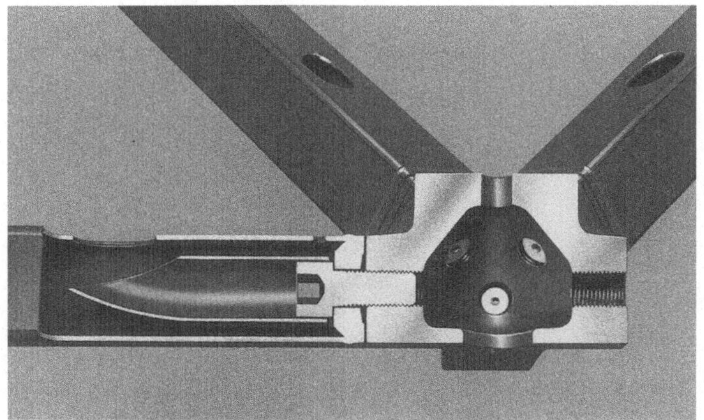

Bild V.18a, b. Knoten-Gestaltung Raumfachwerk-System „Alpha". Gußknoten zur Vierkantrohr-Verbindung (a) für vorsprungsfreie Verbindungs-Übergänge (b)

An den „Alpha"-Kugelknoten für Rundrohre können maximal bis zu 18 Fachwerkstäbe angeschlossen werden. Hergestellt wird der Kugelknoten als warmgepreßtes Schmiedeteil aus St 52 oder C 45 N. Als Stäbe werden nahtlose oder geschweißte Rundrohre aus St 37 oder St 52 mit Durchmessern zwischen 44 und 178 mm verwendet; die an ihre Enden geschweißten Kegelstücke sind gesenkgeschmiedet. Der korrekte Sitz der Verbindungsschrauben M 12 – M 56 kann durch ein Sichtloch kontrolliert werden; bei Schwingungsgefahr kann eine zusätzliche Rüttelsicherung durch Verkleben empfehlenswert sein.

Wie Bild V.18 a, b zeigt, kann das Raumfachwerk „Alpha" wahlweise anstelle mit Rundrohr- auch mit Hohlprofil-Stäben mit quadratischem Querschnitt ausgeführt werden. An die Stelle des Kugelknotens tritt dann ein prismatischer Gußknoten aus Kugelgraphit. Für eine saubere Optik sind auch diese Knoten vorsprungsfrei in das Raumfachwerk integriert.

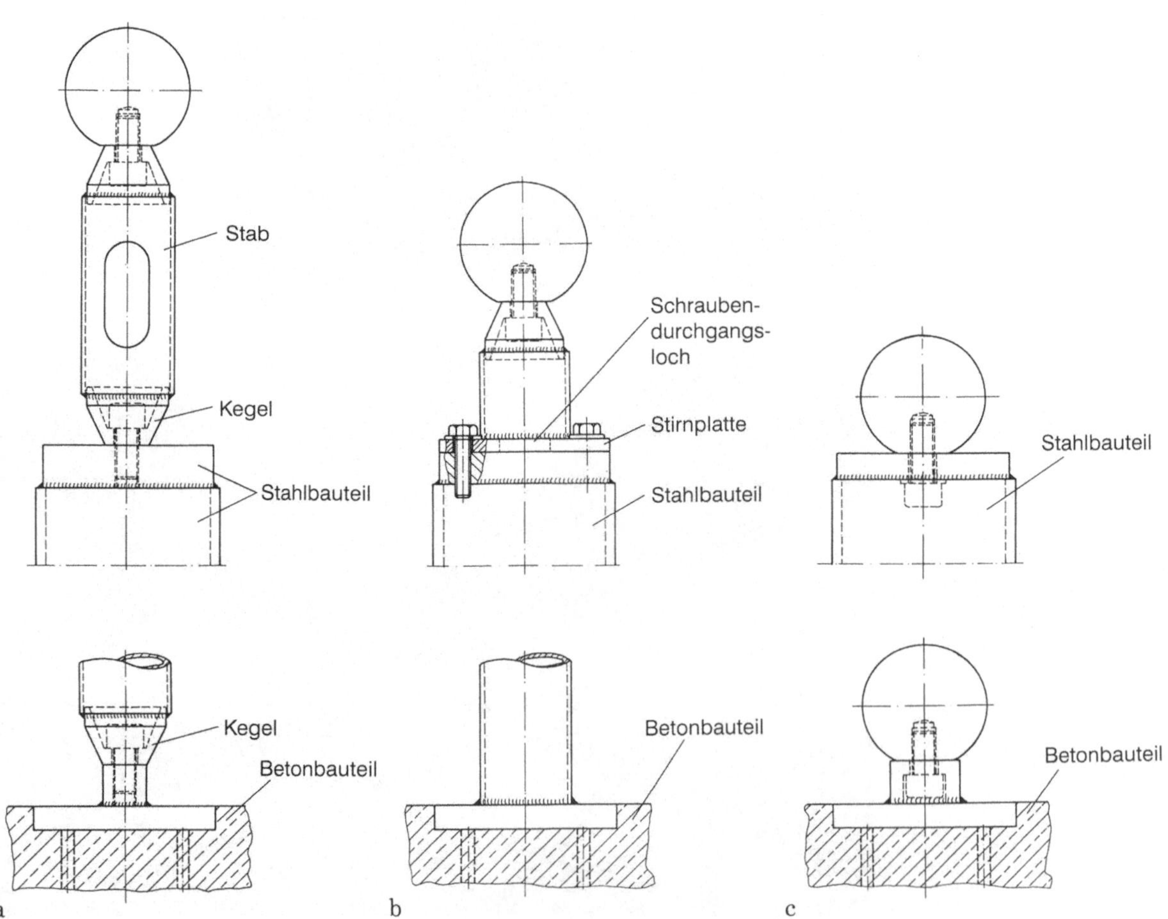

Bild V.19 a – c. Auflagerungs-Lösungen für Raumfachwerk-System „Alpha". **a** Über Kegel, **b** ohne Kegelstück, **c** direkte Kugel-Auflagerung

3.4
Konstruktionsbeispiele für Auflagerungen

Hier geht es um die seitliche Auflagerung, Aufständerung oder Halterung des kompletten Raumfachwerksverbandes. Bild V.19 zeigt typische Auflagerungsmöglichkeiten für einen Anschluß an Beton- oder Stahlbauteile, wie sie für Raumfachwerke mit Kugelknoten, wie das System „Alpha", entwickelt wurden. Es muß konstruktiv sichergestellt werden, daß die Tragwerksstäbe zentrisch, also nur in Richtung Längsachse belastet werden. Dann können Raumfachwerke über einen Stab mit (Bild V.19 a) oder ohne Kegelstück (Bild V.19 b) oder direkt über den Kugelknoten (Bild V.19 c) angeschlossen werden.

Raumfachwerke werden normalerweise komplett vormontiert, am bequemsten am Erdboden, und dann im Ganzen auf den Auflagerungen

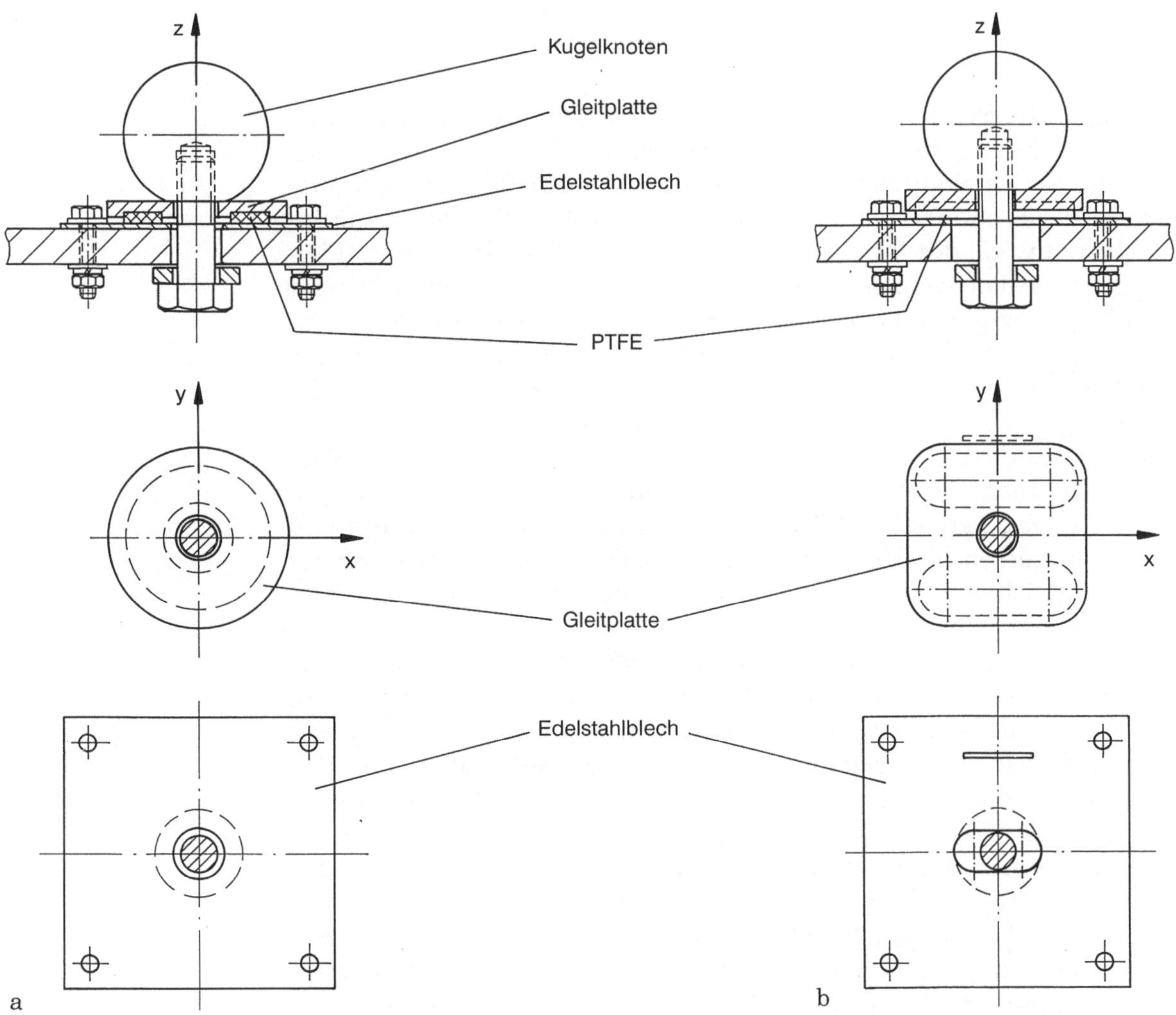

Bild V.20 a, b. Bewegliche Kugel-Auflagerungen Raumfachwerk-System „Alpha". **a** Allseitig; **b** einachsig

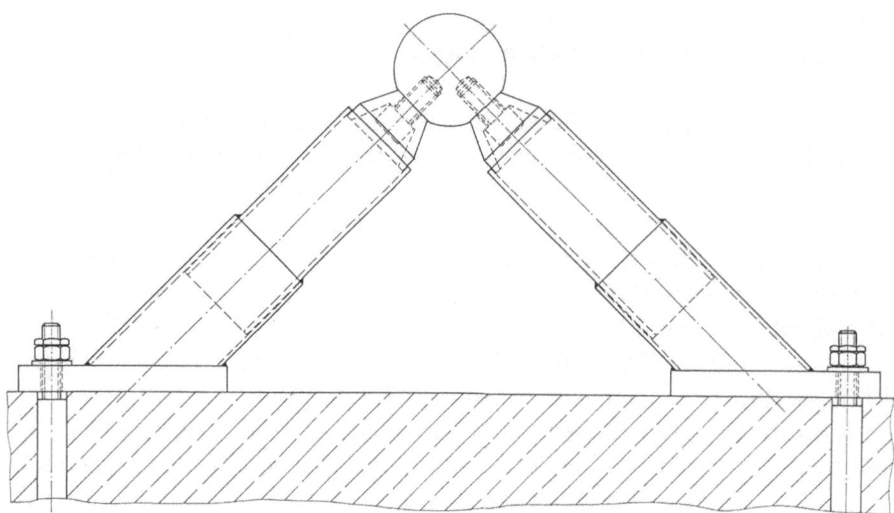

Bild V.21. Einseitig unverschiebliche Raumfachwerk-Auflagerung

abgesetzt. Die exakte Ausrichtung in den Auflagerpunkten wird durch achs- und höhengenaue Justierung der entsprechenden Stahlbauteile erreicht. Bei Betonanschlüssen werden „nach Aufmaß" gefertigte Ausgleichsstücke untergelegt, wie in Teil IV, Abschn. 1 für „Stützenfüße" beschrieben. Soll der Raumfachwerks-Anschluß nicht fest, sondern beweglich gestaltet werden, so sind wie in Bild V.20 für allseitig oder einachsig bewegliche Kugelauflager besondere Maßnahmen, beispielsweise auch unter Einbau von Gleitplatten etwa aus PTFE, zu treffen. Eine interessante Lösung für eine automatisch ausgleichende Kugelauflagerung zeigt die Schrägabstützung in Bild V.21. Anders als nach Bild V.19 werden Bautoleranzen örtlich durch die beidseitig eingebauten Teleskopstäbe ausgeglichen. Diese Konstruktion überträgt alle Auflagerkräfte in der dargestellten Ebene und kann ohne Aufmaß gefertigt und montiert werden. Soll eine solche Kugelauflagerung darüber hinaus auch räumlich unverschiebbar gestaltet werden, gibt es noch eine sog. „Dreibeinabstützung".

Die bisher vorgestellten Auflagerkonstruktionen sind – nach entsprechender Drehung – auch als Aufständerungen oder als Halterungen für Dach- und Wandelemente einzusetzen. In Bild V.22a–d sind weitere Praxisbeispiele für Kugelknoten-Auflagerungen aufgeführt. Bild V.23 zeigt eine besondere Auflagerungs-Konstruktion für ein Raumfachwerk, das die Außenfassade durchdrang. Während man die Lasten sonst nur über die Knoten einleitet, werden die Längskräfte hierbei direkt in den Stab eingeleitet; über eine Doppelgabel werden die an der Fassade wirkenden Windlasten direkt und zentrisch in die Stabachse übertragen. Dabei sorgt eine Stellschraube an der Gabel für eine kraftschlüssige Längsverbindung zu den beiden Dornen, die mit dem Stab verschweißt sind (Bild V.23, Schnitt A-A).

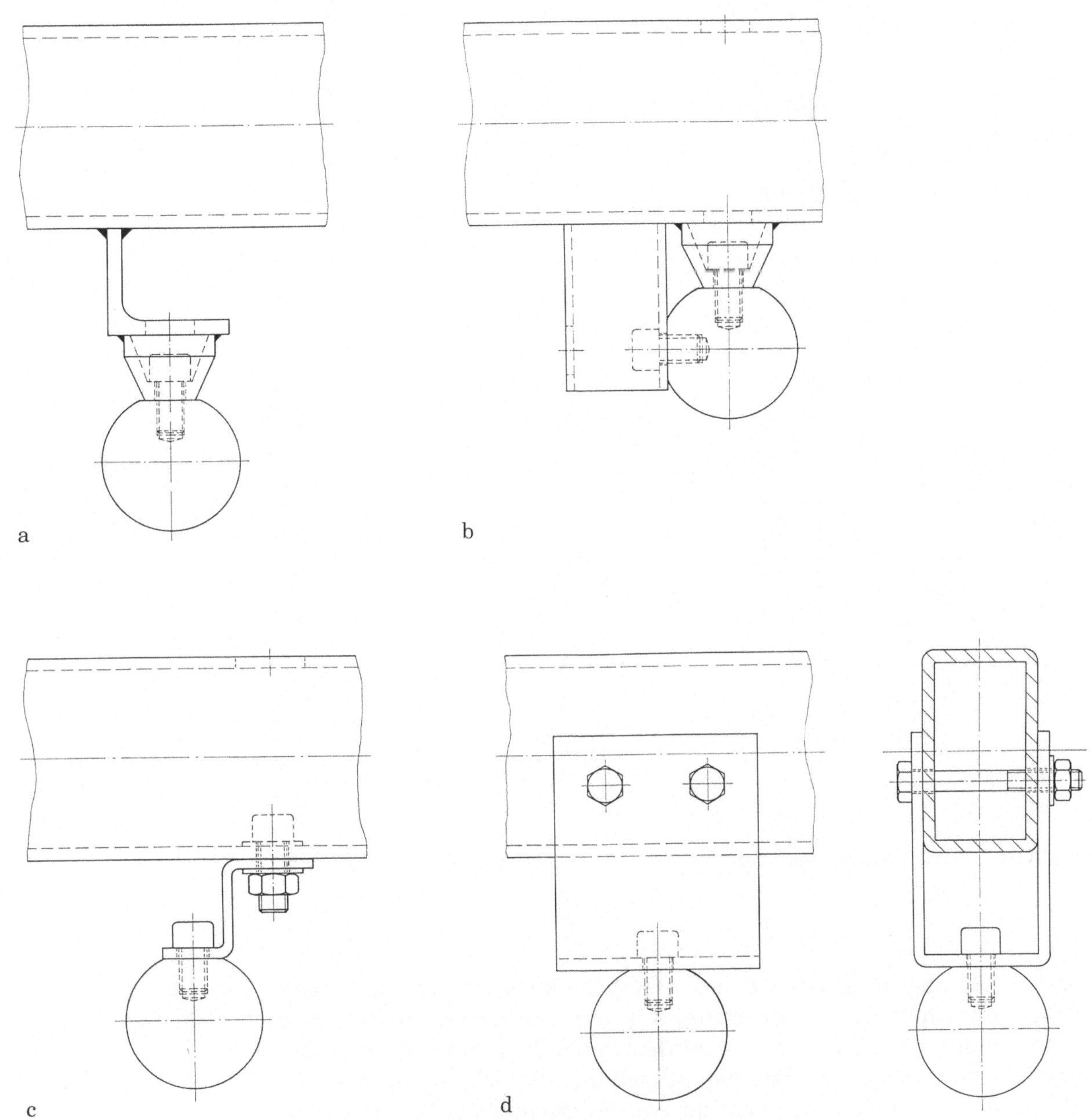

Bild V.22 a – d. Weitere Auflagerungs-Varianten

3.5
Ausgeführte Beispiele Raumfachwerk „Alpha"

Die besten Seiten eines Elementarbausystems zeigen sich erst in der
Praxis, also auf der Baustelle. Sämtliche Bauelemente des hier zugrunde
gelegten Bausystems „Alpha" wurden – vom Entwurf über die Berechnung bis zur Fertigung – mit modernsten Computermitteln
rechnergestützt, also CAD-erstellt. Aufgrund der handlichen Größe
der Bauelemente kann das ganze System von Anfang an auf rationelle

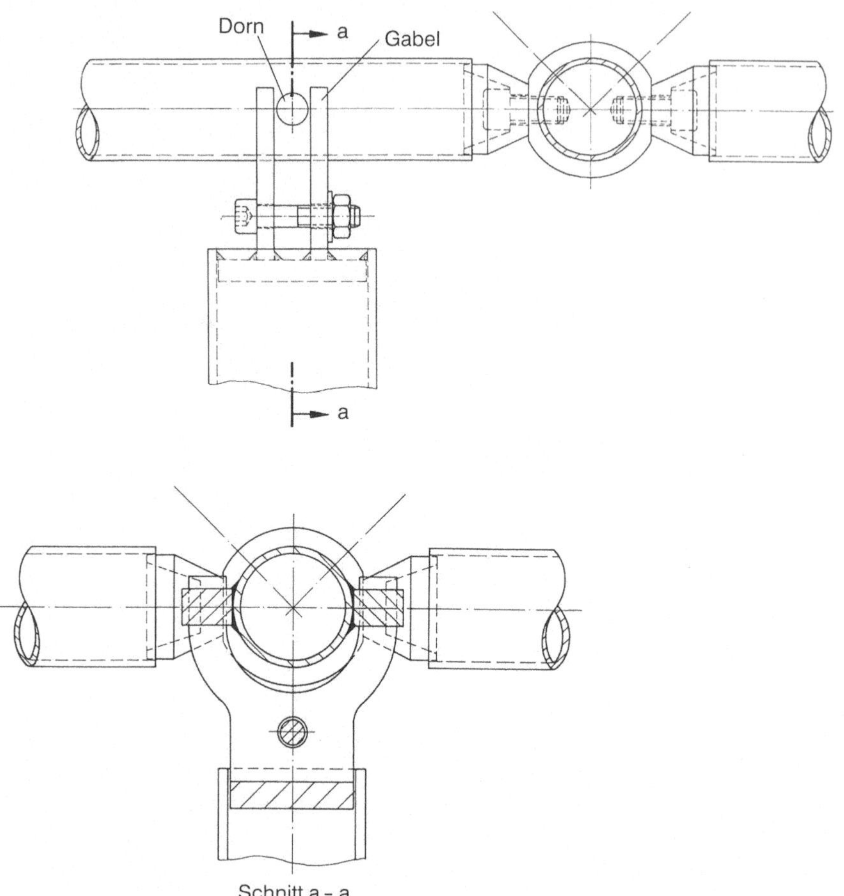

Bild V.23. Alpha-Raumfachwerk-Kugelknoten mit zentrischer Lasteinleitung

Serienfertigung ausgelegt werden. Das geht bis zum serienmäßigen Korrosionsschutz vor Auslieferung, z. B. durch Feuerverzinkung plus Anstrich der Stäbe. Nicht zuletzt wird auch der Transport zur Baustelle vereinfacht, etwa durch platzsparend gebündelte Stabpakete. Hier angekommen, zahlt sich vor allem der Vorteil intelligenter Verbindungstechniken aus: Kaum etwas verkürzt die Montage eindeutiger als die maschinelle Verschraubung von Knoten und Stäben, z. B. mit dem Schlagschrauber. Solche Vorteile zahlen sich besonders durch kostensparenden Weiterbau während der Winterzeit aus.

Bei der mehr zufälligen Auswahl der im folgenden fotografierten Raumfachwerk-Objekte spricht die vielfältig wandlungs- und anpassungsfähige Stahlbau-Ästhetik für sich.

Dachtragwerke mit Vierkant-Hohlprofilen (Bild V.24)
Die Vierkantrohr-Raumtragwerke mit optisch integrierten Gußknoten wurden hier einmal innen, für eine Aula, und einmal außen für eine 1600 m² große Postabfertigungshalle eingesetzt.

Bild V.24 a, b. Beispiele Raumfachwerk-System „Alpha" mit Vierkantrohren. **a** Luftpost-Leitstelle Flughafen Frankfurt; **b** Dachtragwerk Schulaula, Dortmund

Bild V.25. Raumfachwerk-System „Alpha", Dachtragwerk Spielbank Dortmund-Hohensyburg

Spielbank Hohensyburg (Bild V.25)

Die Dortmunder Spielbank wurde in exponierter Lage, aussichtsreich über dem Ruhrtal errichtet. Durch das transparente, freischwebend wirkende Alpha-Raumfachwerk mit Rundrohrstäben wird die elegante, aber moderne Atmosphäre des Spielbanksaals erst richtig in Szene gesetzt.

City-/Altstadt-Möblierung (Bild V.26)

City-Möblierungs-Bausteine wie Wetterschutzschirme, Pavillons und Freidächer für urbane Fußgängerzonen demonstrieren weitere vielfältige Anwendungsmöglichkeiten des Raumfachwerks.

Das gleiche gilt für das Dachtragwerk einer U-Bahn-Station in Bild V.27; wobei das Tragwerk hier neben seiner architektonischen noch eine Reihe technischer Funktionen übernimmt: zur An- und Unterbringung der Schilder und Zuganzeiger, von Beleuchtungskörpern und haustechnischen Installationen.

a

b

Bild V.26 a, b. Raumfachwerk-System „Alpha", Stadt-Möblierung in Gevelsberg

Bild V.27. Raumfachwerk-System „Alpha", Dachtragwerk U-Bahn-Station Dortmund-Hörde

Bild V.28. Raumfachwerk-System „Alpha", Flächentragwerk mit abgehängter Dachhaut

Bild V.29. Raumfachwerk-System „Alpha", Arbeitshallen-Dachtragwerk mit Hängekran, Technologie-Zentrum Ruhr-Uni, Bochum

Außentragwerk für abgehängtes Dach (Bild V.28)

Hier ist das Raumfachwerk wieder außen, als Flächentragwerk für die untergehängten Decken einer Kantine und die angrenzenden Fassadenkonstruktionen eingesetzt. Ständig der Witterung ausgesetzt, kommt es hier besonders auf den Vorteil eines sicheren Duplex-Korrosionsschutzes der Fertigbauteile ab Werk an.

Arbeitshallen-Dachtragwerk mit Hängekran (Bild V.29)

An dieses Dachtragwerk für die Arbeitshalle eines modernen Technologie-Zentrums, Spannweite 30×21 m, konnte aufgrund der hohen Tragfähigkeit bei geringer Fachwerksbauhöhe (optimales Kosten-Nutzhöhen-Verhältnis!) ohne Probleme noch eine komplette Hängekrananlage aufgehängt werden.

Dachtragwerk Klinikeingang (Bild V.30)

Von den Tragfunktionen abgesehen, dominiert hier, in der Eingangshalle der Westerwald-Klinik, besonders der moderne, repräsentative Auf-

Bild V.30. Raumfachwerk-System „Alpha", Eingangshalle Westerwald-Klinik, Waldbreitbach, kleinteiliges Rundrohr-Tragwerk aus Halboktaeder und Tetraeder

BildV.31a, b. Raumfachwerk-System „Krupp Montal" für die elf Antennen-Platt-
formen des 277 m hohen Fernmeldeturms Hannover (DBP Rüter)

tritt. Die kleinteilige Struktur des Rundrohr-Raumfachwerks mit 1,30 m-
Modul, geometrisch kombiniert aus Halboktaeder und Tetraeder, schien
dem Architekten hierfür besonders prädestiniert.

Plattformen für Fernmeldeturm (Bilder V.31)
Der 277 m hohe Fernmeldeturm der Oberpostdirektion, ein neues
Wahrzeichen der Stadt Hannover, trägt insgesamt elf Antennen- und
Arbeitsplattformen. Auch für diese „hohe" und verantwortungsvolle
Aufgabe wurde das Raumfachwerk ausgewählt; diesmal in besonders
großer, besser hochtragfähiger Fachwerkrost-Ausführung in Oktaeder-/
Tetraeder-Form. Bei der größten der Plattformen hat das Raumtragwerk
eine Gesamtbauhöhe von 2,80 m bei Stablängen bis zu immerhin 5,60 m
mit Rohrdurchmessern bis 159 mm.

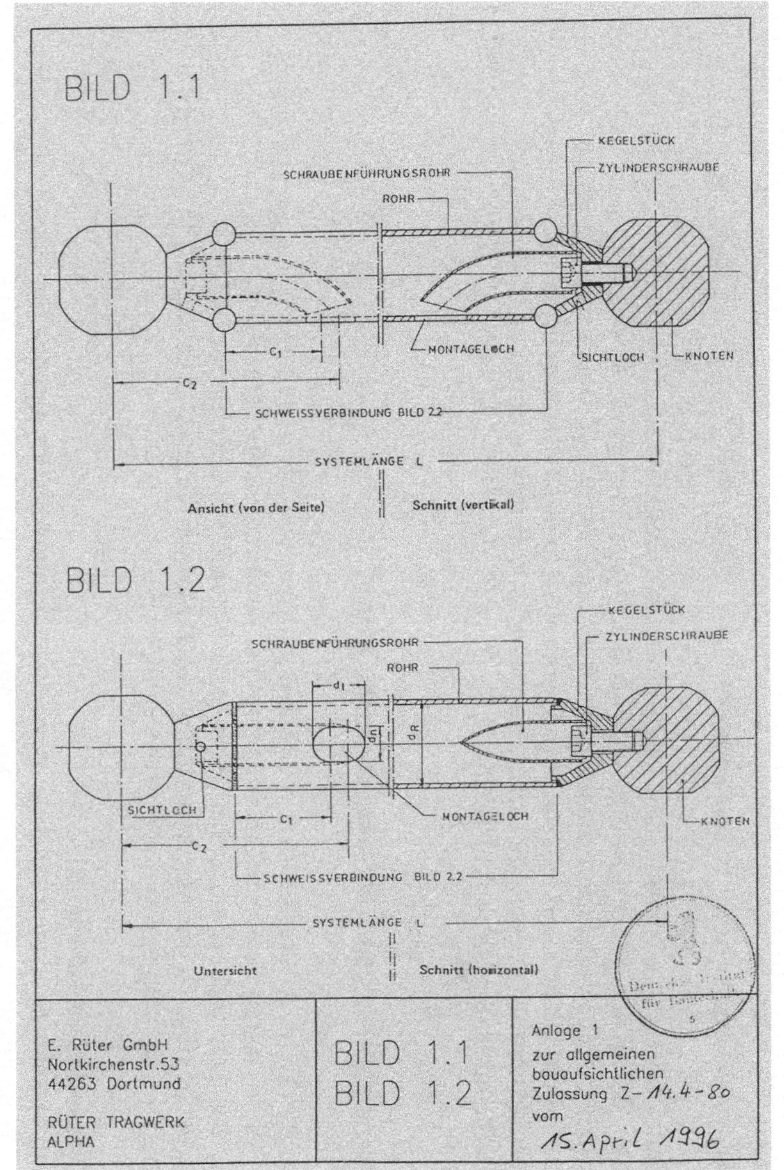

a

DEUTSCHES INSTITUT FÜR BAUTECHNIK

Anstalt des öffentlichen Rechts

10829 Berlin, 15. April 1996
Kolonnenstraße 30
Telefon: (0 30) 7 87 30 - 252
Telefax: (0 30) 7 87 30 - 320
GeschZ.:   I 31-1.14.4-696/93

Allgemeine bauaufsichtliche Zulassung

Zulassungsnummer: Z-14.4-80

Antragsteller: E. Rüter GmbH
                         Nortkirchenstraße 53
                         44263 Dortmund

Zulassungsgegenstand: Rüter Tragwerk ALPHA

Der vorstehende Zulassungsgegenstand wird hiermit allgemein bauaufsichtlich zugelassen.

Geltungsdauer bis: 30. April 2001

Diese allgemeine bauaufsichtliche Zulassung umfaßt dreizehn Seiten und neun Anlagen.

b

Bild V.32 a, b. Auszüge „Bauaufsichtliche Zulassung" des Instituts für Bautechnik, Berlin, für das Raumfachwerk-System „Alpha"

3.6
Allgemeine bauaufsichtliche Zulassung

Bild V.32 zeigt die Titelseite und die Zeichnung „Anlage 1" des umfassenden Zertifikats „Allgemeine bauaufsichtliche Zulassung", wie es dem „Alpha"-Bausystem nach umfassender Prüfung durch das „Deutsches Institut für Bautechnik", Berlin, erteilt wurde. Im Grunde bestätigt diese bauaufsichtliche Zulassung einem Bausystem, daß es den Bestimmungen der Landesbauordnung entspricht.

3.7
Weitere Anwendungen der Anschlußtechnik „Alpha"

Verdeckt innen angeordnete Schraubanschlüsse wie beim Bausystem „Alpha" lassen sich vorteilhaft nicht nur bei Raumfachwerken einsetzen. Die gleiche Technik mit innenliegender Schraube im Führungsrohr ist modellhaft auch auf die Verbindung anderer Anwendungen übertragbar; dazu im folgenden nur zwei Anregungen.

Trennwandverbindung (Bild V.33)
Im Innenausbau eignet sich die verdeckte Schraubverbindung etwa für eine unauffällige Verbindung von Trennwänden oder Raumteilern aus Gipskarton. Wie Bild V.33 zeigt, werden in die Randbereiche der Gipskartonplatten spezielle Verbindungsknaggen mit der bekannten Schraubverbindung mit Führungsrohr eingegossen. Serienfertigung gewährleistet maßhaltige Einbauteile und die lösbare Schraubverbindung eignet sich ideal für die Raumgestaltung mit variablen, wiederverwendbaren Trennwänden.

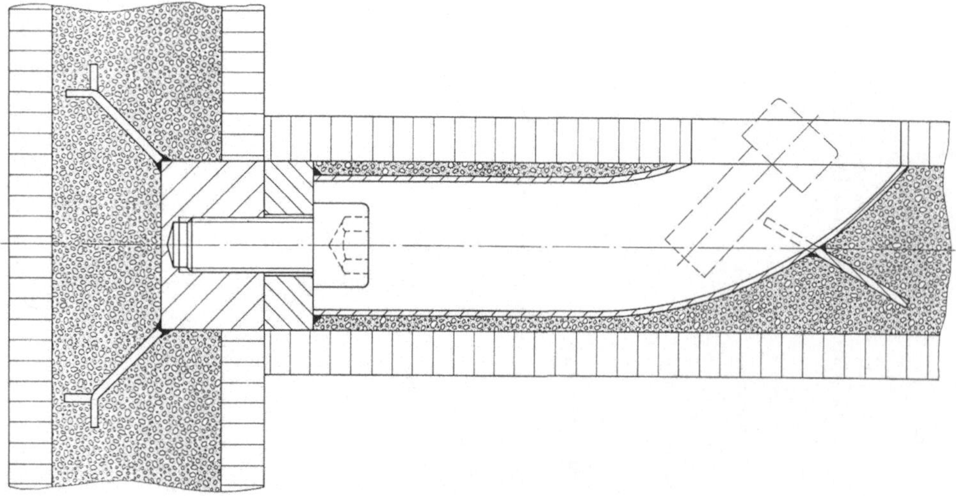

Bild V.33. „Alpha"-Anschlußtechnik für Fertigteilwände

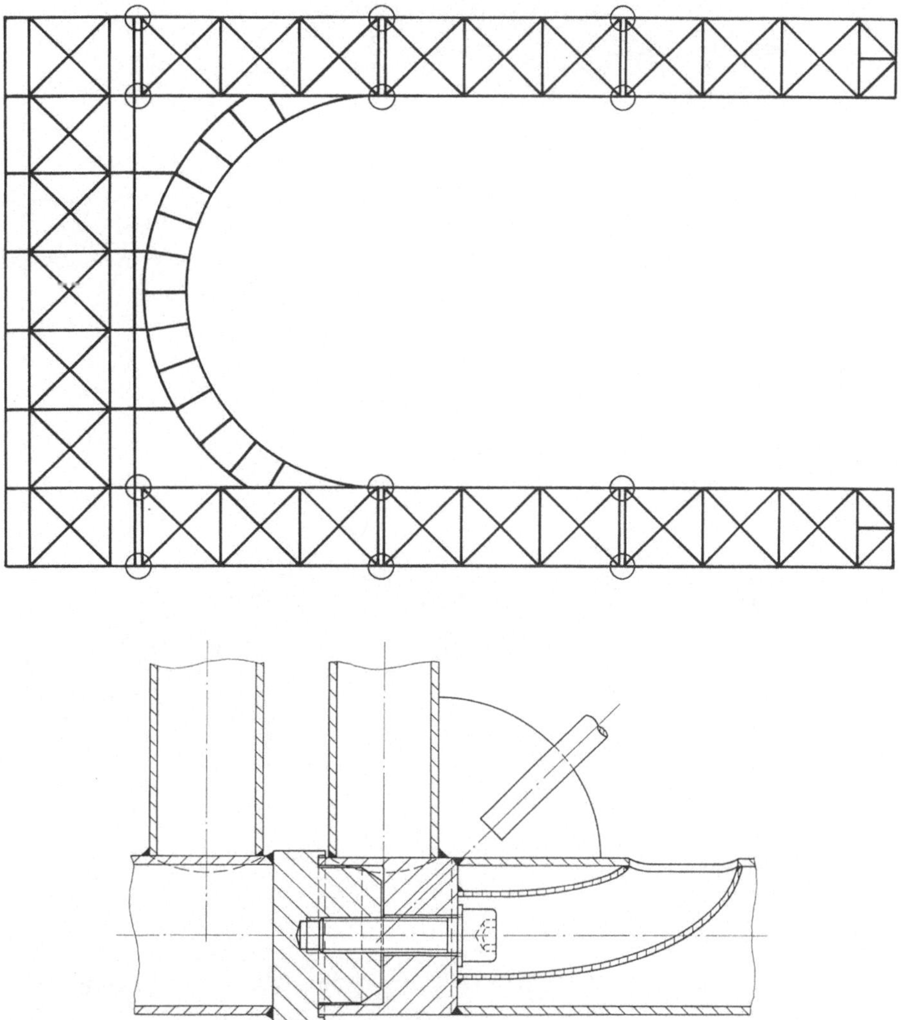

Bild V.34. „Alpha"-Anschlußtechnik für Hohlprofil-Stöße

Verschraubtes Fachwerkportal (Bild V.34)

Bei dem 20 m hohen Fachwerkportal aus quadratischen Hohlprofilen sollten die Bauteile an den gekennzeichneten Stoßstellen nicht geschweißt, sondern mit einer zwar lösbaren, gleichwohl aber unsichtbaren Verbindung ausgestattet werden. Deshalb wurden die Stöße als Steckverbindung gestaltet, zusätzlich aber mit der bekannten verdeckten Schraubverbindung auch gegen Abhebekräfte gesichert.

4
Trägerrost-Fachwerksystem „Delta" (DBP)

Aus kreuzweise gespannten filigranen Fachwerkträgern lassen sich Großflächen-Trägerroste, z.B. für Dächer, Fassaden und Decken im Hallen- und Geschoßbau spannen (Bild V.35a – c). Mit seinem konse-

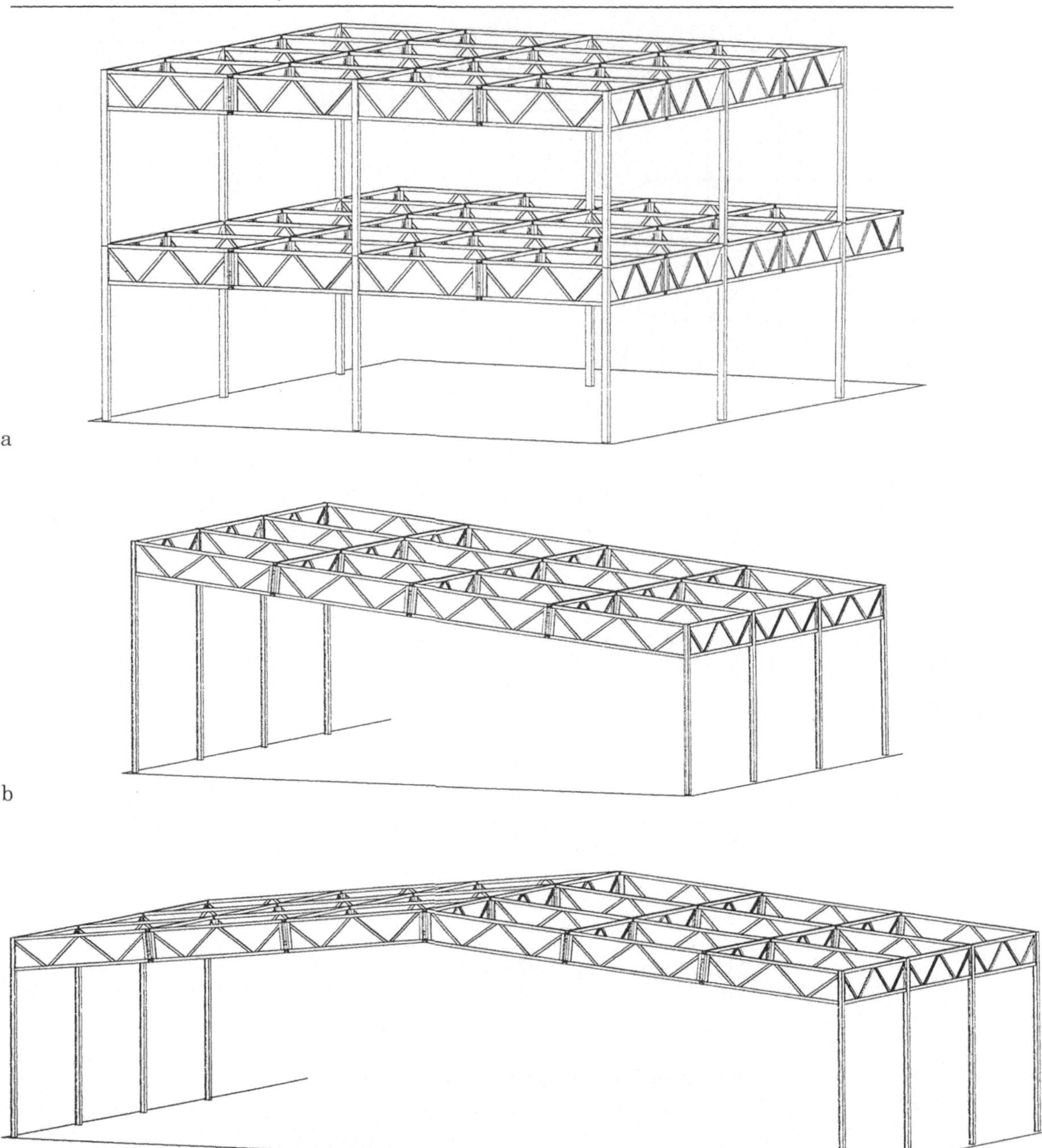

Bild V.35 a – c. Anwendungsbeispiele Trägerrost-Fachwerksystem „Delta"; kreuzweise gespannte Fachwerkträger für den Hallen- und Geschoßbau (DBP)

quent durchkonstruierten modularen Fertig-Baukasten, der rationellen, weitgehend automatisierten Fertigung der wenigen, standardisierten Modulbauelemente sowie der einfachen und zeitsparenden Montage bietet das neuentwickelte System „Delta" eine auch von den Kosten her sehr interessante Alternative zu herkömmlichen Raumtragwerken.

Fachwerkträgersysteme sind an sich nichts Neues, doch mangelt es ihnen häufig an einer derart präzisen und montagefreundlichen Verbindungslösung wie bei dem Trägerrostsystem Delta mit seiner patentierten Knotentechnik. Entsprechende Marktakzeptanz hat die hohen Erwartungen inzwischen längst bestätigt.

4.1
Knotenverbindung und Modulbaukasten

Bei der patentierten „Delta"-Knotenverbindung können mit nur einer Montageschraube je Knoten bis zu vier Fachwerkträger miteinander verbunden werden. Die Fachwerkträger sind praxisgerecht aus Quadrathohlprofilen zusammengeschweißt (Bild V.36). Die Knotenenden der Fachwerkträger sind mit hammerförmigen Zapfen ausgerüstet, die zur form- und kraftschlüssigen Verbindung in passende Knotenteller gesteckt und mit einer einzigen Schraube angezogen werden (Bild V.37).

Wie Bild V.38 am Beispiel Regel-Fachwerkträger zeigt, bietet der Delta-Baukasten natürlich eine praxisgerecht abgestufte Auswahl an

Bild V.36. Boden-Vormontage „Delta"-Träger

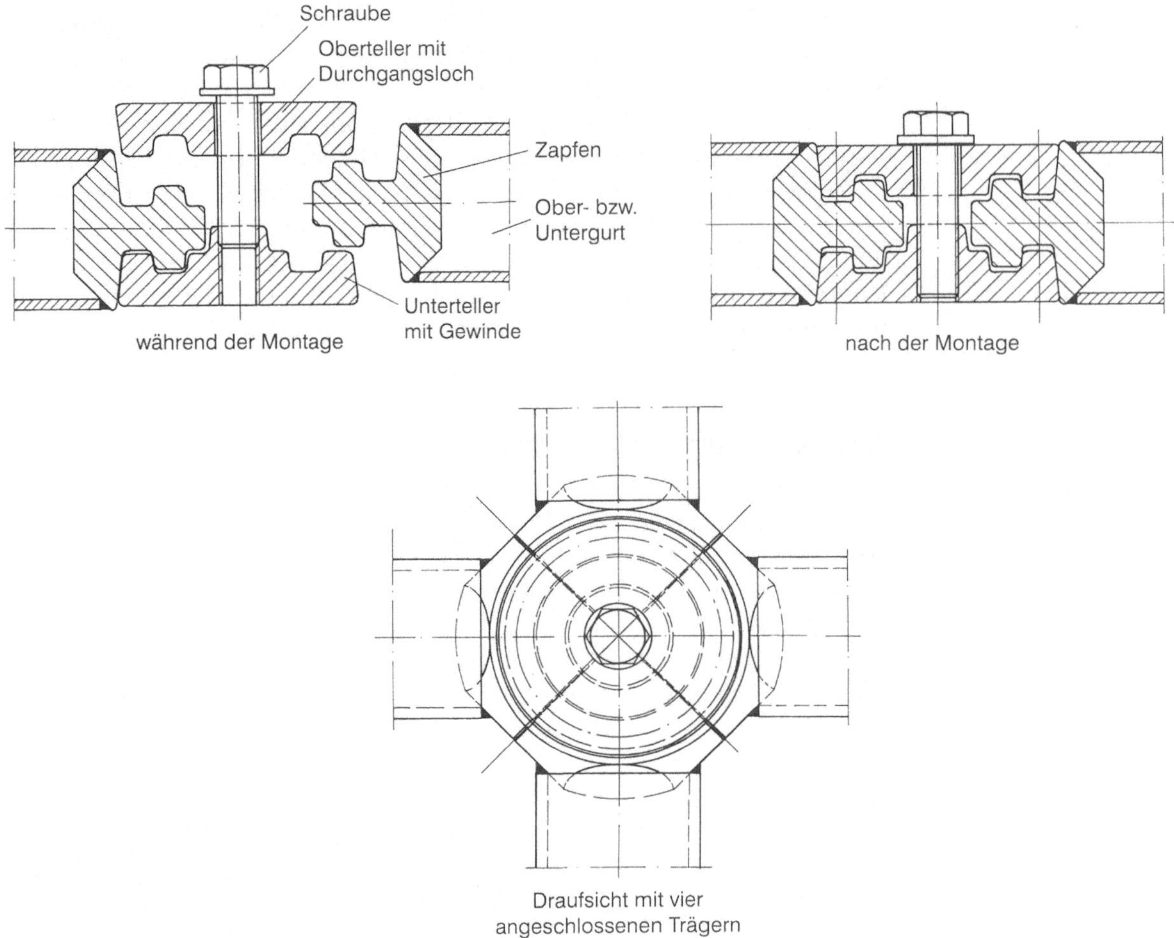

Bild V.37. Montageprinzip „Delta"-Knoten für vier Regelträger

Standardbauelementen. So werden Quadrathohlprofile mit 60, 80, 100 und 120 mm Kantenlänge mit dazu passenden Knotentellergrößen angeboten. Die Regelträger sind parallelgurtig geschweißt mit W-förmig angeordneten Fachwerkdiagonalen; Länge und Höhe der Regelträger stehen exakt im Verhältnis 4:1, woraus sich funktionell wie optisch ausgewogene 45°-Diagonalen ergeben.

Um dem Planer den notwendigen gestalterischen Freiraum auch für besondere Aufgaben zu geben, werden die „Delta"-Bauelemente auch in immer mehr Sonderformen angeboten, Bild V.39 zeigt dazu eine Auswahl. Bild V.40 zeigt weitere Sonderträger, die speziell auf besondere Belastungen ausgelegt sind, z. B. auf Lasteinleitungen durch Dachpfetten oder Spezialdachaufbauten. Dann gilt es oft, zusätzliche Zwischenbiegungen im Lasteinleitungsbereich durch eine statisch angepaßte, meist steifere Ausfachung zu verringern.

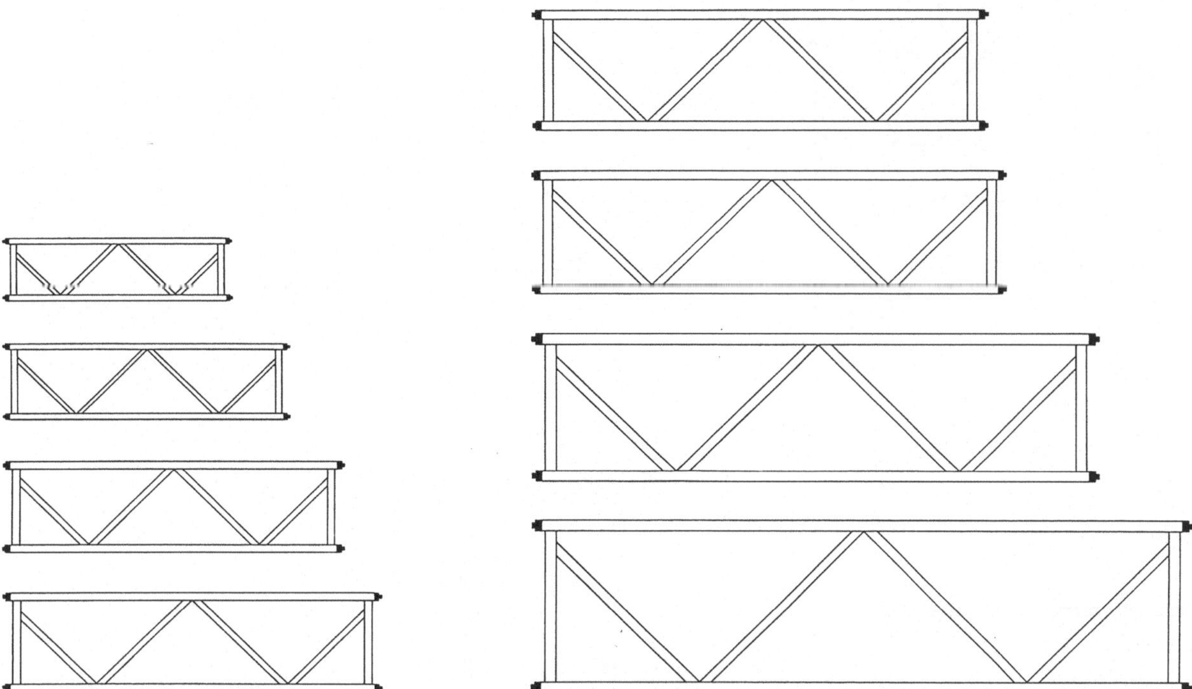

Bild V.38. Regel-Träger für das Trägerrost-System „Delta"

4.2
Computerintegration von Entwurf, Konstruktion und Fertigung

Das „Delta"-System dient hier als Modellbeispiel für ein weitgehend automatisch, in Serien vorgefertigtes Baukastensystem. Durchgreifende Computerunterstützung wird dabei vom Ingenieur als modernstes Werkzeug genutzt, das Fertigungsdaten und Produktionsschritte rationell integriert und so eine verbindliche Datenbasis für mehrfache Nutzung bereitstellt. Das beginnt mit dem CAD-gestützten Entwurf, der die Randbedingungen und die Tragwerkskonzeption umreißt und auch gleich anschaulich (perspektivisch) darstellt (Bild V.41). Weiter geht es mit der schnellen CAD-Erstellung sämtlicher Konstruktionszeichnungen sowie der Generierung der zugehörigen Stücklisten (Bild V.42). Die perspektivische Darstellung des Bauvorhabens – zur optischen Bestätigung der Planung sehr nützlich – ist zwar immer wieder erstaunlich, aber eher ein Nebenprodukt der Datenintegration (Bild V.43). Wichtiger ist die jetzt folgende verbindliche Ausnutzung der einmal ermittelten Daten für eine durchrationalisierte Fertigung mit weniger Fehlern, weniger Ausschuß und viel geringerem Zeitaufwand.

So werden die „Delta"-Knoten CNC-gesteuert als Präzisionsdrehteile und die Fachwerkträger in gleichbleibender Paßgenauigkeit von einem computergesteuerten Schweißroboter innerhalb von Minuten gefertigt (Bild V.44). Dabei ist die Zulieferung der größten Bauelemente, der Stahlbau-Hohlprofile für die Fachwerkträger „Just-in-time", also zeitgerecht

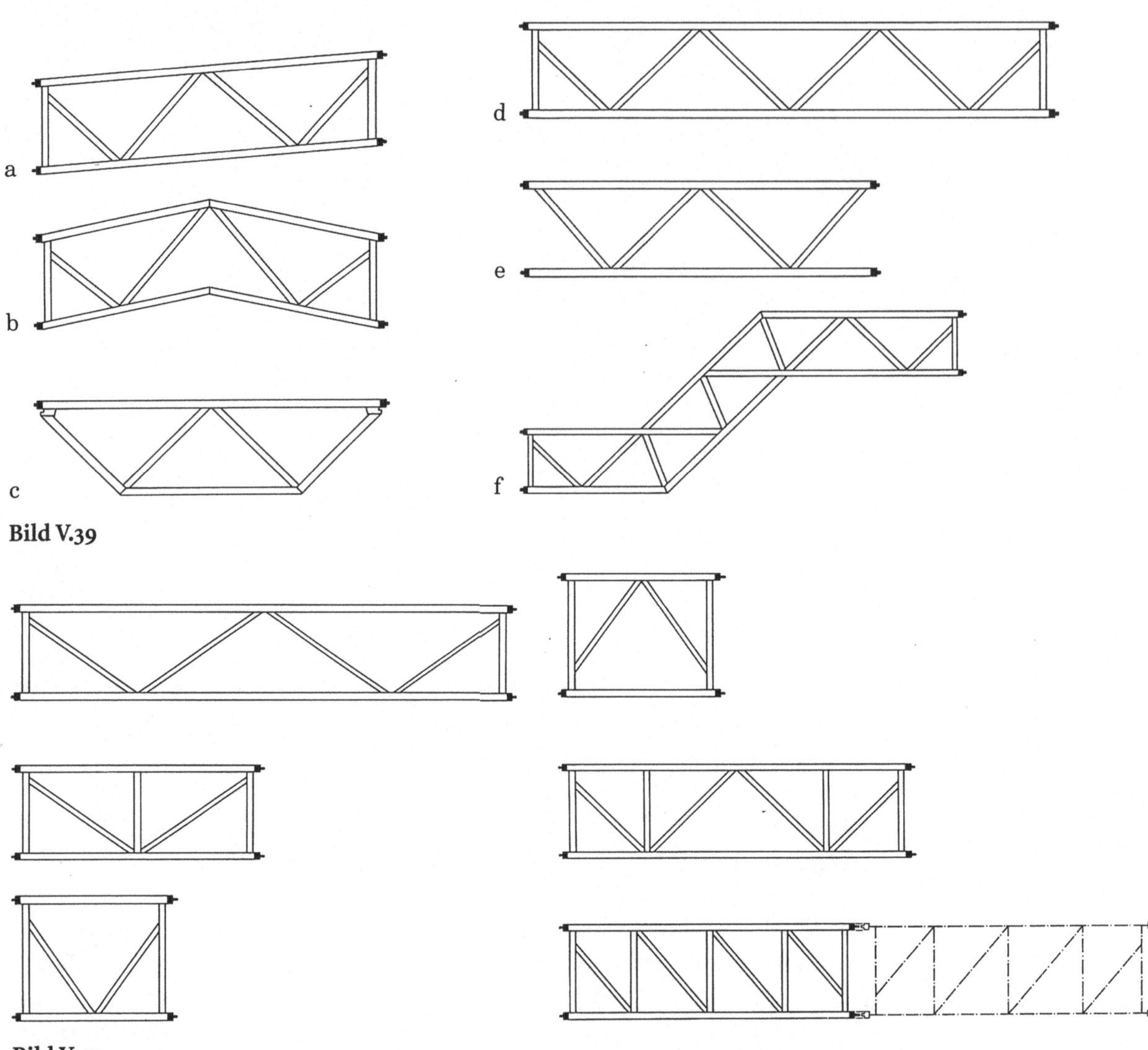

Bild V.39

Bild V.40

Bild V.39 und V.40. Auswahl von Delta-Sonder-Fachwerkträgern und -Ausfachungen

in den Fertigungsablauf einfließend, organisiert. Der Halbzeughersteller oder der Stahlhändler liefert die Quadratrohre einschweißfertig angearbeitet; bereits auf richtige Länge und Gehrung geschnitten.

Mit der geschlossenen Oberflächengestaltung der Hohlprofile sind die Fachwerkträger, besonders korrosionsgerecht, für eine Stückverzinkung und/oder Pulverbeschichtung geeignet. So können schließlich lückenlos vorbeschichtete Fertigbauteile ohne weitere Zwischenlagerung, auf kompakten Transportpaletten verpackt, auf der Baustelle angeliefert werden.

An welcher Stelle eines großen Trägerrosts der einzelne Fachwerkträger jetzt vor Ort einzubauen ist, geht eindeutig aus dem Montageplan hervor, der, ebenfalls über CAD, bereits während der Planungsphase erstellt wurde. Am einfachsten und sichersten ist natürlich eine Boden-

Bild V.41. Entwurf Delta-Tragwerk für Autohaus (Architekt H. Hetschold)

Bild V.42. CAD-Konstruktions-Arbeitsplatz

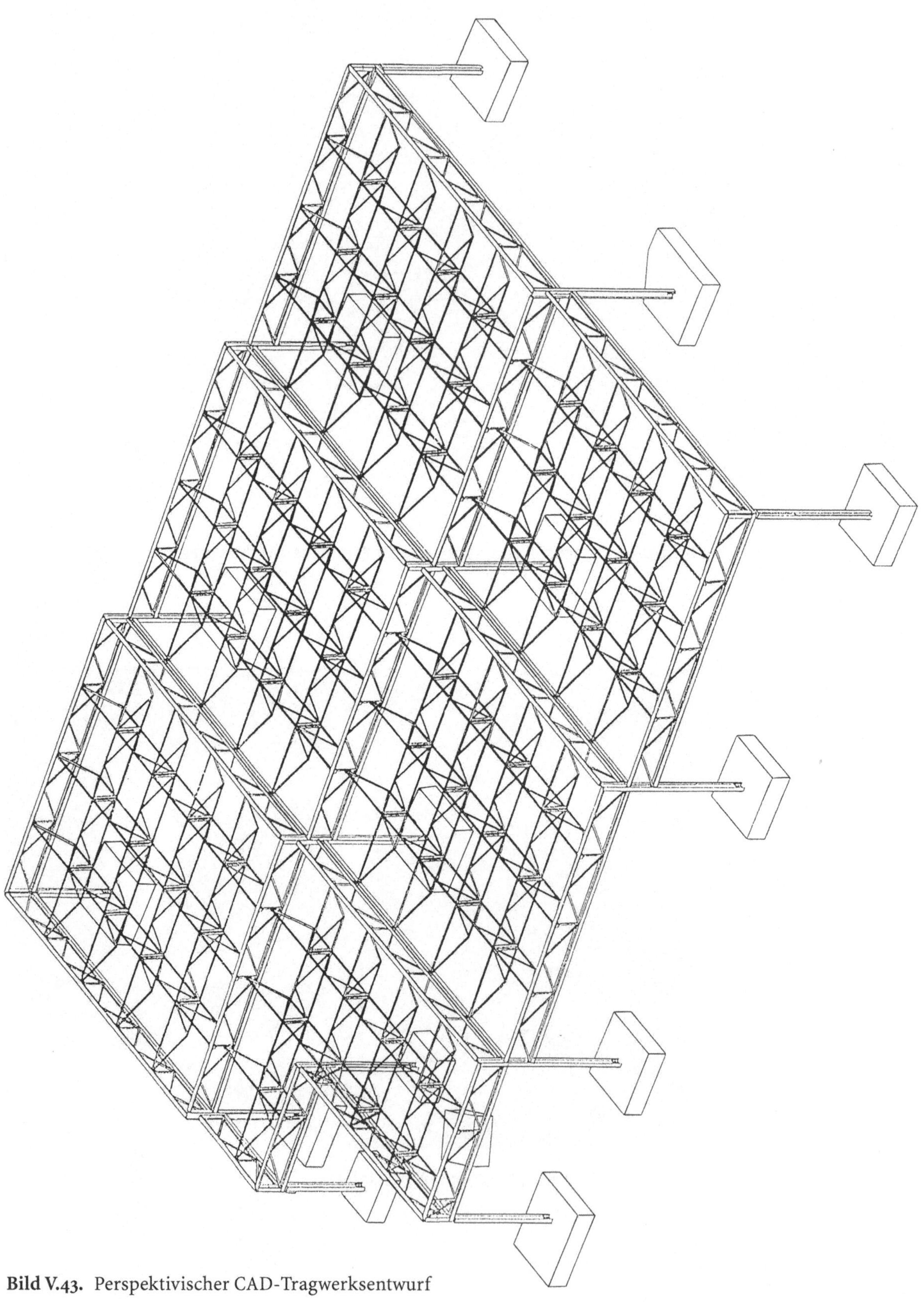

Bild V.43. Perspektivischer CAD-Tragwerksentwurf

Bild V.44. Automatisierte Delta-Fachwerkträger-Fertigung mit Hilfe computergesteuerter Schweißroboter

montage vor Einheben des Tragwerks. Im Regelfall werden vier Fachwerkträger rechtwinklig zusammengestellt, in die Knotenteller formschlüssig eingesteckt und mit je einer Befestigungsschraube an Ober- und Untergurt kraftschlüssig verbunden; wobei die Anordnung der Schraubenköpfe auf eine glatte, ebene Direktauflage der Dachhaut abgestimmt ist. Sobald das Trägerrost insgesamt am Boden vormontiert ist, kann es mit Hilfe tragfähiger Mobilkrane in einem Zug hochgehoben und auf vorbereitete Einbaustützen abgesetzt werden (Bild V.45). Wo notwendig, sind selbsttragende „Delta"-Trägerroste aber anstelle der Bodenmontage auch im freien Vorbau einzubauen.

4.3
Auflagerungskonstruktionen, Verbandsanschlüsse und Montagehilfen

Bild V.46 a – c zeigt Variantenkonstruktionen für die gelenkige Auflagerung von „Delta"-Trägerrosten auf Stahlstützen. Mit den Lösungen nach Bild V.46 a, b können höhere Auflagerkräfte, wie sie im Geschoßbau auf-

Bild V.45. Delta-Trägerrost mit Stützen als Zweigelenkrahmen für Müll-Sortierhalle, Iserlohn. Modul = 5 m, Spannweite = 25 m, Systemhöhe = 1,5 m

treten, über die Fachwerkträgeruntergurte auf verbreiterte Stützenköpfe abgesetzt werden. Auch Horizontalkräfte können zusätzlich von diesen Auflagerungen aufgefangen werden; nach Bild V.46a über den Formschluß des Kalottenlagers, nach V.46b über die Schraubverbindung, die gleichzeitig ein evtl. Abheben des Tragwerks verhindert. Die in Draufsicht zu Bild V.46b sichtbaren Langlöcher in der Auflagerplatte ermöglichen einen Toleranzausgleich. Mit der unverschiebbaren Direktsteckverbindung nach Bild V.46c schließlich wird mit dem druntergeschweißten, gewölbten Auflagerfuß ein nahezu ideales Gelenk realisiert.

　　Auf Baustellenschweißungen wird bei jeder der drei AuflagerungsVarianten verzichtet (vergl. auch Bild V.19).

Bild V.46a – c. Varianten-Konstruktionen für die gelenkige Stützen-Auflagerung von Delta-Trägerrosten

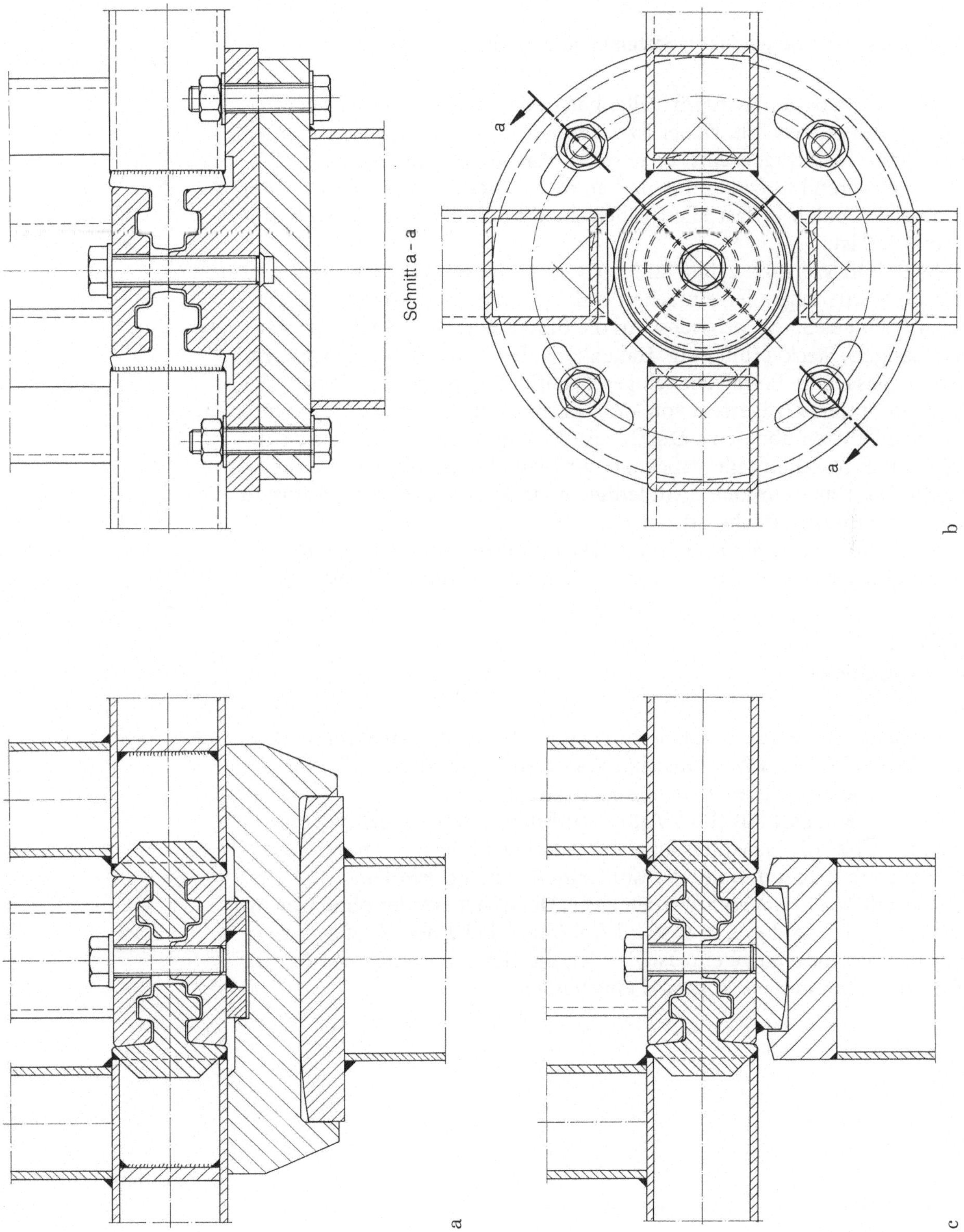

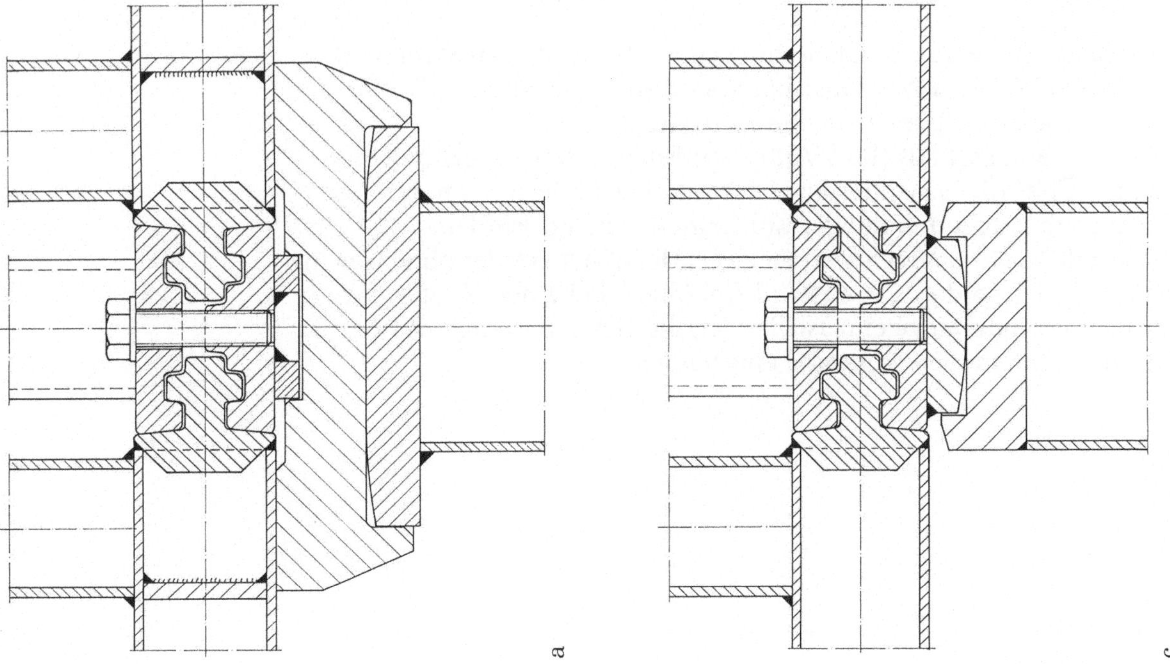
Schnitt a - a
a
b
a
c

4.3.1
Auflagerungs-Lösungen für biegesteife Rahmenecken (Bild V.47)

Als statisches System wird im Hallenbau in den meisten Fällen der Zweigelenkrahmen gewählt. Dabei ist zwischen den oberen Stützenköpfen
und dem Dachträger eine biegesteife Verbindung herzustellen. Wobei erschwerend hinzukommt, daß an dieser Stelle aus Transport- oder
Montagegründen in fast allen Fällen auch noch ein Montagestoß ein-
zubringen ist.

Wie Bild V.47a–c zeigt, läßt sich das „Delta"-Tragwerk auf der
Baustelle mit folgender einfachen Auflagerungskonstruktion mit Hallenstützen aus Stahl verbinden. An die Stützenenden werden zur kraftschlüssigen Steckverbindung Hakenkonsolen und an die Fachwerkträger passende Endbleche eingeschweißt. So vorbereitet, wird der
bodenmontierte Trägerrost von Mobilkranen auf die zuvor ausgerichte-
ten Stahlstützen abgesetzt. Durch sein Eigengewicht schieben sich die
genannten Anschlußteile paßgenau zur biegesteifen Verbindung ineinander. Die Halteschraube dient lediglich als Abhebesicherung während
der Verlegung der Dacheindeckung.

Nach Bild V.47d sind die Tragwerksanschlüsse an Giebelwandstiele
aus montagetechnischen Gründen als Schraubverbindung ausgelegt.

4.3.2
Wandanschlüsse

Bild V.48a, b zeigt den Wandanschluß von Trägerrosten an Stahl- bzw. an
Betonbauteile. Diese Wandanschlüsse sind so zu gestalten, daß sie in der
Lage sind, auch größere Bautoleranzen aufzufangen.

Beim Stahlanschluß (Bild V.48a) wird der „Delta"-Regelknoten verwendet. Über die Gewindestange am Anschweißblech kann der Wand-
abstand eingestellt und mit der Kontermutter fixiert werden.

Bei Bild V.48b dagegen werden zwei „Delta"-Oberteller ohne Gewinde verwendet, so daß der Abstand frei über die beiden Kontermuttern
auf der Gewindestange einzustellen ist; die Gewindestange ist über ihr
Einbauteil fest in die Betonwand eingelassen.

Bild V.47a–e. Auflagerungs-Lösungen für biegesteife Delta-Rahmenecken.
a, b Steckanschlüsse bei außen angeordneter Stütze; **c** Steckanschluß bei Innenstütze,
d Giebelwand-Schraubanschluß; **e** Delta-Steckanschluß an Stützen mit Rahmen-
wirkung (Abbildungen s. S. 237, 238 und 239)

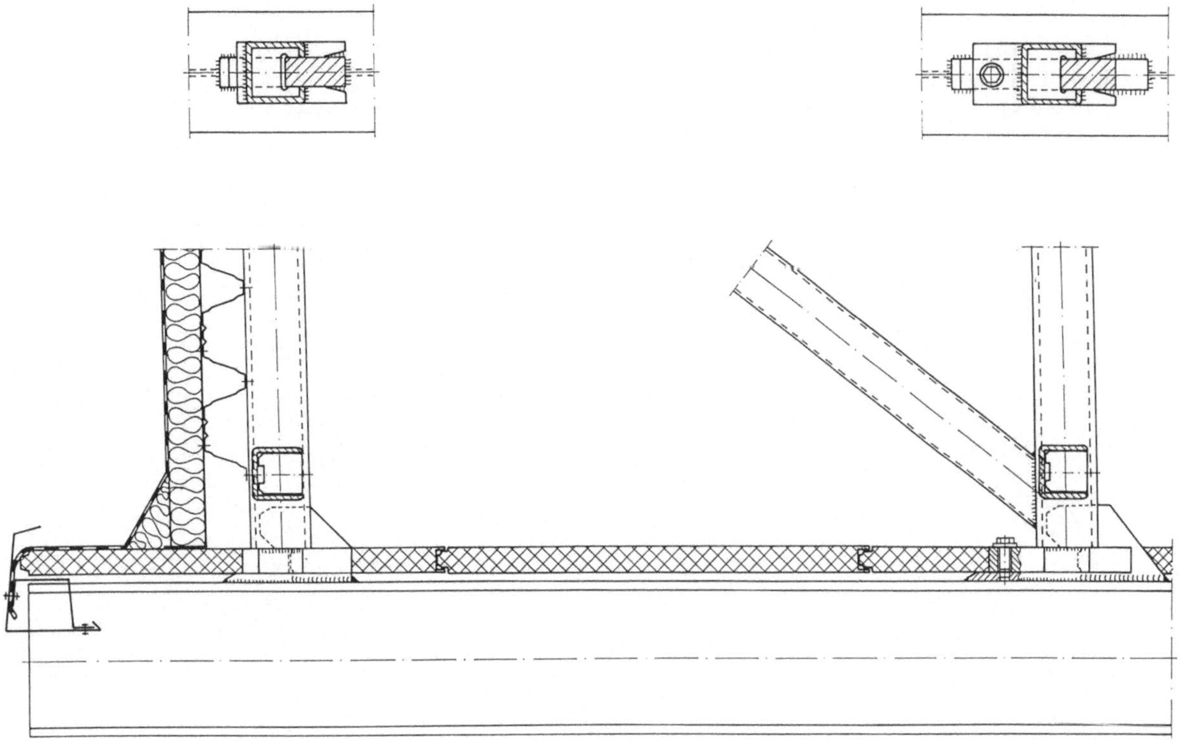

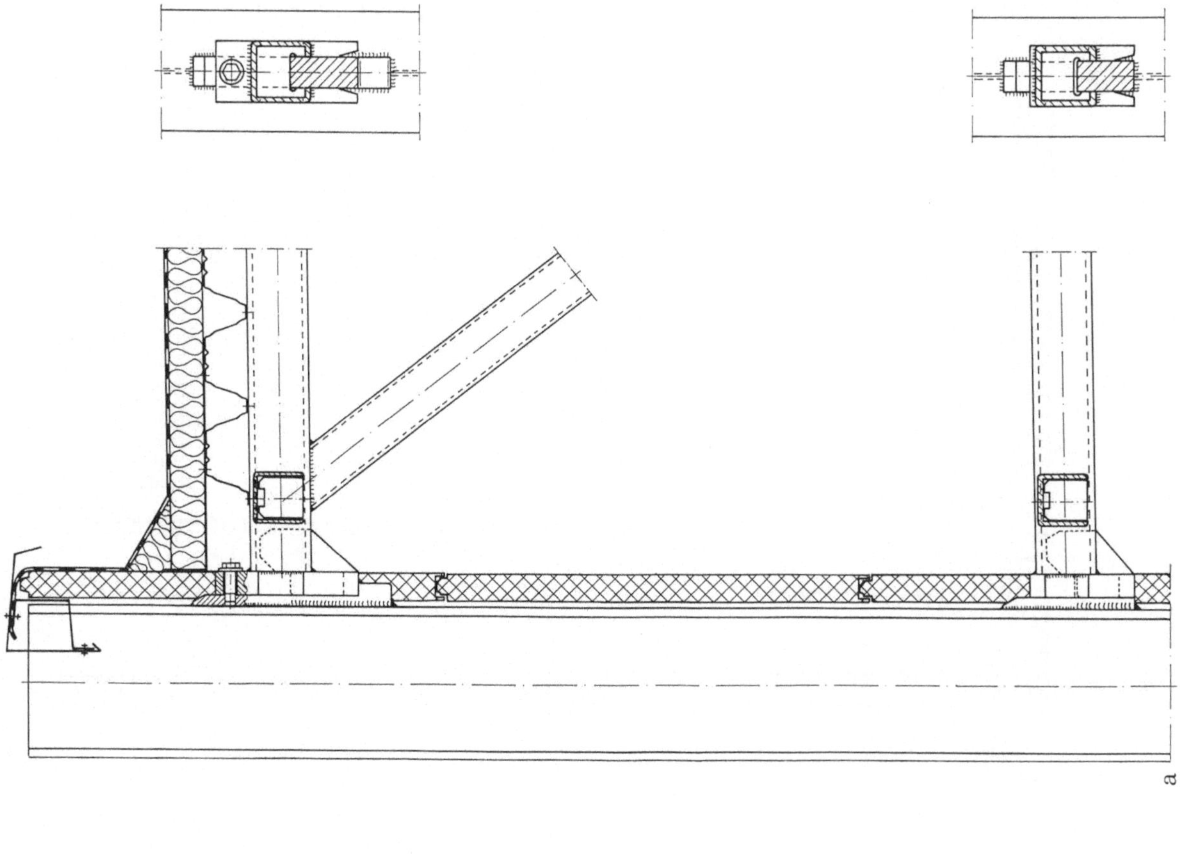

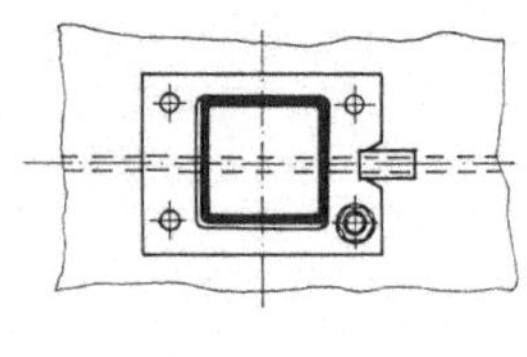

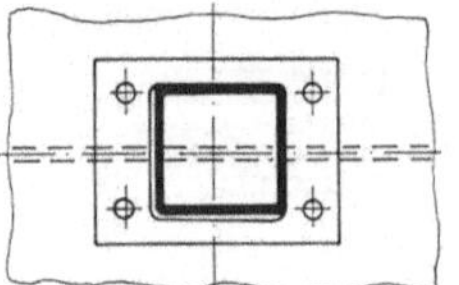

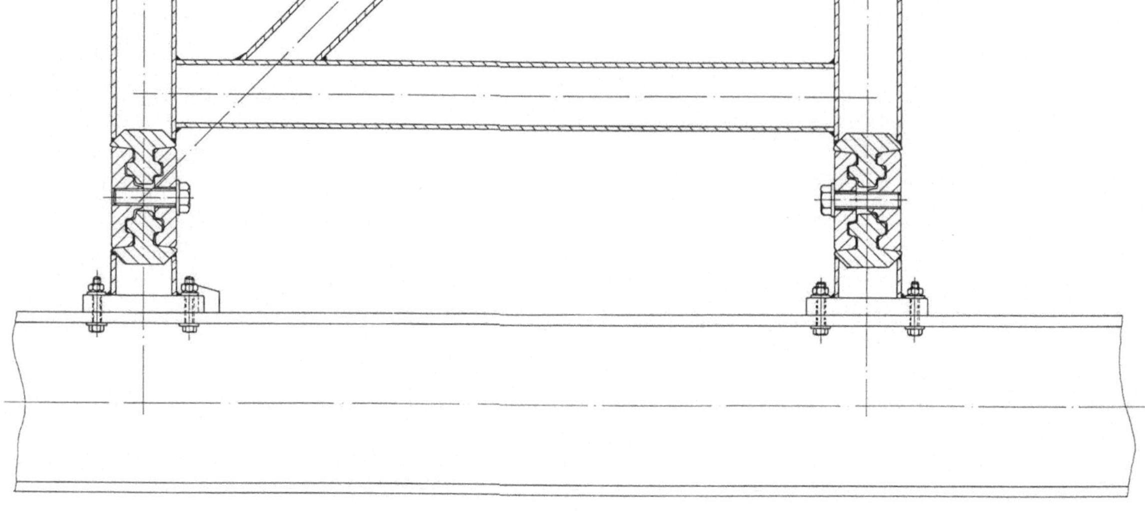

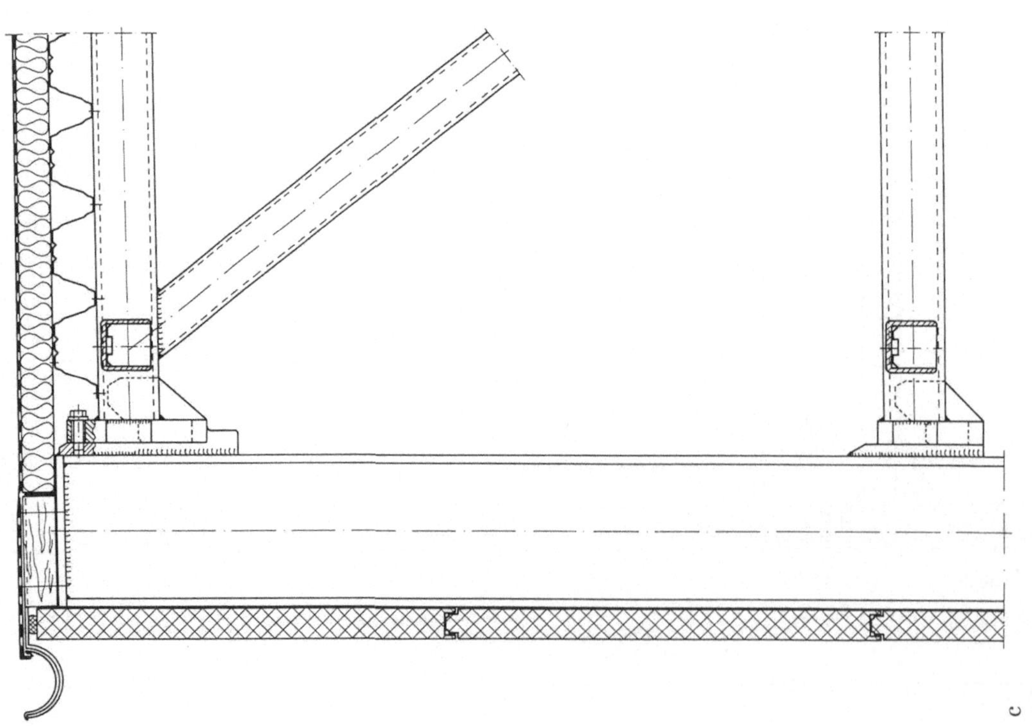

Bild V.47c, d

Bild V.47 e

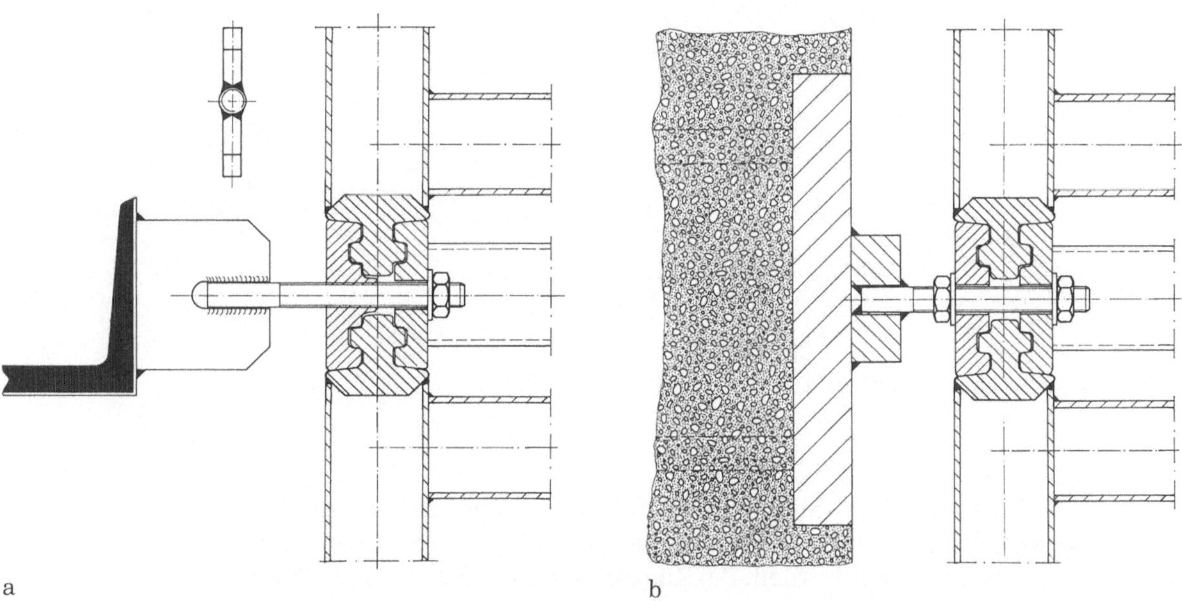

a   b

Bild V.48 a, b. Horizontale Trägerrost-Wandabstützung. **a** An Stahlbauteil; **b** an Betonbauteil

4.3.3
Verbände

Um die senkrecht zur Tragebene gelenkigen Trägerroste gegenüber angreifenden Wind- und Stabilisierungskräften auszusteifen, sind Verbände erforderlich, für die es beim „Delta"-System eine ganze Reihe konstruktiver Auslegungsmöglichkeiten gibt.

Nach Bild V.49 ist der Verbandsanschluß eines druckfesten Diagonalstabs so konstruiert, daß er nur noch an den Enden eingehakt werden muß.

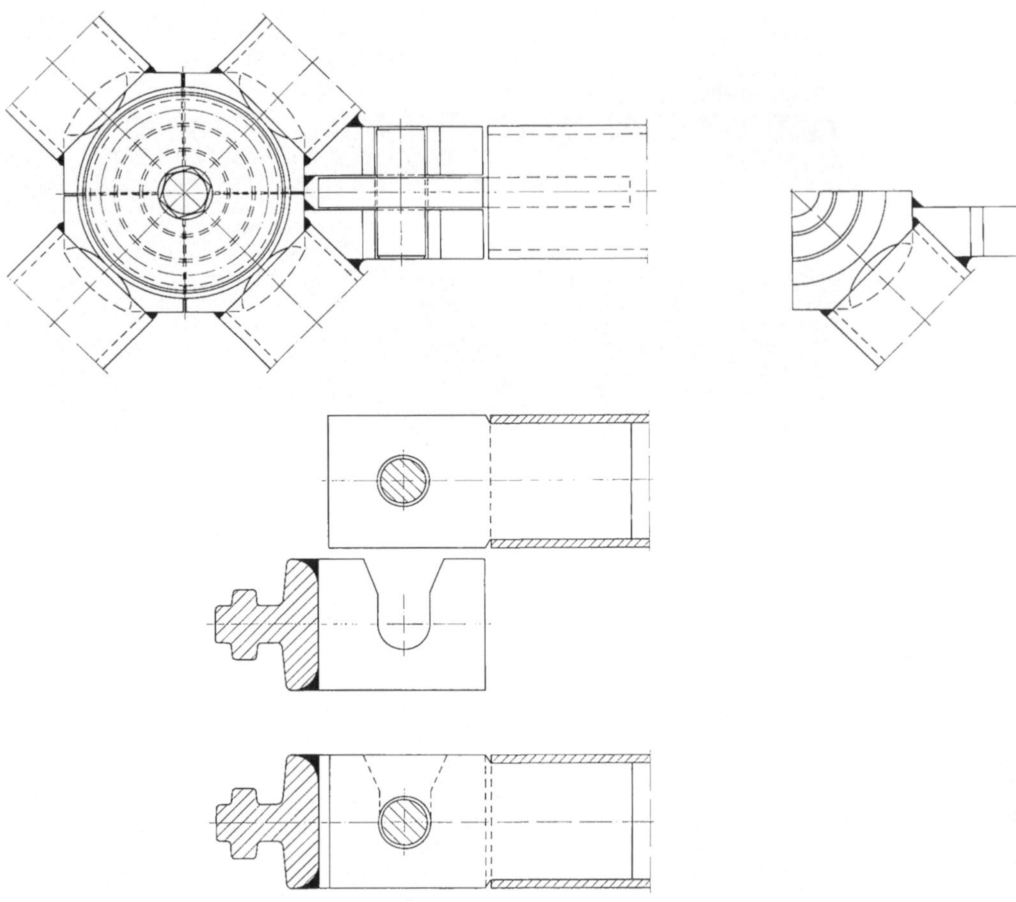

Bild V.49. Konstruktion Delta-Druckverband

In Bild V.50 sind die Stäbe für einen Zugverband direkt mit den Knoten verschraubt, wodurch die Befestigungsschrauben zusätzlich auf Abscheren beansprucht werden. Bei Zugverbänden sollte gleich auch an eine Möglichkeit zum Vorspannen der Zugstäbe gedacht werden.

Bild V.51 stellt abschließend weitere Varianten für diverse Anschlußarten vor, bei denen sich die Verbandsstäbe (aus Flach- oder Winkelstählen) auch nachträglich einbauen lassen.

4.3.4
Trägerrostaussteifung

Gegenüber der üblichen Aussteifung des Delta-Trägerrosts durch zusätzliche diagonale Verbandsstäbe (Bild V.52a) wird darauf bei einem Tragwerksaufbau nach Bild V.52b völlig verzichtet. Bei dieser, architektonisch ebenso wie statisch und wirtschaftlich günstigen Vernetzungsvariante, wird der Rand des Trägerrosts durch unverschiebliche „Delta"-Träger-Verbände gebildet, deren Eckpunkte auf die gleiche stabilisierende Weise mit den benachbarten Gelenkvierecken verbunden sind. Durch

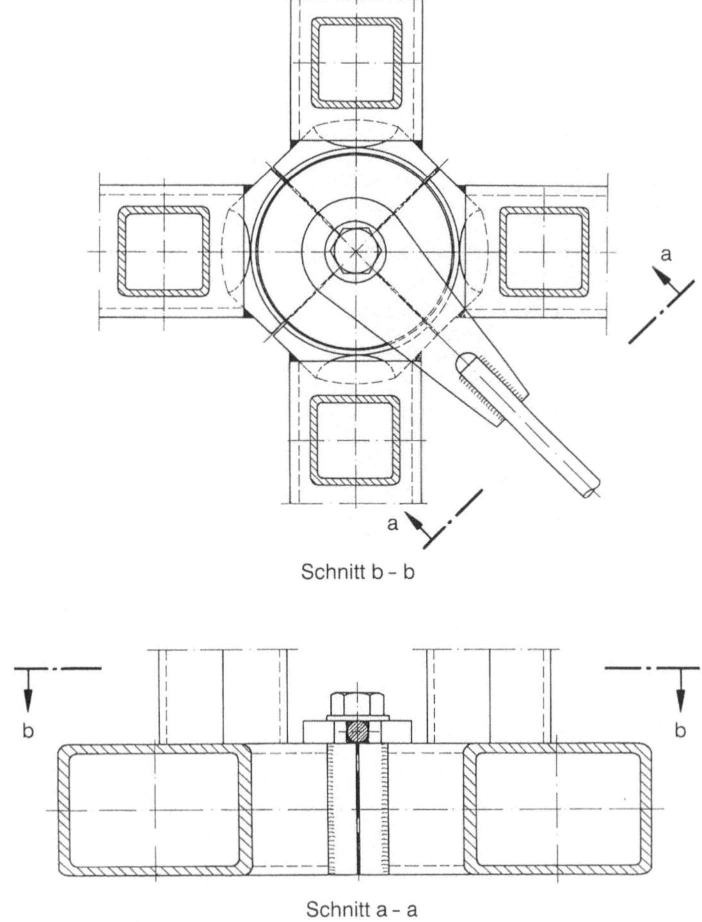

Schnitt b – b

Schnitt a – a

Bild V.50. Konstruktion Delta-Zugverband

diese „vernetzende Aussteifung" wird aus dem gelenkigen Trägerrost eine schubfeste Tragwerksscheibe, deren Rand einen Verband bildet.

Bei letzterer Diagonal-„Delta"-Träger-Anordnung sind die Randträger schiefwinklig an die Knoten angeschlossen, ohne das Vier-Stab-Steckprinzip des „Delta"-Systems aufzugeben. Bild V.53 zeigt, daß damit, durch werksseitiges Abknicken oder Anspitzen der Träger, auch noch ganz andere Gestaltungsvarianten möglich sind.

Gegenüber den bisher vorgestellten (ebenen) Stabanschlußlösungen zeigt Bild V.54 eine Tragwerksecke mit räumlicher Anordnung der drei Trägerlagen, auch wieder nach dem „Delta"-Stecksystem. Dazu wird der Zapfen eines Stabendes um 90° verdreht, ein Stab sitzt direkt auf dem Knotenteller.

Eine ganz andere Möglichkeit wäre ein einlagiger Trägerrost mit Zugstab-/Zugseil-Unterspannung (Bild V.55). Dabei wird die Biegetragfähigkeit der Knoten ausgenutzt und die Druckpfosten werden auf die Knotenteller aufgeschweißt.

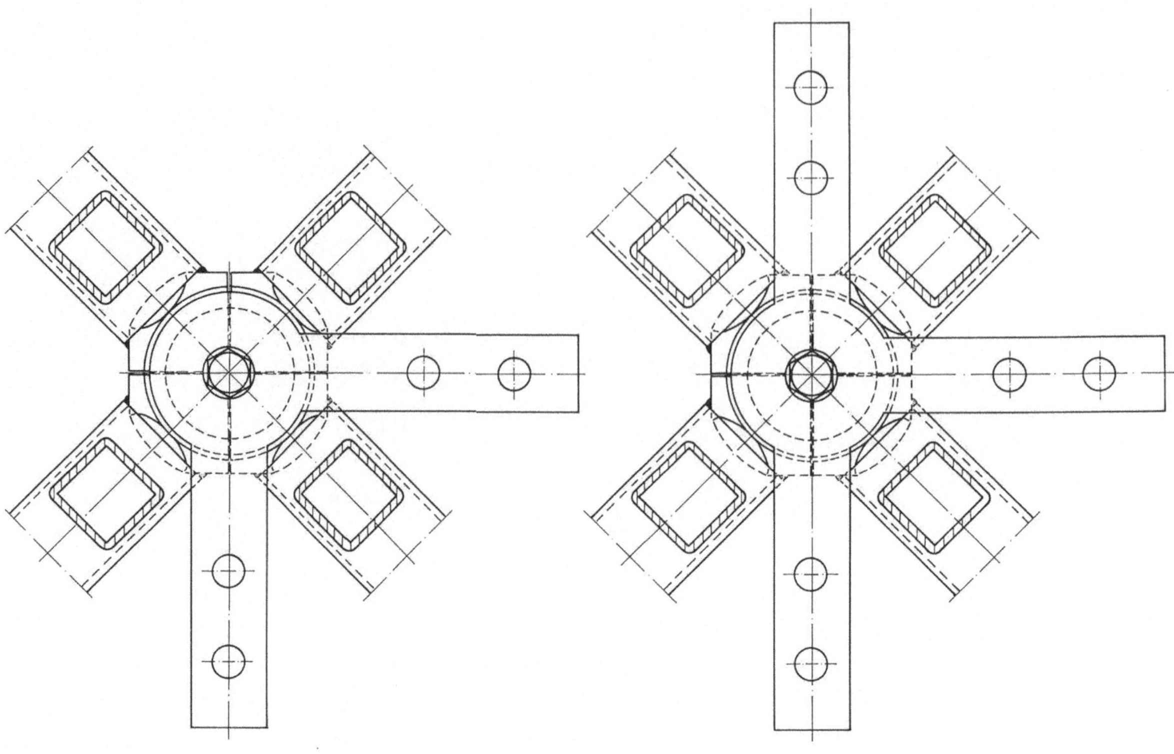

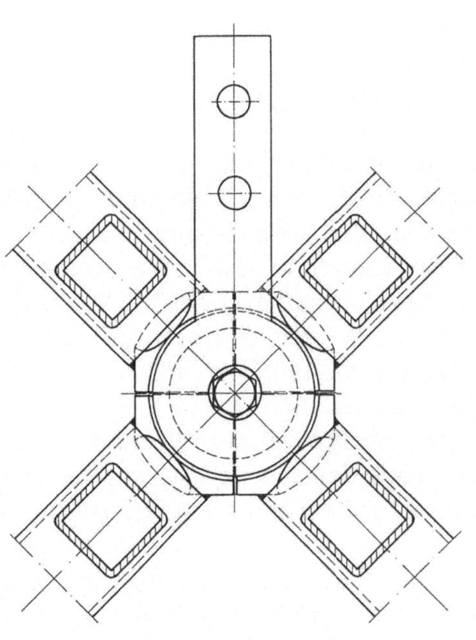

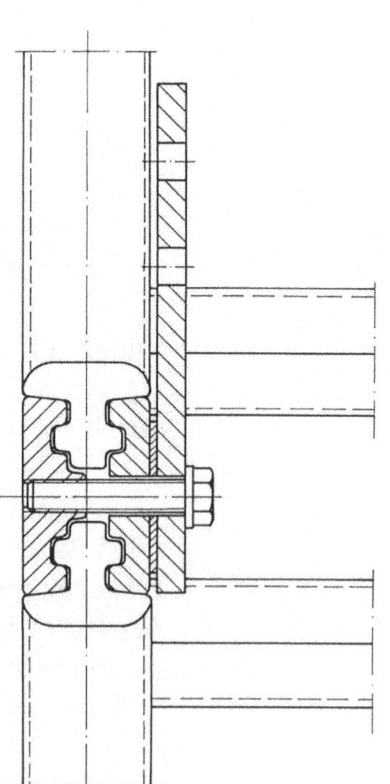

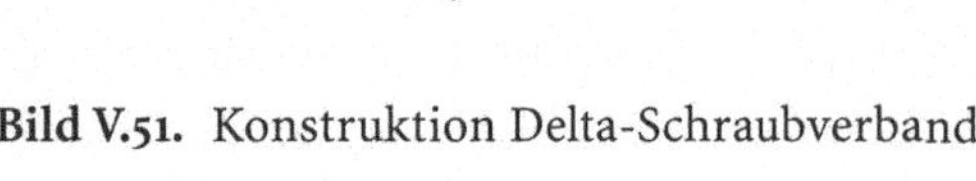

Bild V.51. Konstruktion Delta-Schraubverband

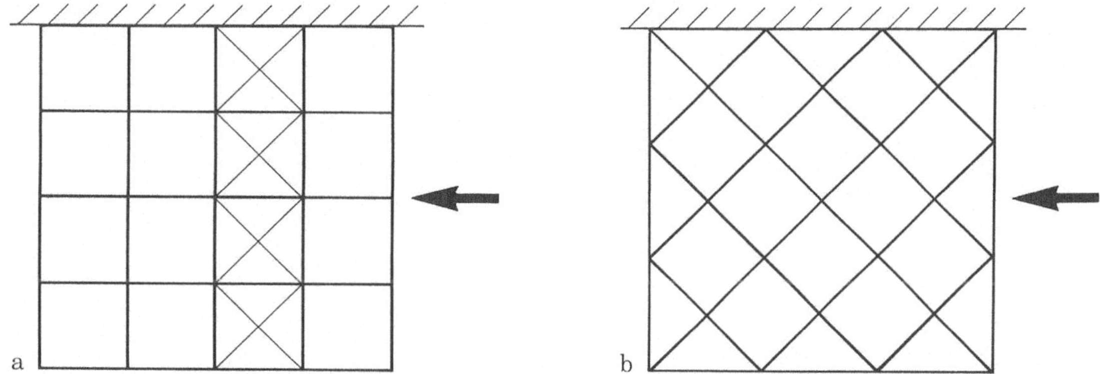

Bild V.52 a, b. Trägerrost-Aussteifung mit bzw. ohne zusätzliche Diagonalstäbe

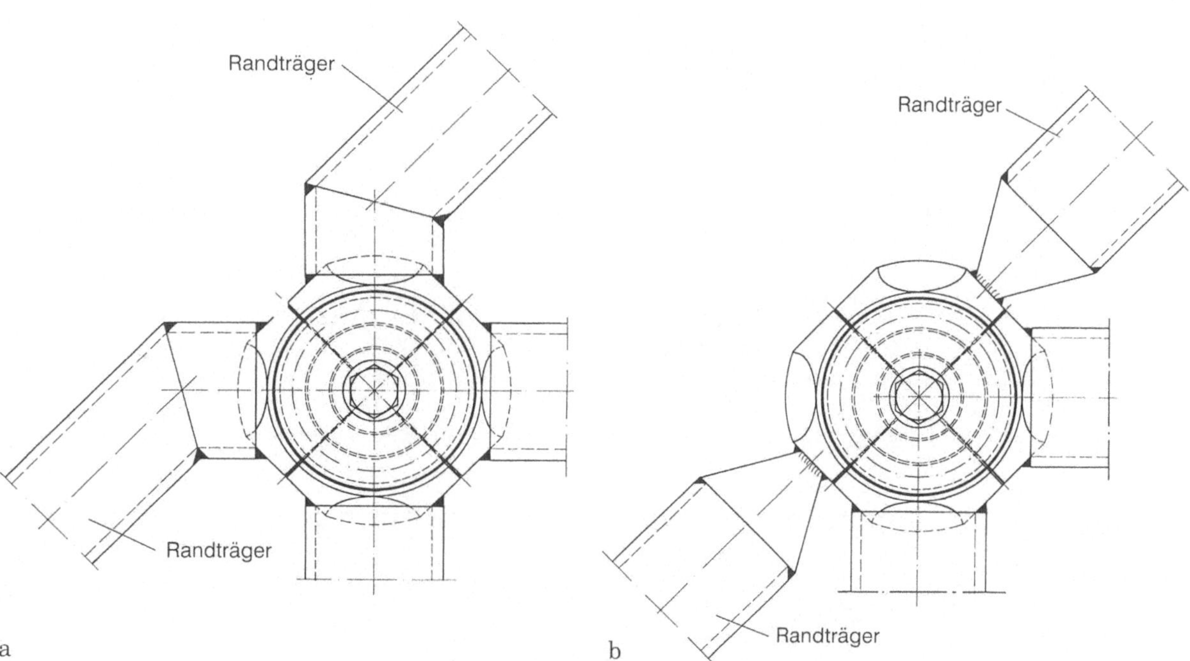

Bild V.53 a, b. Delta-Knoten mit außermittigen Trägeranschlüssen, abgewinkelt oder verjüngt

Unser letztes Beispiel zeigt also eine Lösung für die Gestaltung der Nahtstelle zwischen einem klassischen und dem Delta-Tragsystem. Bild V.56 zeigt darüber hinaus die Verbindung mit einem Raumfachwerk. Die Vorteile beider Bausysteme werden dabei sich ergänzend kombiniert. Durch die Verbindung mit dem Delta-Trägerrost gewinnt das Raumfachwerk ideal-ebene und damit kostensparende Auflagerungsflächen für eine Direktbefestigung von Dach-, Wand- und Deckenelementen.

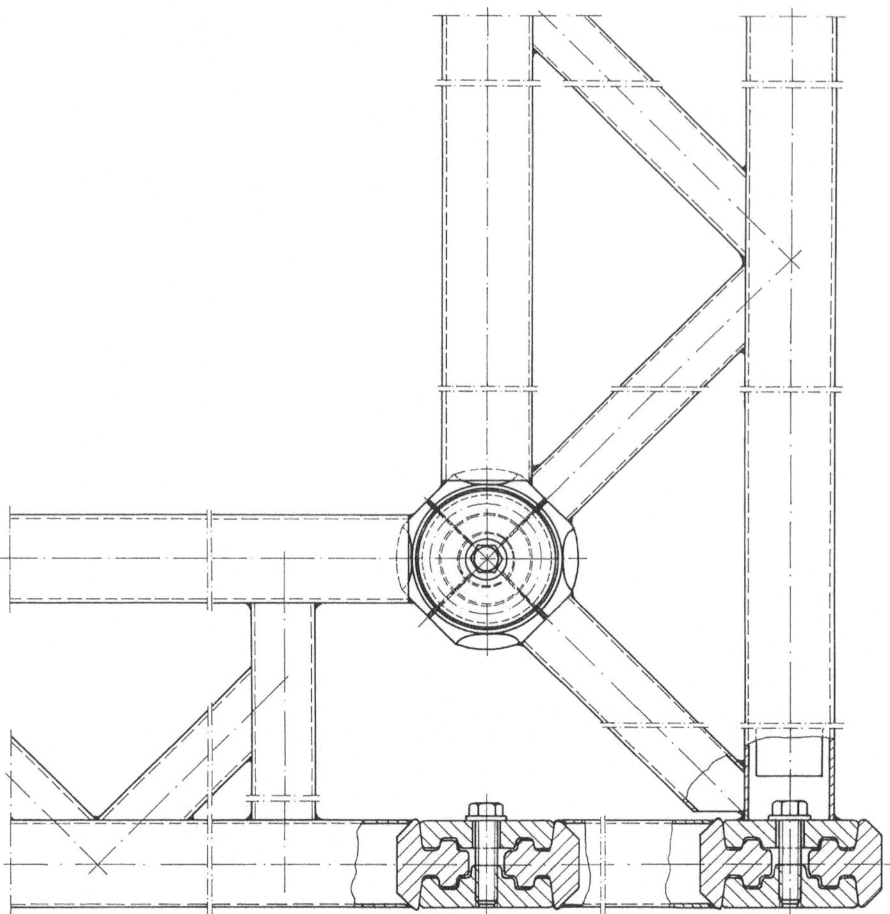

Bild V.54. Beispiel für allseitige räumliche Anschlußmöglichkeiten am Delta-Knoten

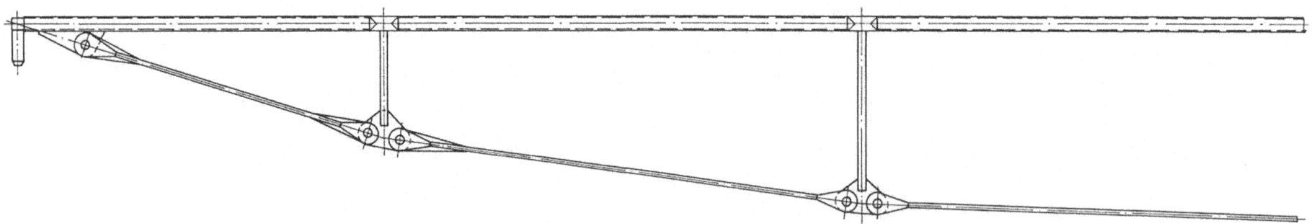

BildV.55. Einlagiger Delta-Trägerrost mit Unterspannungs-Konstruktion

4.3.5
Montagehilfen

Als praktische Hilfsvorrichtung bei der Vormontage der Delta-Bau-
elemente haben sich Stützteleskope zur Unterstützung der Knoten nach
Bild V.57 bewährt. Sie halten die einzelnen Unterteller so lange bis die
Knoten geschlossen sind und gleichen außerdem Boden-Unebenheiten
aus. Jeweils zwei Stützteleskope sind dabei zu standfesten Stützrahmen
verbunden.

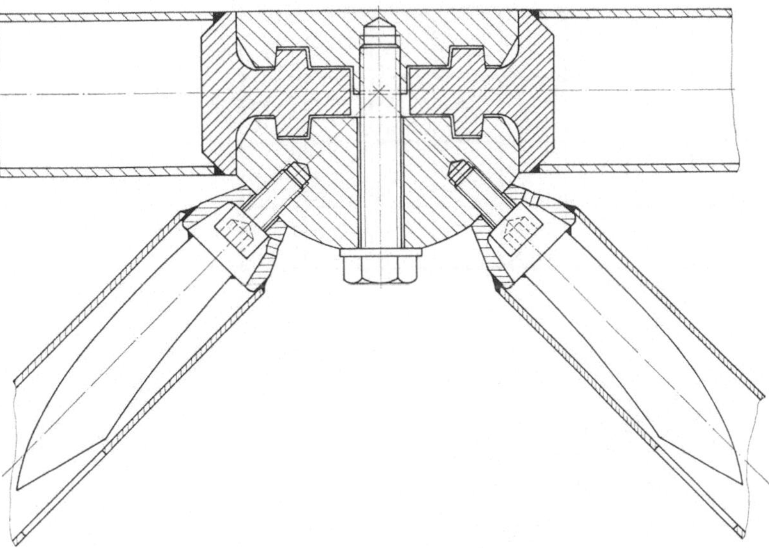

Bild V.56. Knotenpunkt-Kombination Alpha- und Delta-System zur Verbindung der Vorteile von einlagigem Trägerrost- und Raumfachwerk-System

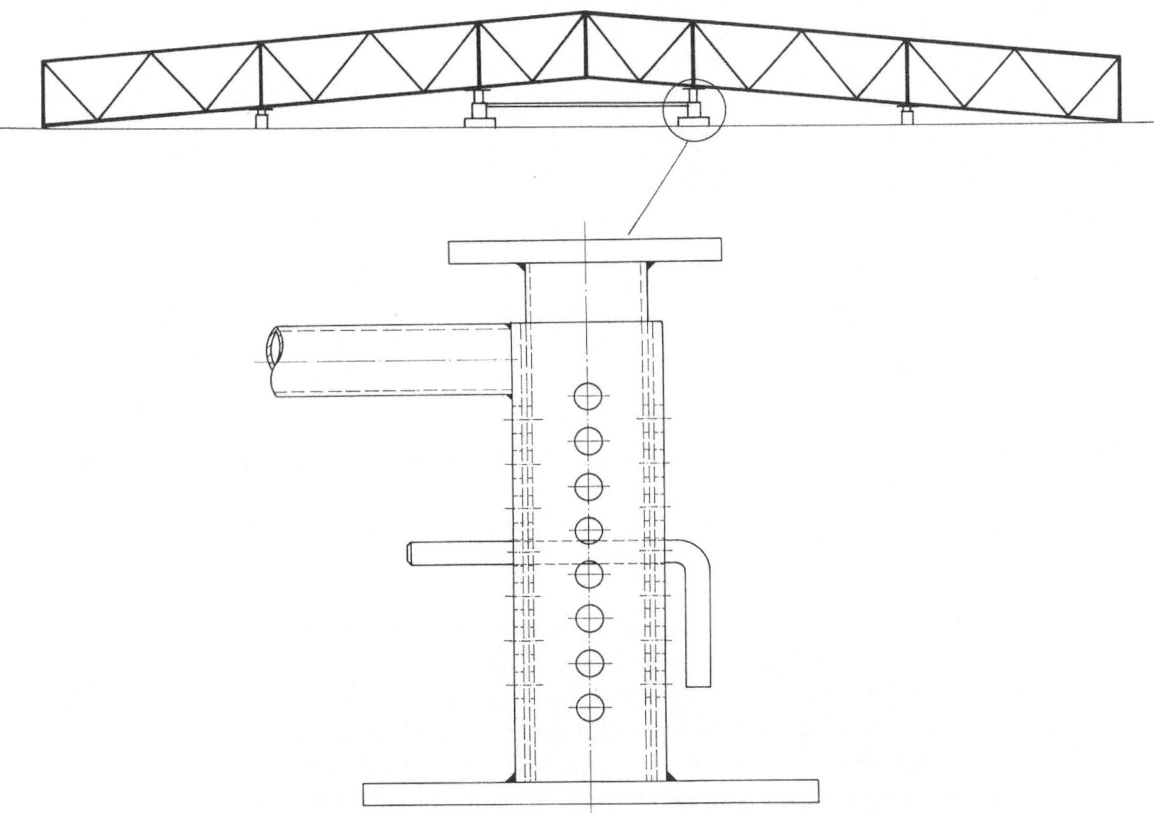

Bild V.57. Verstellbare Hilfsstützen für Trägerrost-Vormontage

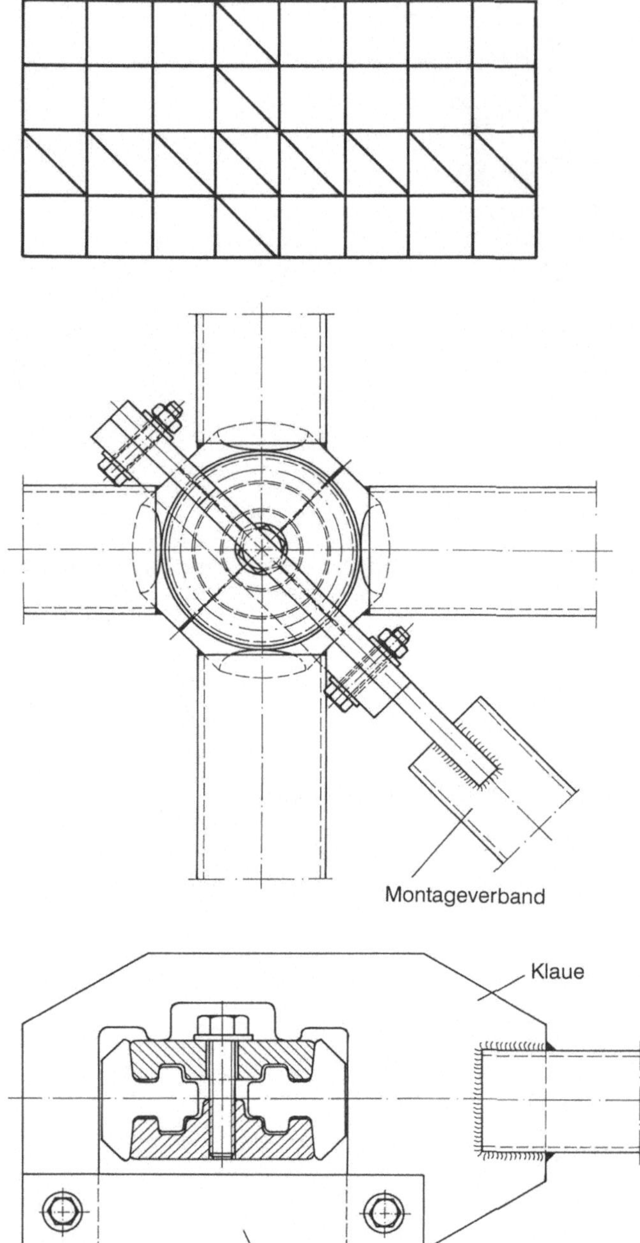

Bild V.58. Montage-Hilfsverband für Trägerroste

Zur Absicherung des weiteren Montageablaufs ist immer dann ein Montagehilfsverband erforderlich, wenn stabile Rahmen- oder Scheibenwirkung des Trägerrosts sonst erst im Fertigzustand erreicht wird.

Der Montagehilfsverband aus druckfesten Rohren (Bild V.58) wird mit seiner Klaue von oben auf die Knoten gesteckt. Soll dabei Scheibenwirkung z.B. in der Obergurtebene erzielt werden, dann ist der Hilfsverband in der Obergurtebene einzuhängen, wobei die Klauen mit einem Klappriegel gesichert werden.

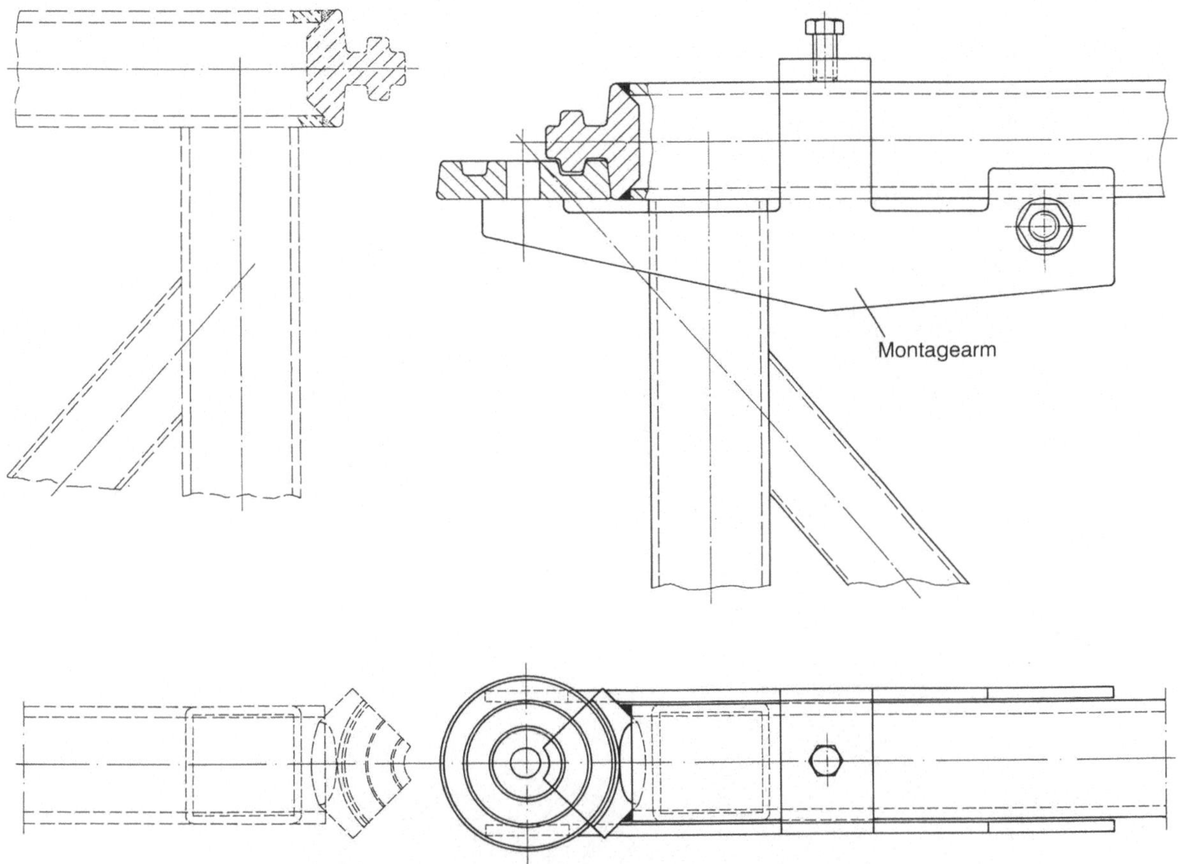

Bild V.59. Teller-Halteklaue für Trägerstoß „in der Luft"

Eine komplette Trägerrostbodenmontage ist zwar der günstigste Fall, aber längst nicht immer praktikabel. Beengte Baustellen- oder Kraneinsatzverhältnisse zwingen oft zu einer abschnittsweisen Vormontage am Boden und einer entsprechenden Endmontage der bodenmontierten Großbauteile „in der Luft". Dies ist jedoch möglichst so zu gestalten, daß der Stahlbaumonteur keine Balanceakte zu vollführen hat.

Das Zusammenstecken der Bauteile setzt offen gehaltene Knoten voraus. Für das Festhalten der losen Unterteller sorgt nach Bild V.59 ein Montagearm. Dieser wird auf den Gurt gesteckt, gegen Abheben gesichert und der von ihm gehaltene Unterteller über die Stellschrauben höhengleich ausgerichtet.

Für vertikale Trägerroste, etwa Fassadenroste, wird eine andere Montagehilfe benötigt, wie sie in Bild V.60 gezeigt wird. Dabei halten drei Montagestifte Ober- und Unterteller soweit auf Distanz, daß die Zapfen gerade in die Knoten eingefädelt werden können.

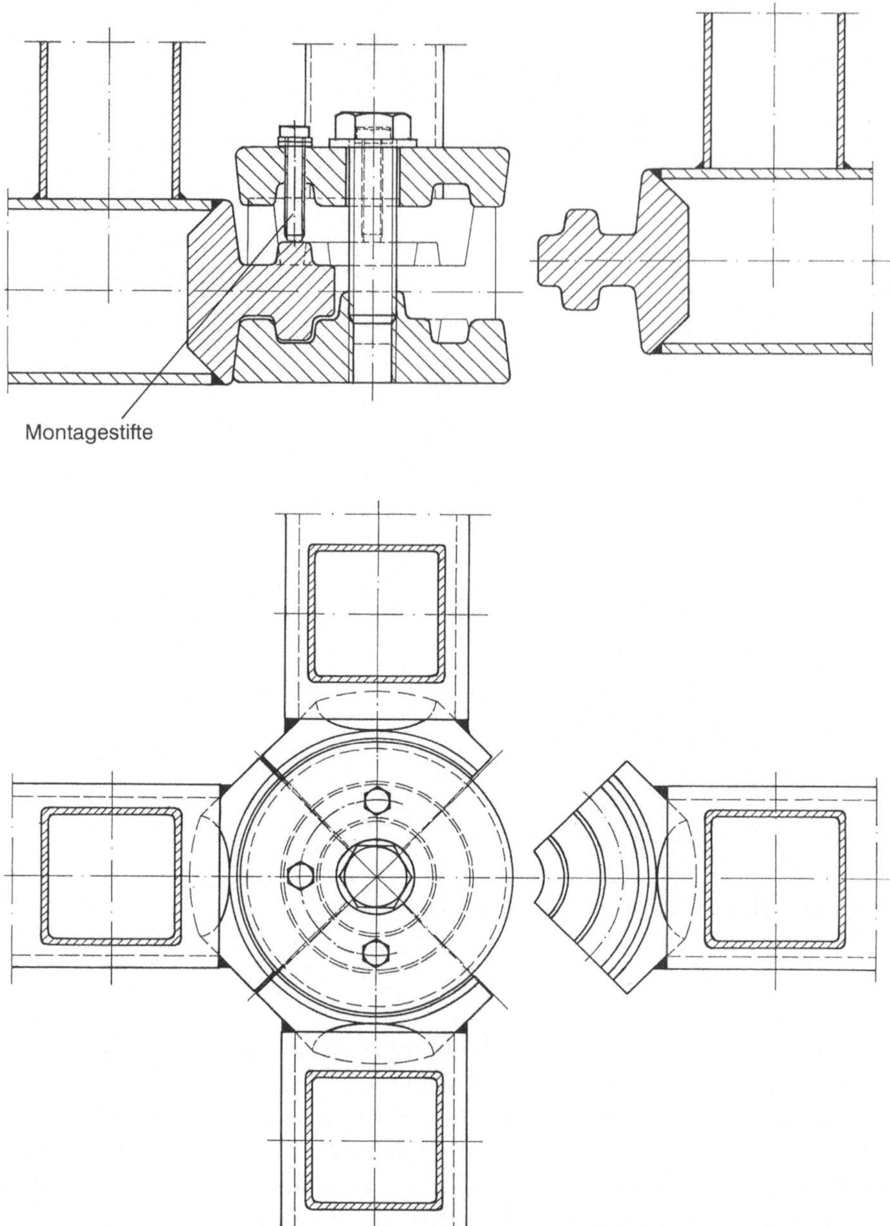

Bild V.60. Teller-Halterung für vertikale Trägerrost-Montage

4.4
Allgemeine bauaufsichtliche Zulassung

Bild V.61 zeigt die Titelseite und die Zeichnung „Anlage 1" des umfassenden Zertifikats „Allgemeine bauaufsichtliche Zulassung", wie es
dem Delta-Bausystem nach umfassender Prüfung durch das „Deutsches
Institut für Bautechnik", Berlin, erteilt wurde. Im Grunde bestätigt diese

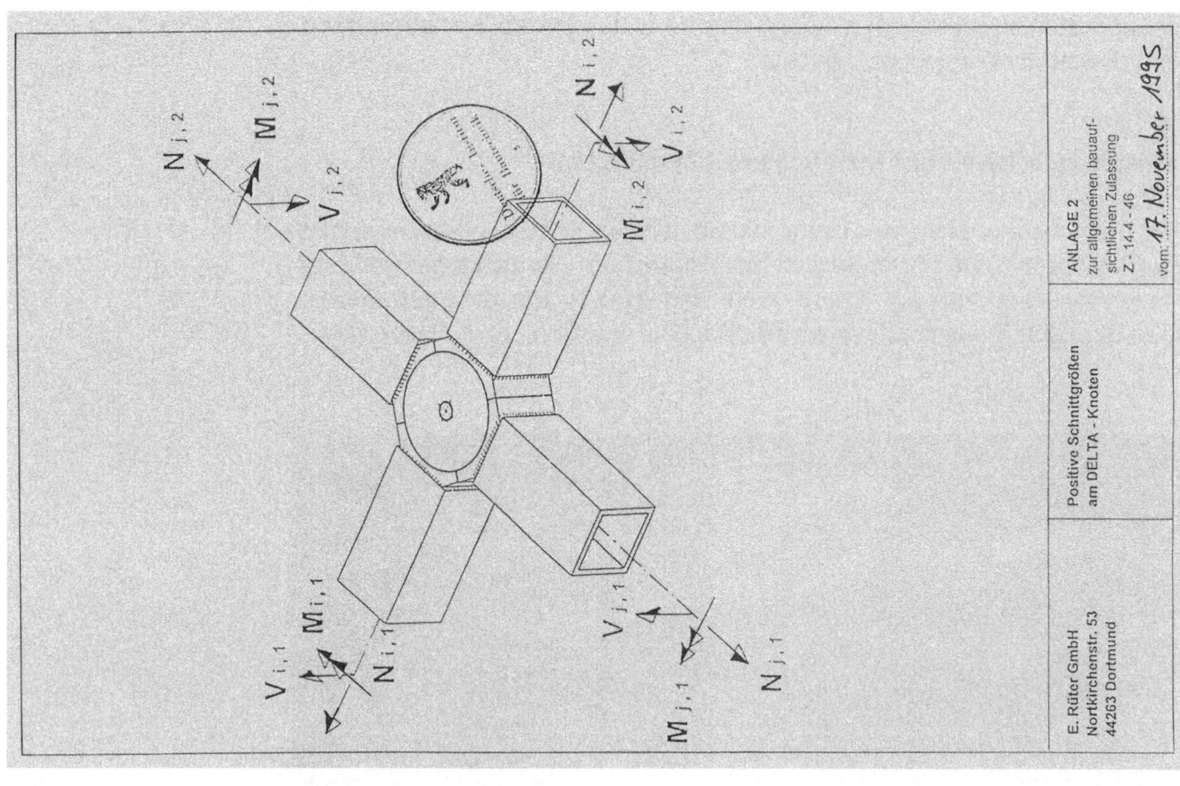

Bild V.61a, b. Auszüge „Bauaufsichtliche Zulassung" des Instituts für Bautechnik, Berlin

bauaufsichtliche Zulassung einem Bausystem, daß es den Bestimmungen der Landesbauordnung entspricht.

4.5
Anwendungsbeispiele und Fazit Trägerrost-System „Delta"

Das Elementarbausystem „Delta" entspricht in seinen gestalterischen Möglichkeiten und seiner klaren und filigranen Struktur weitgehend den Anforderungen der Architekten und Planer für den gehobenen Zweckbau. Als Trägerrostsystem für Dach-, Fassaden- und Deckenkon-

Bild V.62. „Delta"-Pfosten-Riegel-Konstruktion für Glasfassade Verwaltung „Adept Prime", Dortmund, 2,50 m-Modul

struktionen, besonders als Unterkonstruktion für großflächige Verglasungen, bietet es preiswerte Alternativen zum herkömmlichen Raumtragwerk.

Seine Modulbausteine können variabel zu unterschiedlichsten, auch
noch anderen als quadratischen oder rechteckigen Grundrißformen
kombiniert werden. Damit entspricht dieses Bausystem der Grundanfor-
derung an moderne Tragwerkssysteme, nämlich der maßgeschneiderten
Anpassungsfähigkeit an unterschiedlichste Gebäudeformen ohne den
vergleichsweise wesentlich höheren Aufwand der Individualkonstruk-
tion. Durch seinen „High-Tech-Look" bei einfacher und kostensparender Direktbefestigung eignet sich das „Delta"-System speziell für einen
modernen Bauverbund mit hochwertigen Dach- und Wandfertigbau-
teilen aus Glas und anderen Werkstoffen.

Bild V.63. „Delta"-Dachtragwerk VAG-Autohaus in Hemer, 3 m-Modul

Bild V.64. Montage „Delta"-Tragwerk, Fassadengestaltung Möbelhaus Ostermann, Witten

Bild V.62: Glasfassade Eingangshalle Firma Adept Prime, Technologiezentrum Dortmund. Das Delta-Trägerrost wurde hier als verformungssteife Unterkonstruktion für die Direktbefestigung der großflächigen Glasfassade verwendet. Mit einem Modulmaß von 2,50 m sorgt die Pfosten-Riegel-Konstruktion mit ihrer klaren Linienführung für eine repräsentative Eingangssituation in der Tradition des „Bauhaus"-Stils.

Bild V.63: Tragwerk VAG-Autohaus, Hemer. Das Delta-Dachtragwerk, einheitlich für Kundenempfang und Werkstatt hat bei einem – statisch besonders günstigem – Quadrat-Grundriß von 24 m × 24 m ein Modulmaß von 3 m.

Bild V.64: Fassadengestaltung Möbelhaus Ostermann, Witten. Das Bild zeigt die Aufrichtung eines großflächigen Fassadentragwerks, nachdem es komplett am Boden vormontiert wurde. In diesem Sonderfall wurde es als außen, vor die Trapezblech-Fassade gestelltes Wandtragwerk für das automatisierte Hochregal-Zentrallager einer großen Möbelhauskette eingesetzt. Optisch sorgt es dabei für eine kleinteiligere Gliederung ausgedehnter Fassadenflächen.

Bild V.65: Unterspanntes Atrium-Dach für Hochhaus im Büropark Düsseldorf-Grafenberg. Bei dieser Lösung wird das großzügig ausge-

Bild V.65. „Delta"-Tragkonstruktion für Atrium-Glasdach Bürohochhaus, Düsseldorf-Grafenberg, 2,50 m-Modul

legte zentrale Atrium des Büroparks von einem schwebend anmutenden Stahl-Glas-Dach überspannt. Die Delta-Unterkonstruktion der Verglasung ist hier als kreuzweise unterspanntes Trägerrost, Modul 2,5 m, ausgelegt.

Bild V.66: Groß-Baumarkt in Halle/Thüringen. Ein Beispiel für unkonventionellen Einsatz des Delta-Systems: Der großflächige Trägerrost ist wie ein Spinnennetz an einem zentral postierten Stahlpylon aufgehängt. CAD-Konstruktion war bei der Auslegung, Berechnung und Fertigung dieses komplexen räumlichen Tragwerksverbundes besonders wichtig.

Bild V.67: Schrägfassade Haupteingang und Foyer, Technisches Zentrum Deutsche Bank, Leipzig. Die abgewinkelte Schrägverglasung öffnet Empfang und Eingangshalle über die gesamte Gebäudehöhe dem Tages-

Bild V.66. „Delta"-Tragwerk an zentralem Stahlpylon für Groß-Baumarkt in Halle

Bild V.67. „Delta"-Unterkonstruktion für Schrägfassade, Haupteingang „Technisches Zentrum Deutsche Bank", Leipzig

Bild V.68. „Delta"-Dachtragwerk Kompostieranlage, Ennepetal

Bild V.69. „Delta"-Dachtragwerk für Versuchshalle, Universität Dortmund

licht, wobei sich die Delta-Unterkonstruktion maßgeschneidert der „High-Tech"-Baugeometrie anpaßt.

Bild 68: Dachtragwerk Kompostier-Anlage, Ennepetal. Als typisches Industriehallen-Beispiel wurde das Delta-Dachtragwerk für die 3500 m²-Nachrottehalle in Form eines Shed-Daches ausgelegt. Das weitgespannte Tragwerk, das nur in den Eckpunkten abgestützt ist, wurde in sechs Abschnitten am Boden vormontiert.

Bild 69: Dachtragwerk Versuchshalle, Universität Dortmund. Die Versuchshalle für Maschinenbau, Förder- und Lagerwesen hat eine Grundfläche von 16 m × 31 m bei einer Traufhöhe von 10 m. Bei dieser typischen Hallenbau-Anwendung, 5 m-Modulmaß, liegt das Seitenverhältnis des Trägerrostes im statisch noch günstigen Bereich, so daß zusammen mit einer Stützen-Verbindung in Form von Zweigelenkrahmen eine ebenso funktionelle wie wirtschaftliche Lösung realisiert wurde.

Sachverzeichnis

Abdeckungen s. Sonderlösungen
Anschlüsse an Betonbauteile 159 – 168
- Anschlußplatte 159
- Hinterschneidanker 165
- Hinterschneiddübel 165
- Klebeanker 165
- Schraubanschluß 160
- Schubknaggen 163
- Schweißanschluß 159
- Schweißverbindung 168
- Stützeneinspannung 164
- Verbundschneiddübel 165
Architekt 14 – 16, 23, 24
Aussteifungen 96 – 100
- Hallen 97, 100
- Tragwerk 96

Bauelemente 21, 23
Brandschutz 54 – 73
- Beschichtung 54
- Betonfüllung 54
- Brandsicherheit 54
- Brandverkleidung 54
- Wasserfüllung 54
Brückenauflagerung s. Sonderlösungen
- gelenkig und beidseitig fest 176
- gelenkig und einseitig beweglich 176
- Punktkipplagerung 176
Brückenübergänge s. Sonderlösungen
- begehbarer Gelenk-Übergang 174
- gelenkig-fest 174

CAD-Systeme 28 – 30
Corporate Identity 12, 14 – 15, 17 – 18
Druckbeanspruchte Verbände s. Verbände

Einbauteil 79, 84, 159, 163
- Stahleinbauteil 159
Elementar-Bausysteme 195 – 256

Fachwerkträger 51, 227, 229 – 230, 233, 236
- Rohrfachwerk 52
Fertigungshalle 1
Feuerwiderstandsdauer 59, 61
Fußgängerbrücke 149

Geländerkonstruktion s. Sonderlösungen
Geschäftshausverordung 62 – 73
Gießereitechnik 30 – 34
- Gußteile 30 – 31
- Stahlguß 30
- Stahlgußknoten 33

Hängebahn s. Sonderlösungen/Fahrbahnstöße
Hinterschneidanker s. Anschlüsse an Betonbauteile
Hinterschneiddübel s. Anschlüsse an Betonbauteile
Hohlpresse s. Sonderlösungen
Hohlprofil-Verbindungen 138, 143 – 145, 149 – 158
- Laschenstoß 146
- Schraubstöße 151
- Vollstoß 153
Hohlprofile 38 – 53, 230
- kaltgefertigte 43
- quadratische 43
- rechteckige 43
- warmgefertigte 43

Ingenieure 14 – 16

Kältebrücke s. Sonderlösungen
Katzbahnträger 126
Klebeanker s. Anschlüsse an Betonbauteile
Klemmverbindung 126 – 127, 146 – 147
- Klemmtechnik 146
- Montagestöße 146

Knotenverbindung s. Trägerrost-Fach-
    werksystem
Konstruktionsablauf 23–24
Korrosionschutz 34–38, 53
– Korrosionsgefahr 35–36
– Nullschutz 34
Kranbahnen 114
Kranbahnträger 113–127
Kranschienen-Hilfspuffer 126, 128
Kristallpalast s. Stahl-Glas-Konstruktion

Laschenstoß s. Hohlprofil-Verbindun-
    gen

Maschinenpark 1, 5
Materialfluß 4–5
Montage 9–10
Montage-Verankerungs-Vorrichtung
    76–78
Montagestöße s. Klemmverbindungen

Personal 6–8
– Betriebsleiter 6
– Facharbeiter 7
– Konstrukteur 23–24
– Lehrschweißer 6
– Meister 6
– Montagekolonne 8
– Vorzeichner 7
Pfosten-Riegel-Konstruktion 104–109

Rauch- und Wärmeabzugsanlagen 64,
    66, 72
Rauchgas 61
Raumfachwerk 203–224
– Auflagerungen 213–215
– platonische Körper 208
– Zulassung, bauaufsichtlich 223–224
Rohrleitungsbrücke s. Sonderlösungen
Rohrstabwerk 195–204
– Keil-Klemm-Verbindung 195–198
– Keil-Steck-Verbindung 199–204
Rundhohlprofile 41–43
– nahtlose 42
Rundrohranschluß 139–142
– biegesteif 139
– Rohraussteifung 141

Sandwich-Elemente 112
Schraubstöße s. Hohlprofil-Verbindun-
    gen
Schubknaggen s. Anschlüsse an Beton-
    bauteile
Schwitzwasserbildung 36

Sonderlösungen 173–194
– Abdeckungen 191
– Brückenauflagerungen 176
– Brückenübergänge 174
– Fahrbahnstöße – Hängebahn 183
– Geländerkonstruktion 188
– Hohlpresse 193
– Kältebrücke 192
– Rohrleitungsbrücke-Auflagerungen
    179
– Spannvorrichtung 181
– thermische Trennung 191
– Treppengeländer 189
– Unterfangung 185
– Verbundanker-Zugversuche 193
– Vorspannen 181
Spannvorrichtung s. Sonderlösungen
Sprinkleranlage 64, 66–67, 71
Stahl-Glas-Konstruktion 10–14
– Kristallpalast 11
Stahlbauarchitektur 10–19
Stahlbaubetrieb 1–8
Stahleinbauteil s. Einbauteil
Stahlgußwerkstoffe 31–32
Steckverbindungen 115–116, 123, 133
Stützenfüße 75–95
– eingespannte 75–76, 90
– gelenkig gelagerte 82
– gelenkige Zentrierleisten 84, 87–88
– Hohlprofil 92
– teileingespannter 88–90
Stützenfußgelenk 84
Stützenköpfe 234

Teleskopstützen 81
Thermische Trennung s. Sonderlösungen
Träger-Steck-Verbindung 133–137
– biegesteife 135
– biegesteife I-Träger 134, 135
– gelenkige 133–134, 136–137
Trägerbau 128–138
Trägerrost-Fachwerksystem 225–256
– Knotenverbindung 227
Transporte 1–4
– Transportmittel 1–2
Treppengeländer s. Sonderlösungen

Unterfangung s. Sonderlösungen

Verbände 100–104, 239
– druckbeanspruchte Verbände 104
– Zugverband 240
Verbundanker-Zugversuche s. Sonder-
    lösungen

Verbundschneiddübel s. Anschlüsse an
  Betonbauteile
Verstärkung und Sanierung von Beton-
  bauteilen 169 – 172
– Stützenverstärkung 169
– Bewehrungsstähle 169
Vollstoß s. Hohlprofil-Verbindungen
Vorspannen s. Sonderlösungen

Wandkonstruktionen 112
Wandverkleidungen 110 – 111
Wärmebrücke 36 – 37
Wirtschaftlichkeit
  10 – 12

Zugverband s. Verbände
Zweigelenkrahmen 90 – 91

Springer
und
Umwelt

Als internationaler wissenschaftlicher
Verlag sind wir uns unserer besonderen
Verpflichtung der Umwelt gegenüber
bewußt und beziehen umweltorientierte
Grundsätze in Unternehmens-
entscheidungen mit ein. Von unseren
Geschäftspartnern (Druckereien,
Papierfabriken, Verpackungsherstellern
usw.) verlangen wir, daß sie sowohl
beim Herstellungsprozess selbst als
auch beim Einsatz der zur Verwendung
kommenden Materialien ökologische
Gesichtspunkte berücksichtigen.
Das für dieses Buch verwendete Papier
ist aus chlorfrei bzw. chlorarm
hergestelltem Zellstoff gefertigt und im
pH-Wert neutral.